⊃ 国家职业教育微电子专业资源库配套教材
⊃ 江苏省在线精品课程配套教材
高等职业教育电子信息类专业系列教材

C语言程序设计
（微课版）

郑雪芳　钱宜平　主　编
董晓丹　王雪飞　章杰侈　副主编
张　瑜　主　审

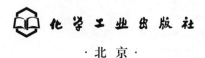

化学工业出版社

·北京·

内 容 简 介

本书是国家职业教育微电子专业资源库课程、江苏省在线精品课程"C语言程序设计"的配套教材。本书以职业能力的培养为出发点，突出"以学习者为中心"的教育理念，从C语言的基本概念、基本知识、基本技能以及基本的编程思想入手，以大量实例来加深读者对知识的理解和运用，培养具有科技报国情怀、工匠精神、创新能力的新时代程序设计者。

全书分为3篇：基础篇、提高篇、应用篇。每篇均设置了项目实战环节，用三个典型项目"简易计算器程序设计""简易学生成绩管理系统设计""通讯录程序设计"培养学生的工程实践能力。为了方便教学，本书配有微课视频、习题答案等数字化资源，扫描二维码即可查看；本书配套电子课件与源代码，登录化工教育网站（www.cipedu.com.cn）即可免费下载使用。

本书可以作为高等职业院校电子与信息大类各专业C语言程序设计课程的教材，也可作为编程爱好者的参考用书。

图书在版编目（CIP）数据

C语言程序设计：微课版 / 郑雪芳，钱宜平主编.
北京：化学工业出版社，2025. 2. --（国家职业教育微电子专业资源库配套教材）（江苏省在线精品课程配套教材）（高等职业教育电子信息类专业系列教材）.
ISBN 978-7-122-46944-1

Ⅰ. TP312.8

中国国家版本馆 CIP 数据核字第 20248D8S17 号

责任编辑：葛瑞祎
责任校对：刘曦阳　　　　装帧设计：韩　飞

出版发行：化学工业出版社
　　　　　（北京市东城区青年湖南街 13 号　邮政编码 100011）
印　　装：河北鑫兆源印刷有限公司
787mm×1092mm　1/16　印张 19¾　字数 486 千字
2025 年 3 月北京第 1 版第 1 次印刷

购书咨询：010-64518888　　　售后服务：010-64518899
网　　址：http://www.cip.com.cn
凡购买本书，如有缺损质量问题，本社销售中心负责调换。

定　　价：59.00 元

前　言

在众多的程序设计语言中，C 语言以其灵活性和实用性受到了广大计算机应用人员的喜爱。C 语言是既得到美国国家标准化协会（American National Standards Institute，简称 ANSI）认可又得到工业界广泛支持的编程语言之一，几乎任何一种机型、任何一种操作系统都支持 C 语言，它也是高校程序设计课程的首选语言。

党的二十大报告指出，教育是国之大计、党之大计；培养什么人、怎样培养人、为谁培养人是教育的根本问题；全面贯彻党的教育方针，落实立德树人根本任务，培养德智体美劳全面发展的社会主义建设者和接班人。本书从高职院校教学实际出发，本着"以学习者为中心"的教育理念进行内容设计，把应用性和实用性作为重点，做到让复杂问题简单化，简单问题实用化，突出结构化程序设计思想，注重软件设计工程规范，旨在培养学生的程序设计思维，以及编写与调试程序的能力。

全书分为 3 篇。第 1 篇为基础篇，介绍了 C 语言的基本概念、C 语言的数据类型、运算符和表达式、三种基本结构的程序设计；第 2 篇为提高篇，介绍了 C 语言中的函数、数组和指针；第 3 篇为应用篇，介绍了 C 语言中的结构体和文件。每篇均设置了项目实战环节。本书的主要特色如下：

（1）**育人润物细无声**。编写团队积极探索"价值塑造、能力培养、知识传授"三位一体的立德树人新路径，通过引入行业发展动态、科学家事迹、职业标准和典型工程案例等思政素材，将爱国情怀、工匠精神、创新能力、安全意识、文化自信、职业道德规范等内容潜移默化地融入知识和技能教育，启发青年学子树立坚定的科技报国信念，为中华民族伟大复兴贡献青春力量。

（2）**采用模块化编排方式**。全书划分成三大模块：基础能力模块、中级能力应用模块和高级能力应用模块，每个模块均设置了项目实战环节，通过三个典型项目"简易计算器程序设计""简易学生成绩管理系统设计""通讯录程序设计"的分析与实现，引导学生由浅入深、由简到难地学习，使学生的编程能力在项目的实施过程中得到逐步提高，达到学以致用的目的。

（3）**书证融通**。为了与全国计算机二级考试接轨，本书采用 Microsoft Visual C++ 2010 作为编译环境，所有程序均在该环境下调试通过，并从计算机二级考试题库中选取了部分习题作为例题和习题。另外，本书配套的微课视频中配备了栈和队列、常见排序算法等拓展知识，配备了项目开发实例，并介绍了 C99 国际标准的新特性，能满足各类学习者的个性化学习需求。

（4）**数字化资源丰富**。本书配备了微课视频、PPT 课件、习题、实验等丰富的配套学习资料，读者可以通过扫描二维码进行视频学习。与本书配套的在线课程"C 语言程序设计"已在智慧职教平台（www.icve.com）上线，学习者可以登录平台参加课程的学习，从而突破时间和空间的限制，实现线上线下的互动及新旧媒体的融合，实现从教材到课程的整体教学解决方案，形成了"一书·一课·一空间"的教学新生态。

本书由江苏信息职业技术学院郑雪芳、钱宜平任主编，江苏信息职业技术学院董晓丹、辽宁农业职业技术学院王雪飞、江苏信息职业技术学院章杰侈任副主编，南通职业大学的刘建兰、华润微集成电路（无锡）有限公司的曾洁琼高级工程师也参与了部分内容的编写。具体编写分工如下：章杰侈编写了单元一，刘建兰编写了单元二，郑雪芳编写了单元三、四、五，王雪飞编写了单元六，钱宜平编写了单元七、八，董晓丹编写了单元九、十，曾洁琼编写了三个实战项目。全书由郑雪芳策划并确定框架结构，最后由郑雪芳统编定稿。本书配套的微课视频由郑雪芳、章杰侈录制。本书由江苏信息职业技术学院院长张瑜教授主审。

在本书的编写过程中，江苏信息职业技术学院徐敏教授提供了许多帮助，在此表示衷心感谢！

由于作者水平有限，书中难免存在不妥之处，恳请广大读者提出宝贵的意见和建议，主编联系方式为 171515053@qq.com。

编　者

目 录

第1篇 基础篇

【项目实战】 简易计算器程序设计 `123`

第 2 篇 提高篇

单元六 函数 `128`

单元十 文件 265

【项目实战】 通讯录程序设计 291

附 录

二维码目录

续表

资源名称	二维码	页码	类型	资源名称	二维码	页码	类型
单元八 参考答案		P217	参考答案	项目实战三 源代码		P296	源代码
项目实战二 源代码		P230	源代码	循环链表的应用（约瑟夫环问题）		（拓展学习）	微课
结构体基础知识		P233	微课	常见排序算法（选择排序）		（拓展学习）	微课
结构体指针的应用（模拟社会关系）		P234	微课	常见排序算法（插入排序）		（拓展学习）	微课
结构体数组的应用（用"结构"统计学生成绩）		P237	微课	常见排序算法（快速排序）		（拓展学习）	微课
结构体综合应用（打鱼还是晒网）		P239	微课	常见排序算法（基数排序）		（拓展学习）	微课
结构体变量作为函数参数（通讯录的输入输出）		P240	微课	常见排序算法（堆排序）		（拓展学习）	微课
共用体和枚举类型基础知识		P242	微课	常见排序算法（希尔排序）		（拓展学习）	微课
枚举类型的应用（扑克牌的结构表示）		P245	微课	常见排序算法（归并排序）		（拓展学习）	微课
枚举类型的应用（水果拼盘问题）		P246	微课	栈和队列基础知识		（拓展学习）	微课
链表基础知识		P247	微课	栈的应用（堆栈四则运算）		（拓展学习）	微课
单向链表的应用（有序链表的合并）		P252	微课	栈的应用（用栈设置密码）		（拓展学习）	微课
单元九 参考答案		P260	参考答案	队列的应用（火车车厢重排）		（拓展学习）	微课
文件基础知识		P266	微课	贪心算法（背包问题）		（拓展学习）	微课
文件读写函数（统计文件中的字符数）		P270	微课	图的应用（求解最优交通路径）		（拓展学习）	微课
单元十 参考答案		P287	参考答案				

拓展学习

循环链表的应用
（约瑟夫环问题）

常见排序算法
（选择排序）

常见排序算法
（插入排序）

常见排序算法
（快速排序）

常见排序算法
（基数排序）

常见排序算法
（堆排序）

常见排序算法
（希尔排序）

常见排序算法
（归并排序）

栈和队列
基础知识

栈的应用
（堆栈四则运算）

栈的应用
（用栈设置密码）

队列的应用
（火车车厢重排）

贪心算法
（背包问题）

图的应用
（求解最优交通路径）

第1篇

基 础 篇

本篇将介绍 C 语言的基础知识，包括 C 语言中的数据类型、运算符与表达式以及程序的三种控制结构。项目实战环节要求用所学知识编写一个简易计算器程序。

通过本篇的学习，读者应该掌握 C 程序的基本结构以及编译运行 C 程序的基本步骤，能够用 C 语言的基础知识编写简单程序，解决日常生活中的一些实际问题。

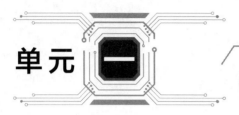

单元 一 　C语言概述

知识目标

（1）了解C语言的发展历程。
（2）掌握C程序的基本结构和开发过程。
（3）熟悉 Visual C++2010集成开发环境的使用。

能力目标

（1）能够编写简单的C语言程序。
（2）能够使用 Visual C++2010进行程序的编辑、编译、连接和运行。

素质目标

（1）通过了解C语言的应用领域，树立科技报国的理想信念。
（2）通过了解C语言之父——科学家丹尼斯·里奇的事迹，培养求真务实、开拓创新
　　　的科学精神。
（3）通过程序的编写和调试，培养良好的编程习惯和代码规范。

 单元导读

　　欢迎来到C语言的世界。C语言作为一种传统而强大的编程语言，在当今的科技领域中仍然保持着其不可替代的地位。2024年10月，根据 TIOBE 编程语言排行榜的最新数据，C语言以 11.44% 的市场份额位列第二。其高效性、可移植性和对硬件的直接控制能力，使得C语言在物联网、无人驾驶技术、人工智能与机器学习、5G通信技术以及虚拟现实等新技术领域中得到了广泛应用。在当前国家科技快速发展的关键时期，这些行业不仅是国家战略发展的重点，也决定了国家在全球竞争中的地位。

学好 C 语言，不仅可以提升自己的编程能力和逻辑思维能力，还可以为国家的科技创新和产业升级提供有力的支撑，为科技报国打下坚实的基础。

1.1　C 语言的发展史

微课

C 程序简介

C 语言是国际上广泛流行的高级程序设计语言。20 世纪 60 年代，随着计算机科学的迅速发展，高级程序设计语言 Fortran、Algol60 等得到了广泛的应用，然而，还缺少一种可以用来开发操作系统和编译程序等系统软件的高级语言，人们只能使用汇编语言来编写这些程序，但汇编语言存在着不可移植、可读性差、软件开发效率不高等缺点。于是，20 世纪 70 年代初，C 语言应运而生。

1967 年，英国剑桥大学的马丁·理察德（Martin Richards）推出了 BCPL（Basic Combined Programming Language）语言。1970 年，美国贝尔实验室的肯·汤普森（Ken Thompson）以 BCPL 语言为基础，设计出了很简单且很接近硬件的 B 语言，但 B 语言过于简单，且功能有限。1972—1973 年，贝尔实验室的丹尼斯·里奇（Dennis M. Ritchie）在 B 语言的基础上设计出了 C 语言。

1973 年，肯·汤普森和丹尼斯·里奇合作用 C 语言改写了 UNIX，随着 UNIX 的使用日益广泛，C 语言也得到了快速推广。1978 年以后，C 语言先后移植到大、中、小和微型机上，很快风靡全世界，成为世界上应用最广泛的高级程序设计语言。

1978 年，丹尼斯·里奇和他的同事布莱恩·科尔尼干（Brian W. Kernighan）合著了影响深远的名著《The C Programming Language》（中文译名为《C 语言程序设计》），这本书中介绍的 C 语言成为后来广泛使用的 C 语言版本的基础，它实际上是第一个 C 语言标准。

随着 C 语言的不断发展，它越来越广泛地应用于更多系统中。1983 年，美国国家标准协会（American National Standards Institute，简称 ANSI）制定了第一个 C 语言标准草案（83 ANSI C）。1988 年，布莱恩·科尔尼干和丹尼斯·里奇按照 ANSI C 的标准重写了他们的著作《The C Programming Language》。1989 年，美国国家标准协会公布了一个完整的 C 语言标准，常称 ANSI C 或者 C89，该标准定义了 C 语言和 C 标准库。1990 年，国际标准化组织（International Standard Organization，简称 ISO）接受 C89 作为国际标准。

1994 年，ANSI/ISO 联合委员会开始修订 C 标准，并最终发布了 C99 标准。本次修订主要针对支持国际化编程、解决明显缺陷和提高计算的实用性三个方面，遵循了最初 C89 标准的原则，保留了 C 语言的精髓。

维护标准任重道远，标准委员会在 2007 年承诺 C 标准的下一个版本是 C1X，2011 年终于发布了 C11 标准。此次修订中，委员会提出了一些新的指导性原则，比如不应要求服务小型机市场的供应商支持其目标环境中用不到的特性。另外，需要强调的是，修订标准的原因并不是因为原标准不能用，而是需要跟进新的技术，例如，新标准中增加了可选项支持当前使用多处理器的计算机。对 C11 标准，我们浅尝辄止，不进行深入分析和讲解。

本书作为介绍程序设计方法的教程，主要以 C89 为标准讲解 C 语言的相关知识，必要时也会对 C99 中的新特性进行介绍。

C 语言之父——丹尼斯·里奇

丹尼斯·里奇（1941—2011），美国著名计算机科学家，C 语言之父，UNIX 之父。1983 年，他与贝尔实验室的合作伙伴肯·汤普森因为研究发展了通用的操作系统理论，尤其是实现了 UNIX 操作系统，获得了图灵奖。1999 年，两人因为发展 C 语言和 UNIX 操作系统获得了美国国家技术奖章。C 语言和 UNIX 操作系统构建了当代计算机世界的钢筋水泥，他的思想和成果将继续影响和启迪一代又一代计算机科学家，他求真务实、开拓创新的科学精神也将激励着一代又一代的科技工作者继续前行。

1.2 C 程序的简单实例

本节将通过三个简单的 C 语言程序，分析 C 程序的结构特点。

【例 1-1】 用 C 语言编写一个程序，在屏幕上显示一行信息"This is a C program!"。源程序如下：

```
#include<stdio.h>                    //编译预处理命令
int main(void)                       //主函数
{                                    //函数体开始
    printf("This is a C program\n"); //输出一行信息
    return 0;                        //函数执行完毕返回数值 0
}                                    //函数体结束
```

本程序在 Visual C++2010 下运行，屏幕上将显示如下所示的运行结果。

```
This is a C program!
请按任意键继续. . .
```

其中第 1 行是程序运行后的输出结果，第 2 行是 Visual C++2010 系统在输出运行结果之后自动输出的一行信息，告诉用户"请按任意键继续"。当用户按任意键后，屏幕将不再显示运行结果，而是返回到程序窗口，以便进行下一步的工作。

程序说明：

① 在这个程序中，第 1 行"#include<stdio.h>"是一个预处理命令，stdio.h 是系统提供的一个文件名，stdio 是"standard input & output"的缩写，文件后缀 .h 的意思是头文件（header file），stdio.h 头文件中存放了输入输出函数的相关信息，当使用该函数库中的输入输出函数时，编译系统要求提供有关此函数的信息，本程序中使用了输出函数 printf()，则需要在程序的开头加上预处理命令"#include<stdio.h>"。

② main 是主函数的函数名，表示这是一个主函数。每一个 C 语言源程序都必须有且只能有一个主函数 [main() 函数]。main 前面的 int 表明此函数的类型是 int 型（整型），在执行主函数后会得到一个整型的函数值。main 后面的圆括号内为 void，表明该主函数没有参数。这一行"int main(void)"称为函数的首部。

③ 程序中由花括号"{}"括起来的部分为函数体，函数体中的 printf() 函数是 C 语言中的输出函数，它的作用是把双引号内的字符按原样输出到显示器屏幕上，"\n"的作用是回车换行，即在输出"This is a C program!"之后，光标定位到下一行的开头。

④ 程序第5行"return 0;"的作用是：当主函数正常结束时，得到的函数值为0；若在执行main()函数的过程中出现异常或者错误，则函数值为一个非0的整数，这个函数值将返回给操作系统。

⑤ 每条C语句必须以分号";"结尾。

⑥ 在上述各行程序右侧，如果有"//"，则表示从此处到本行结束是"注释"，用来对程序的有关部分进行必要的说明。注释对程序的编译运行不起作用，注释的目的是提高程序的可读性，是给编程人员看的，而不是让计算机执行的。

 说明

C语言有两种形式的注释：一是以"//"开始的单行注释，此种注释的范围从"//"开始，以换行符结束，不能跨行；二是以"/*"开始，到"*/"结束的块式注释，这种注释可以包含多行内容。

【例1-2】 编写一个C程序，求两整数之和。

源程序如下：

```
#include<stdio.h>
int main(void)
{
    int a,b,sum;                             //定义整型变量a,b,sum
    a=123;                                   //给a赋值123
    b=456;                                   //给b赋值456
    sum=a+b;                                 //计算a,b之和
    printf("a=%d,b=%d,sum=%d.\n",a,b,sum);   //输出a,b及两数之和
    return 0;                                //函数的返回值为0
}
```

程序的运行结果如下。

```
a=123,b=456,sum=579.
请按任意键继续. . .
```

程序说明：

① 本程序的作用是求两整数a、b之和。程序的第4行是声明部分，定义了3个整型变量a、b及它们的和sum。C语言规定，所有的变量必须先定义，再使用。

② 第5和6两行为赋值语句，使a和b的值分别为123和456，第7行求两数之和sum。

③ 程序的第8行为输出语句，双引号中的内容"a=%d,b=%d,sum=%d.\n"为格式控制字符串，其作用是输出用户所希望输出的字符和格式，其中，除了"%d"以外的字符会原样输出，而"%d"用于指定输出数据的格式，为"十进制整数"形式。双引号后面的参数a、b、sum表示要输出变量a、b、sum的值，在执行printf()函数时，将变量a、b和sum的值（分别为123、456和579）依次取代双引号中的三个"%d"，如图1-1所示。

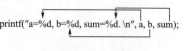

图1-1　printf语句

【例1-3】利用函数，求两整数之和。

源程序如下：

```
#include<stdio.h>
//主函数
int main(void)
{
    int Add(int x,int y);          //对被调函数 Add 的声明
    int a,b,sum;                   //定义整型变量 a、b、sum
    printf("请输入两个整数:\n");    //提示输入
    scanf("%d,%d",&a,&b);          //输入变量 a,b 的值
    sum=Add(a,b);                  //调用 Add 函数，将得到的值赋给 sum
    printf("sum=%d\n",sum);        //输出 sum 的值
    return 0;                      //函数返回值为 0
}
//求两个整数之和的 Add()函数，函数值为整型,形式参数 x、y 为整型
int Add(int x,int y)
{
    int z;                         // 定义整型变量 z
    z=x+y;
    return z;                      //将 z 的值作为函数值,返回到主调函数中
}
```

运行程序，任意输入两整数，例如 325 和 982，程序将产生如下图所示的运行结果。

```
请输入两个整数:
325,982
sum=1307
请按任意键继续. . .
```

程序说明：

① 本程序包括两个函数：主函数 main() 和被调用的函数 Add()。

② Add() 函数的作用是求参数 x 和 y 的和并赋给变量 z，程序第18行的"return z；"是将 z 的值作为 Add() 的函数值，返回给调用它的函数，即主函数 main()。

③ 程序的第5行"int Add(int x, int y)；"是对 Add() 函数的声明。因为在主函数中调用了函数 Add()，而 Add() 的定义在主函数的后面，为了让编译系统能够识别 Add() 函数，需要在主函数中对 Add() 函数作一个声明，告诉编译系统 Add() 函数的有关信息。

④ 程序的第7行用 printf() 函数输出一行提示信息，提示用户要输入两个整数。而程序的第8行 scanf() 是输入函数［scanf() 和 printf() 都是 C 语言中的标准输入输出函数］。scanf() 函数的作用是输入变量 a 和 b 的值，scanf 后面的圆括号中包含了两部分内容：一是双引号中的内容，它规定了输入数据的格式，"%d"为十进制整数；二是输入的数据准备放到哪里去，即赋值给哪个变量，本例中，指定的是变量 a 和 b，在 a、b 前面各有一个"&"，在 C 语言中，"&"是取地址运算，&a 的含义是变量 a 的地址，&b 是变量 b 的地址。故执行语句"scanf（"%d,%d", &a, &b)；"从键盘上读入两个整数，分别送到变量 a 和 b 的地址去，即把这两个整数赋值给变量 a 和 b。

⑤ 程序的第9行用"Add（a,b）"调用 Add() 函数。在调用时，a 和 b 作为 Add() 函数的实际参数，将它们的值分别传递给 Add() 函数中的形式参数 x 和 y，然后执行 Add() 函数，将变量 z 的值作为 Add() 的函数值返回到主函数中第9行"="的右侧，赋值给变量 sum。

⑥ 程序的第 10 行输出运行结果，双引号中的"sum＝"原样输出，"%d"用 sum 的值取代，"\n"为回车换行。

本例中涉及的函数调用、参数、返回值等概念，将在本书的单元六中作详细介绍。读者如果对这些概念不太理解，可不必深究，心中的疑惑可在相关内容学习时迎刃而解。此处讲解本例题，只是为了使读者对 C 程序的组成和形式有一个初步的了解。

由上面几个例子，可以初步归纳出 C 程序的几个特点：

① C 程序是由函数组成的，函数是 C 语言程序的基本单位。

② C 程序由一个或多个函数组成，其中必须有且仅有一个主函数 main()。无论主函数在程序中什么位置，一个 C 程序总是从 main()函数开始执行，在 main()中结束，其他函数通过调用得以执行。

③ 一个函数由首部和函数体两部分组成，函数首部包括函数类型、函数名、参数类型和参数名，函数名后面必须跟一对圆括号。函数体必须位于一对花括号内，如果在一个函数中包括有多层花括号，则最外层的一对花括号是函数体的范围。

④ 每一条 C 语句都必须以分号结尾。但预处理命令、函数首部和花括号"｛""｝"之后不能加分号。

⑤ C 程序书写格式自由，一行可以写多条语句，一条语句也可以写在多行上。

⑥ C 语言本身不提供输入输出语句，输入输出操作是由库函数 printf()和 scanf()等完成的。

⑦ C 语言严格区分大小写，即编译系统认为大写字母和小写字母是两个不同的字符。

另外，从书写清晰，便于阅读、理解、维护的角度出发，在书写程序时，应尽量遵循以下规则，养成良好的编程风格。

① 一个说明或一个语句占一行。

② 用花括号"｛｝"括起来的部分，通常表示程序的某一层次结构。｛｝要配对使用，｛｝一般与该结构语句的第一个字母对齐，并单独占一行。

③ 通过"//"或者"/ ＊……＊/"适当对 C 程序添加一些注释，提高程序的可读性。注意"/ ＊"和"＊/"应成对使用。

④ 为了使 C 程序结构清晰，便于理解，应熟练使用 Tab 键，使低一层次的语句或说明比高一层次的语句或说明缩进若干字符后书写，即采用"锯齿形"的书写格式，如图 1-2 所示。

```
#include<stdio.h>
int main(void)
{
    int i, j, sum;
    sum=0;
    for(i=1;i<10;i++)
    {
        for(j=1;j<10;j++)
        {
            sum+=i+j;
        }
    }
    printf("%d\n",sum);
    return 0;
}
```

图 1-2　"锯齿形"书写格式

1.3　C 程序的开发过程

C 程序运行环境及开发过程

C 语言是高级语言，用高级语言编写的源程序不能直接在计算机上执行，必须用编译程序把 C 语言源程序翻译成二进制形式的目标程序，然后再将该目标程序与系统的函数库以及其他的目标程序连接起来，形成可执行程序。因此，开发一个 C 程序要经过编辑、编译、连接、执行 4 个步骤，如图 1-3 所示。

图 1-3　C 程序的开发步骤

（1）编辑

编辑就是建立 C 语言源程序并把它输入计算机的过程。这里的编辑并不仅仅指编写代码，而是包含了定义程序的目标、设计程序和编写代码三个子阶段。定义程序的目标是指在动手写程序之前，要在脑中形成清晰的思路，明确程序应该实现怎样的目标，需要哪些信息，要进行哪些计算和控制。之后，就是设计阶段，考虑如何用程序来实现这个任务，例如，如何组织程序，如何表示数据，以及用什么方法处理数据。最后才是编写代码阶段，这里是真正需要用到 C 语言的地方。C 语言源程序文件的编辑可以用写字板、记事本等文本编辑器来完成，也可用编译器本身集成的编辑器进行编辑。C 语言的源程序后缀名为 .c。

（2）编译

将源程序翻译成计算机能识别的二进制代码文件的过程就称为编译。这个工作由 C 语言编译器来完成，编译软件会对源程序进行语法检查，如无错误会生成与源程序文件同名的目标文件（后缀名为 .obj）；若有错误会提示"出错信息"，此时就需要返回第一步进行编辑修改，然后再重新编译，直至没有错误。

（3）连接

经过编译得到的二进制目标文件还不能供计算机直接执行。因为一个 C 程序可能包含若干个源程序文件，而编译是以源程序文件为单位的，一次编译只能得到一个与源程序文件相对应的目标文件，必须把所有的目标文件以及要用到的库函数连接为一个整体，才能生成一个可供计算机执行的可执行程序（后缀为 .exe）。

如果连接出错，同样需要返回第一步编辑修改源程序，之后重新进行编译、连接，直至正确为止。

（4）运行

运行可执行程序，可以得到程序的运行结果。需要注意的是，一个程序从开始编写到得到正确的运行结果，通常不是一次就能成功的，往往需要经过多次反复。写好的程序并不一定能保证正确无误，除了人工检查方式外，还需要借助编译系统来检查有无语法错误。如果在编译过程中发现错误，应当重新检查源程序，找出问题，修改源程序，并重新编译，直到无错为止。有时编译连接过程未发现错误，能够生成可执行程序，但是运行结果不正确，这种情况，往往不是语法方面的错误，而有可能是程序逻辑方面的错误，这时，应当返回检查源程序，并修改错误。

程序设计技巧——重视程序的定义和设计阶段

在 C 程序开发的整个过程中，"编辑"阶段是至关重要的，而在这个阶段中，许多初学者经常会忽略前两个子阶段（定义程序目标和设计程序），直接进行代码的编写。刚开始学习时，编写的程序非常简单，完全可以在脑中构思好整个过程，即使写错了，也容易发现。但是，随着编写的程序越来越庞大，越来越复杂，程序中隐藏的错误也越来越难找。那些跳过前两个步骤的人往往浪费了更多的时间，因为他们写出的程序缺乏条理性，可读性差，在修改和调试上往往需要花费更多的时间。因此，初学者应当养成先规划再动手编写代码的好习惯，用纸和笔记录下程序的目标和框架，这样在编写代码的过程中会更加得心应手、条理清晰。

微课
VC2010 使用方法

1.4 Microsoft Visual C++ 2010 集成开发环境

许多供应商（包括微软、Embarcadero、Digital Mars）都提供了 Windows 下的集成开发环境（Integrated Development Environment，IDE），即把程序的编辑、编译、连接和运行等功能全部集中在一个界面上进行，使用方便，直观易用。

通常 Windows IDE 既可处理 C 也可处理 C++，因此要指定待处理的程序是 C 还是 C++，有些产品用项目类型来区分两者，有些产品（如 Microsoft Visual C++）用 .c 文件扩展名来指明使用 C 而不是 C++。当然，大多数 C 程序也可作为 C++ 程序运行。

Visual Studio 是微软公司推出的集成开发环境，可以用来创建 Windows 平台下的 Windows 应用程序和网络应用程序。其中的 Microsoft Visual C++（简称 Visual C++、MS-VC、VC++ 或 VC）是微软公司的 C/C++ 集成开发工具，用它可以轻松地编辑、编译、连接、运行、调试一个 C（C++）程序。

考虑到编译器的兼容性，以及与全国计算机二级考试的配套性，本书采用 Visual C++ 2010 为编译环境，本书的程序都是在该环境下进行编译执行的。下面详细介绍 Visual C++ 2010 集成开发环境。

1.4.1 Visual C++ 2010 的安装

目前，许多网站提供了 Visual C++ 2010 软件的安装包，读者可以自行下载，参照以下步骤进行安装。

第 1 步：下载安装包，解压缩，双击安装包中的"setup"文件进行安装（图 1-4）。

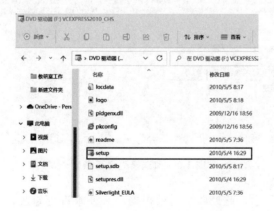

图 1-4 通过"setup"文件进行安装

第2步：安装程序会加载组件，1～2分钟后，出现如图1-5所示的窗口，勾选同意向Microsoft提交有关安装体验的信息，点击"下一步"。

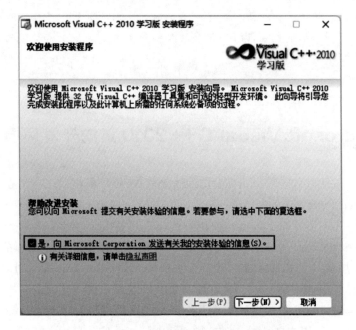

图1-5　勾选同意提交安装体验信息

第3步：如图1-6所示，勾选"我已阅读并接受许可条款"，点击"下一步"。

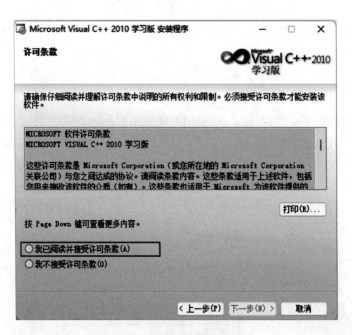

图1-6　勾选接受许可条款

第4步：如图1-7所示，此处两个选项根据个人要求进行勾选，点击"下一步"。

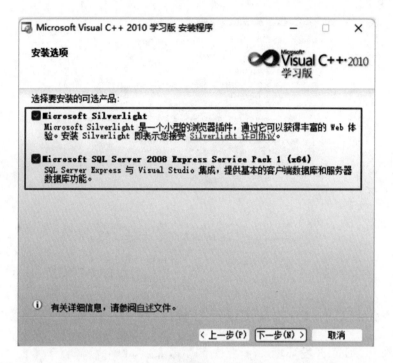

图 1-7　勾选要安装的可选产品

第 5 步：如图 1-8 所示，本步骤要修改程序的安装位置，也可以默认安装在 C 盘，设置好位置以后点击"安装"，出现如图 1-9 所示的安装进度提示，直至软件安装结束。

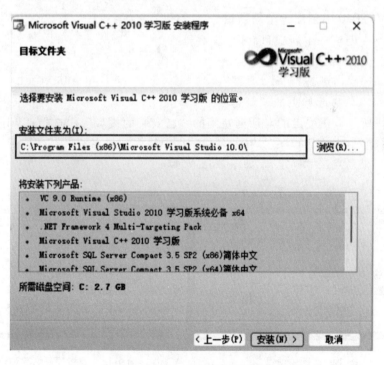

图 1-8　修改安装程序的位置

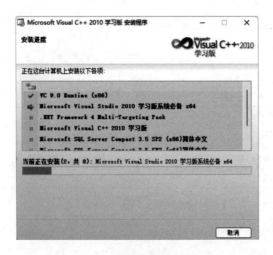

图 1-9　安装进度提示

1.4.2　用 Visual C++ 2010 环境运行 C 程序

（1）进入 VC2010 开发环境

点击"开始"按钮，在应用程序列表中选择"Microsoft Visual C++ 2010 Express"，如图 1-10 所示，即可进入 VC2010 开发环境。

（2）在 VC2010 中创建一个新项目

在 VC2010 中创建一个新项目有两种方法：一是在 VC2010 的主窗口中点击"文件"菜单，选择"新建"→"项目"；二是可以直接点击软件起始页的"新建项

图 1-10　打开 VC2010

目"，如图 1-11 所示。在弹出的对话框左侧的"已安装的模板"中选择"Win32"，选择项目类型"Win32 控制台应用程序"，在"名称"栏中输入项目名称，在"位置"栏中选择合适的存放地址，然后点击"确定"，如图 1-12 所示。

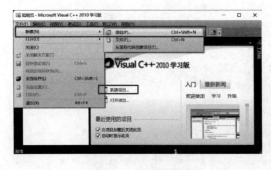

图 1-11　新建项目

图 1-12　设置项目名称和位置

进入 Win32 应用程序向导，提示当前创建的是"控制台应用程序"，点击"下一步"，

如图 1-13 所示。在应用程序设置窗口中，选择应用程序类型为"控制台应用程序"，附加选项中勾选"空项目"，点击"完成"，如图 1-14 所示，项目创建完成。

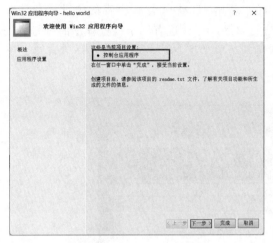

图 1-13　Win32 应用程序向导

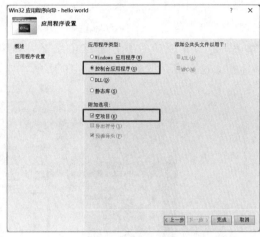

图 1-14　Win32 应用程序设置

（3）在项目中创建 C 语言源程序

空项目创建完成后，需要在其中添加 C 语言源文件，在左侧的"解决方案资源管理器"中，右击"源文件"→"添加"→"新建项"，如图 1-15 所示。系统出现如图 1-16 所示的对话框，选择文件类型为"C++文件"，在"名称"栏内输入文件名，注意 C 语言源程序的后缀是".c"，若不写后缀，系统会默认为 C++文件。在"位置"栏内给文件选择合适的存储位置，点击"添加"按钮，则源程序添加成功，进入源程序编辑窗口，如图 1-17 所示。

图 1-15　添加源程序

图 1-16　设置源程序类型及名称

图 1-17　源程序编辑窗口

13

（4）编辑、编译、连接并执行一个 C 程序

① 编辑并输入一个简单的 C 程序。在右侧的程序编辑窗口中输入 C 语言源程序，并点击"保存"，如图 1-18 所示。可以发现 VC2010 集成环境自动识别 C 语言的关键词和注释（关键词一般为蓝色，注释为绿色），并对括号进行自动匹配，这有助于检查程序的拼写或语法错误。若所用编译器不具备这个功能，可以通过菜单"工具"→"选项"→"环境"→"字体和颜色"进行设置，如图 1-19 所示。

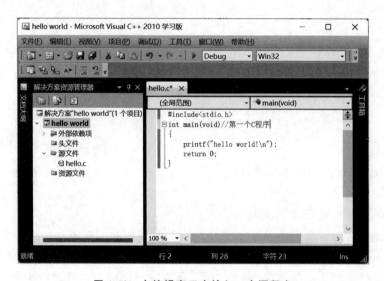

图 1-18　在编辑窗口中输入一个源程序

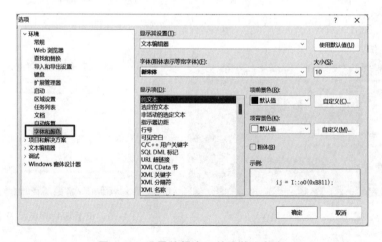

图 1-19　设置编辑窗口的字体和颜色

② 编译源程序。C 语言是高级语言，用 C 语言编写的源程序不能被直接执行，要将其转换成机器语言。点击"生成"菜单→"编译"对源程序进行编译，也可使用快捷键 Ctrl＋F7，如图 1-20 所示。

在进行编译时，编译系统检查源程序中有无语法错误，然后在主窗口下部的输出窗口中显示编译信息，如有错误，就会提示错误的位置和性质。

编译过程中如有错误出现，应根据错误提示进行修改，之后重新编译程序。

本例中输入的是一个正确的程序，故显示的是"生成：成功 1 个，失败 0 个"，编译成功之后，会生成相应的目标程序"hello.obj"，如图 1-21 所示。

图 1-20　编译程序

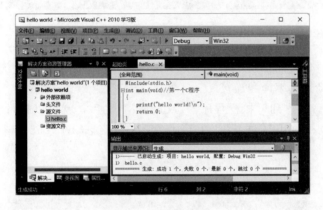

图 1-21　编译信息

③ 程序的连接。在目标程序生成之后，就可以对程序进行连接了。单击主菜单"生成"→"生成解决方案"，或直接按 F7 键来进行程序的连接，如图 1-22 所示。

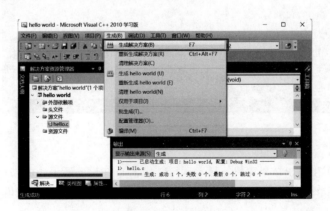

图 1-22　连接程序

第
1
篇

在完成连接之后，调试信息窗口中显示连接信息，若未发现连接错误，则生成一个可执行程序"hello.exe"，如图 1-23 所示。

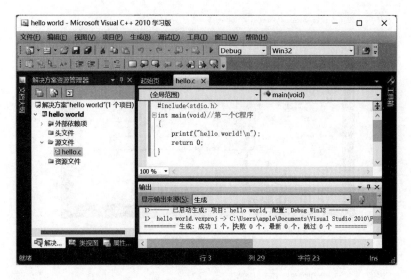

图 1-23　连接信息

在连接过程中，也可能出错，此时的错误信息也会显示在主窗口下方的信息窗中，必须改正错误之后，重新进行编译和连接。

④ 程序的执行。在得到可执行程序"hello.exe"之后，就可以执行它了，点击主菜单"调试"→"开始执行（不调试）"，也可直接按快捷键 Ctrl＋F5 执行程序，如图 1-24 所示。

图 1-24　执行程序

程序执行后，弹出输出结果窗口，显示运行结果，如图 1-25 所示。可以看到，在输出结果窗口中，第 1 行是程序的输出，而第 2 行"按任意键继续"并非程序所指定的输出，而是 VC2010在输出运行结果之后自动加上的一行信息，通知用户"按任意键继续"，当按下任意按键之后，输出窗口消失，回到 VC2010 主窗口，可以继续对源程序进行修改补充或其他工作。

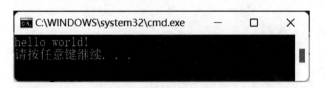

图 1-25　运行结果

特别提醒，有的读者可能会发现，自己的程序在执行时，程序的结果窗口在屏幕上一闪而过，立即消失。如果不希望出现这种情况，可以先让程序暂停，直到按下 enter 键时，窗口才消失。要实现这种效果，有两种方法，第一种方法是在程序的最后（return 这行代码之前）添加下面一行代码。

```
getchar();
```

这行代码会让程序等待输入，窗口会在用户按下一个按键后才关闭，避免程序运行完直接结束而看不到运行结果。

第二种方法是在程序末尾 return 语句之前加上如下一行代码。

```
system("pause");
```

让程序执行到此处暂停一下，然后按任意键继续，以便观察程序的运行结果。用 system 函数需要加上头文件"♯include＜stdlib. h＞"。

要注意的是，不同厂商的 Windows IDE 在使用上大体一致，但是细节上有所不同。就同一个厂商的产品而言，不同版本也会有所区别，要经过一段时间的实践，才会熟悉编译器的工作方式。

本节给出了一个正确的 C 程序的执行过程，如果在编译、连接的过程中出现错误，需要修改错误，之后重新进行编译连接，直至正确为止。如果对如何运行一个 C 程序的过程仍有疑问，可以扫描本书配套的二维码，观看视频，视频对如何在 VC2010 下运行一个 C 程序，以及如何修改编译和连接的错误，进行了详细的讲解。

习　题

一、填空题

1. 在 C 语言中，程序总是从_____开始执行的。

2. 在 C 语言中，一个函数由_____和_____两部分组成。

3. C 语言的源程序通常以_____作为其扩展名，生成的可执行程序的扩展名为_____。

4. C 语言的函数体用_____开始，以_____结束。

5. C 语言程序中的语句都以_____结束。

6. 可以用_____对 C 程序的任意部分作注释，用_____对 C 程序作单行注释。

二、选择题

1. C 程序的基本单位是（　　）。

（A）函数　　　　　　（B）语句　　　　　　（C）字符　　　　　　（D）数据

2. C 语言的源程序（　　）主函数。

（A）可以有多个　　　　　　　　　　（B）可以没有

（C）有且只有一个　　　　　　　　　（D）若有，可以只有一个

3. C 程序中主函数的位置（　　）。

（A）必须在 C 程序的开头　　　　　　（B）必须在 C 程序的中间

（C）必须在 C 程序的最后　　　　　　（D）可以在 C 程序的任何位置

4. 能将高级语言编写的源程序转换成目标程序的是（　　）。

（A）编辑程序　　　　（B）编译程序　　　　（C）解释程序　　　　（D）连接程序

5. C 语言程序编译时，程序中的注释部分将（　　）。

（A）参加编译，并会出现在目标程序中

（B）参加编译，但不会出现在目标程序中

（C）不参加编译，也不会出现在目标程序中

（D）不参加编译，但会出现在目标程序中

6. 下列说法不正确的是（　　）。

（A）C 语言程序是以函数为基本单位的，整个程序由函数组成

（B）C 语言程序的一条语句可以写在不同的行上

（C）C 语言程序的注释行对程序的运行功能不起任何作用，所以注释应该尽可能少写

（D）C 语言程序的每个语句都以分号结束

7. 以下说法中正确的是（　　）。

（A）C 语言程序总是从第一个函数开始执行

（B）在 C 语言程序中，要调用的函数必须在 main( ) 函数中定义

（C）C 语言程序总是从 main( ) 函数开始执行

（D）C 语言程序中的 main( ) 函数必须放在程序的开始部分

三、编程题

1. 编写一个 C 程序，输出以下信息：

```
***************************
           Very good!
***************************
```

2. 编写一个 C 程序，要求从键盘输入两个整数，输出它们的平方和。

参考答案

单元一

【学习笔记】

C程序的运行环境和运行过程

一、实验目标

(1) 了解 Visual C++2010 集成开发环境的基本操作方法，学会独立使用该系统。

(2) 掌握在该集成环境下编辑、编译、连接和运行一个 C 程序的方法和步骤。

(3) 通过运行简单的 C 程序，进一步理解 C 源程序的特点。

二、实验准备

(1) 复习 C 程序的结构特点和书写规范。

(2) 复习 Visual C++2010 集成开发环境下解决方案和项目、文件的建立方法。

(3) 复习 C 程序编译、连接和运行的方法。

三、实验内容

1. 按以下步骤输入并运行一个 C 程序。从本例中体会 C 程序的运行过程。

(1) 进入 Visual C++2010 开发环境，熟悉此开发环境。

(2) 在 VC2010 中新建一个空项目。

(3) 在项目中新建一个 C 源程序文件，输入以下程序。

```
#include<stdio.h>
int main(void)
{
    printf("This is a C program! \n");
    return 0;
}
```

(4) 进行编译，仔细分析编译信息窗口的显示信息，可能显示有多个错误，逐个修改，之后重新编译，直到不出现错误。

(5) 进行连接，如有错误出现，进行修改，之后重新编译，直到没有错误，生成 .exe 文件。

(6) 运行程序，分析运行结果。

2. 按以下步骤输入并运行一个 C 程序，根据编译信息进行修改调试，最终得到正确的运行结果。

（1）在 VC2010 中新建一个空项目。

（2）在项目中新建一个 C 源程序文件，输入以下程序。

```c
#include<stdio.h>
int main(void)
{
    int a,b,l,s;
    a=12;
    b=8;
    l=2*(a+b);
    s=a*b;
    printf("周长为%d,面积为%d.\n",l,s);
    return 0;
}
```

（3）进行编译，分析编译信息窗口的显示信息，如有错误，逐个修改，直到不出现错误。

（4）进行连接，如有错误，进行修改，之后重新编译，直到没有错误，生成 .exe 文件。

（5）运行程序，分析运行结果。正确的程序将产生如下的运行结果。

周长为40,面积为96.

3. 输入并运行一个需要在运行时输入数据的程序。

（1）在 VC2010 中新建一个空项目。

（2）在项目中新建一个 C 源程序文件，输入以下程序。

```c
#include<stdio.h>
int main(void)
{
```

```
    int max(int x, int y) ;
    int a, b, c;
    printf("请输入两个整数:\n" ) ;
    scanf ("%d,%d", &a, &b) ;
    c = max(a,b) ;
    printf( "max=%d\n", c) ;
    return 0;
}
int max(int x, int y)
{
    int z;
    if(x>y)   z=x;
    else  z=y;
    return z;
}
```

（3）进行编译和连接，如有错误，则修改，之后重新编译，直到没有错误，生成 .exe 文件。

（4）运行程序，任意输入两整数，例如 2 和 5，然后按回车键，观察运行结果。正确的程序将产生类似下图的运行结果。

```
请输入两个整数:
2,5
max=5
```

（5）将程序中的第四行改为"int a;b;c;"，再进行编译，观察其结果。

（6）将 max 函数的第四行和第五行合并写成一行，即"if(x>y) z=x; else z=y;"进行编译和运行，分析结果。

4. 编写一个 C 程序，输入 a 和 b 两个值，求两数之和并且输出。

（1）在 VC2010 中新建一个空项目。

（2）在项目中新建一个 C 源程序文件，输入自己编写的源程序。

（3）检查程序有无错误（包括语法错误和逻辑错误），有则改之。

（4）运行程序，输入数据，分析结果。正确的程序将产生类似下图的运行结果。

```
请输入两个整数:
14,56
sum=70
```

（5）自己修改程序（例如故意改成错的），分析其编译和运行情况。

（6）保存调试完成的程序。关闭所用的集成环境，打开"计算机"，浏览存放项目文件的文件夹，查看有无刚才保存的后缀为 .c 和 .exe 的文件。

四、常见问题分析

1. 创建项目类型错误。

初学者在使用 VC2010 时，经常会选错项目类型，一旦犯了这种错误，输出窗口会出现很多错误提示，初学者往往不知从何下手。例如，在创建项目时选择了 🔲 Win32 项目，则输出窗口出现如下错误提示：

1>MSVCRTD.lib(crtexew.obj) : error LNK2019: 无法解析的外部符号 _WinMain@16，该符号在函数 ___tmainCRTStartup 中被引用

2. 同一项目下出现多个 C 源文件。

许多初学者在完成一个 C 程序之后，没有移除第一个 C 程序而直接又添加了第二个 C 源程序，导致一个项目中有两个 main() 函数，在生成时输出窗口会出现如下提示：

1>2.obj : error LNK2005: _main 已经在 1.obj 中定义

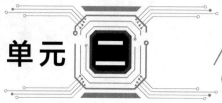

单元 **二**

C语言的数据类型、运算符与表达式

 **知识目标**

（1）掌握 C 语言中的基本数据类型及其表示方法。
（2）理解常量与变量的概念和使用方法。
（3）掌握算术运算符、赋值运算符等基础运算符的运算规则、优先级和结合性。
（4）掌握表达式的结构和计算方法。
（5）了解数据类型转换的原则和方法。

能力目标

（1）能够规范表示不同类型的常量。
（2）能够正确使用 C 语言的基本数据类型进行变量定义和初始化。
（3）能够正确分析表达式的运算过程和运算结果。
（4）在解决实际问题的过程中，提高分析能力和逻辑思维能力。

素质目标

（1）通过代码的编写与调试，培养耐心和细致的工作态度。
（2）通过工程伦理学习，培养作为一名软件从业者的职业素养与职业道德。

单元导读

　　数据类型是编程语言的基石，它决定了数据在内存中的表示方式，运算符是编程中用于执行各种计算和操作的工具。掌握 C 语言中的数据类型与运算符可以让我们在编程中更加准确地描述问题，更加灵活地处理数据，是构建编程思维、解决实际问题的基础。

数据类型和常量

2.1　C 语言的数据类型

从单元一的例题 1-2 和例题 1-3 中可以看到，在定义变量时需要指定变量的类型。C 语言提供的数据类型，可以分为基本类型、构造类型、枚举类型和空类型，如图 2-1 所示，其中用粗体表示的是 C99 标准中新增的类型。

基本数据类型最主要的特点是其值不可以再分解为其他类型。而构造数据类型是根据已定义的一个或多个数据类型，用构造的方法来定义的，即一个构造类型的值可以分解成若干个"成员"或"元素"，每个"成员"都是一个基本类型数据或又是一个构造类型。指针类型用于存储变量的地址。而空类型通常与指针或函数结合使用。

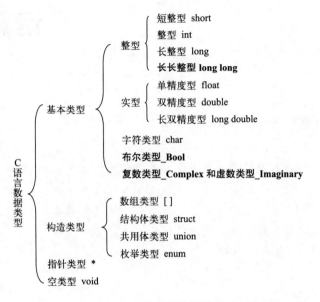

图 2-1　C 语言的数据类型

需要说明的是，不同类型的数据在内存中占用的存储单元长度是不同的，存储不同类型数据的方法也是不同的。

本单元主要介绍基本数据类型，其他数据类型将在后续的单元中逐步介绍。

2.1.1　常量与变量

变量

根据数据在程序运行过程中能否被改变，C 语言将数据分为常量与变量。

（1）常量

有些数据在程序使用之前已经预先设定好了，在整个程序的运行过程中没有变化，这些称为常量（constants）。在程序中，常量是可以不经说明而直接引用的。根据书写方式，常量可分为直接常量和符号常量。

① 直接常量：从形式上可以判别数据类型的常量。例如：整型常量，25、0、−4；实型常量，1.25、−3.14；字符常量，'?'、'A'、'8'；字符串常量，"123"、"boy"。

② 符号常量：用 #define 指定符号代表一个常量。例如：

```
#define  PI  3.1415926
```

本行之后的程序中，所有的 PI 都代表常量 3.1415926。

（2）变量

在程序的运行过程中可能会被改变或被赋值的数据，称为变量（variables）。变量代

表一个有名字的,具有特定属性的存储单元,它用来存放数据,也就是存放变量的值。在C语言中,通常用变量来保存程序执行过程中的输入数据、中间结果以及最终结果等。

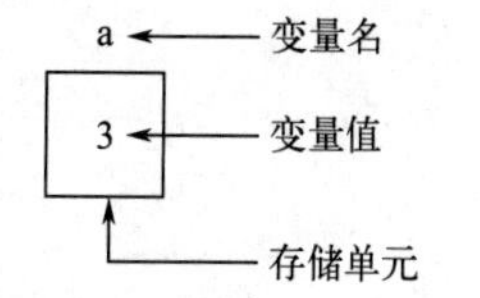

图2-2　变量名与变量值

① 标识符。变量必须"先定义,后使用"。在定义时应指定该变量的名字和类型,图2-2中a是变量名,3是变量a的值,即存放在变量a的内存单元中的数据。可见,变量名实际上是以一个名字代表的存储单元。

在程序中使用的变量名、函数名、标号等统称为标识符。C语言规定,标识符只能由字母、数字和下划线3种字符组成,且第一个字符必须为字母或者下划线。

下面列出的是合法的标识符,可以作为变量名:

> sum, average, _total, Class, day, month, Student_name, lotus_1_2_3, BASIC

下面是不合法的标识符:

> M. D. John, $123, #33, 3D64, a > b

> **注 意**
>
> ● ● ● ● ● ● ● ●
>
> a. C语言的关键字不能用作标识符,关键字见附录2。
>
> b. 标识符的定义尽可能做到"见名知义"。
>
> c. C语言严格区分大小写字母,例如BOOK和book是两个不同的标识符。

② 变量的定义。变量定义语句的基本格式为:

> 类型说明符 变量名;

变量的命名要遵循上述标识符的定义规则,而"类型说明符"就是图2-1中给出的数据类型。

C99之前的标准要求把变量定义语句放在块的顶部,其他语句不能放在声明语句之前,这样规定的好处是:把声明放在一起更容易理解程序的用途。例如:

```
int main()    //旧规则
{
    int a;
    float b;
    a=5;
    b=3.5;
    //其他语句
}
```

C99和C11允许在需要时才声明变量,这样做的好处是:在给变量赋值之前声明变量,就不会忘记给变量赋值。因此,如果编译器支持这一新特性,可以这样编写上面的程序段:

```
int main()    //C99及C11标准
{
```

```
    //一些语句
    int a;
    a＝5;        //第一次使用 a
    //其他语句
    float b;
    b＝3.5;      //第一次使用 b
    //其他语句
}
```

为了与旧系统更好地兼容,本书沿用最初的规则,即把变量声明都写在块的顶部。

③ 变量的初始化。程序中常需要对一些变量设置初始值。C 语言允许在定义变量的同时对变量进行初始化。例如:

```
int a＝3;              //定义 a 为整型变量,赋初始值 3
float f＝3.56;          //定义 f 为实型变量,赋初始值 3.56
char ch＝'a';          //定义 ch 为字符变量,赋初始值'a'
```

也可以对被定义的变量的一部分赋初始值,如:

```
int a,b,c＝5;          //定义 a、b、c 为整型变量,给 c 赋初始值 5
```

如果对几个变量赋初始值 3,可以写成:

```
int a＝3,b＝3,c＝3;
```

表示 a、b、c 的初始值都是 3,不能写成"int a＝b＝c＝3;"。

变量除了可以在定义的同时进行初始化外,还可以在定义之后用赋值表达式或者赋值语句来进行赋值。例如:

```
int a＝3;
```

相当于:

```
int a;                //定义 a 为整型变量
a＝3;                 //赋值语句,将 3 赋值给 a
```

又如:

```
int a,b,c＝5;
```

相当于:

```
int a,b,c;            //定义 a、b、c 为整型变量
c＝5;                 //将 5 赋值给 c
```

2.1.2 整型数据

(1)整型常量

在 C 语言中,整型常量有三种表示形式:

① 十进制整数:十进制整常量是通常意义下的整数,由数字 0～9 和正负号表示。例如:122,－5,0 等。

② 八进制整数:八进制整常量必须以数字 0 开头,数码取值为 0～7。例如:0113 表示

八进制数 113，相当于十进制的 75；－010 表示八进制－10，即十进制的－8。

③ 十六进制整数：十六进制整常量的前缀为 0x 或 0X，其数码取值为 0～9、A～F 或 a～f。例如：0x12 表示十六进制数 12，相当于十进制的 18；0x5B 是十六进制数 5B，相当于十进制的 91。

【例 2-1】 下列整型常量哪些是非法的？

012，oX7A，00，078，0x5Ac，－0xFFFF，7B

解析：012（合法的八进制数），oX7A（不合法，应是 0x 而不是 oX），00（合法，八进制 0），078（不合法，八进制数的数码是 0～7），0x5Ac（合法的十六进制数），－0xFFFF（合法的十六进制数），7B（不合法，十六进制数应加前缀 0x）。

需要说明的是，使用不同进制的数据是为了方便，并不会影响数据被存储的方式。也就是说，无论把数字 16 写成 16、020 或 0x10，存储该数的方式都相同，因为计算机内部都以二进制进行编码。

在整型常量后面加上字母 u 或者 U，则把它作为无符号的整型常量，例如 113u 或 113U。在一个整型常量后面加上字母 l 或者 L，则把它作为 long 型常量。类似地，在支持 long long 类型的系统中，也可以使用 ll 或 LL 后缀来表示 long long 类型的值，如 3LL。

（2）整型变量

C 语言中的整型变量有四种类型：基本整型（int）、短整型（short int，也可表示为 short）、长整型（long int，也可表示为 long）和长长整型（long long int，也可表示为 long long），其中 long long 型是 C99 标准加入的新类型。

四种整型变量都可加上修饰符 unsigned 以指定是"无符号数"，加上修饰符 signed 则指定为"有符号数"，如果既不指定为 unsigned，也不指定为 signed，则隐含为有符号数（signed），所以 signed 可以省略不写。

C 标准没有规定以上各类数据所占的内存字节数，只要求 long 型数据长度不短于 int 型，short 型不长于 int 型，具体每种类型占多少字节，与操作系统、处理器的字长以及编译系统都有关系。表 2-1 给出了 64 位处理器的个人计算机在 VC2010 下各类整型数据所占的字节数。在本书的后续单元中提到的数据在内存中的字节数，均参考 VC 系统。

例如：

```
long x,y;
unsigned short m,n;
```

以上代码定义了两个长整型变量 x 和 y，在 64 位处理器的 VC2010 环境下会给 x、y 各分配 4 个字节的存储空间；还定义了两个无符号短整型变量 m 和 n，分别占用 2 个字节的存储空间。

表 2-1　64 位个人计算机在 VC2010 下各类整型数据所占的字节数

数据类型	字节数	取值范围
［signed］int（基本整型）	4	$-2^{31} \sim (2^{31}-1)$　　即－2147483648～2147483647
［signed］short（短整型）	2	$-2^{15} \sim (2^{15}-1)$　　即－32768～32767
［signed］long（长整型）	4	$-2^{31} \sim (2^{31}-1)$　　即－2147483648～2147483647

续表

数据类型	字节数	取值范围
［signed］long long（长长整型）	8	$-2^{63}\sim(2^{63}-1)$　即 $-9223372036854775808\sim9223372036854775807$
unsigned int（无符号基本整型）	4	$0\sim(2^{32}-1)$　即 $0\sim4294967295$
unsigned short（无符号短整型）	2	$0\sim(2^{16}-1)$　即 $0\sim65535$
unsigned long（无符号长整型）	4	$0\sim(2^{32}-1)$　即 $0\sim4294967295$
unsigned long long（无符号长长整型）	8	$0\sim(2^{64}-1)$　即 $0\sim18446744073709551615$

　　整型变量类型很多，在实际编程中应该如何选择呢？首先考虑 unsigned 类型，这种类型的数常用于计数，因为计数不用负数。而且，unsigned 类型可以表示更大的整数。

　　如果一个数超出了 int 类型的表示范围，且在 long 类型的取值范围内时，使用 long 类型。然而，对于那些 long 型占用的空间比 int 大的系统，使用 long 型会减慢运算速度。因此，如非必要，请不要使用 long 类型。另外要注意一点，如果在 long 类型和 int 类型占用空间相同的机器上编写代码，当确实需要 32 位整数时，应使用 long 类型而不是 int 类型，以便把程序移植到 16 位机之后仍然可以正常工作。类似地，如果确实需要使用 64 位的整数，应使用 long long 类型。

　　如果在 int 型设置为 32 位的系统中要使用 16 位整数，应使用 short 类型以节省空间。另外，使用 short 类型的另一个原因是计算机中某些组件使用的硬件寄存器是 16 位的。

　　因此，在解决具体的实际问题时，用户应当根据自己的需要来选择合适的数据类型。

2.1.3　实型数据

（1）实型常量

　　实型常量是指值为实数的常量，也称为浮点型常量。C 语言中，实型常量的表示方法有以下两种。

　　① 十进制小数形式：由整数部分、小数点和小数三部分组成，其中小数点是必须的，整数或小数部分可以省略。例如：3.14，0.15，.267，0.0，−6.39 等都是合法的实型常量。

　　② 指数形式：对于一个值为 $a\times10^{n}$ 的实型常量，在 C 语言中可以表示为 aEn 或者 aen，a 称为尾数，e（或 E）为阶码标志，n 是阶码。例如：12.34e3（代表 12.34×10^{3}），3.14E−5（代表 3.14×10^{-5}）等等。需要注意的是，e（或者 E）前面必须有数字，且 e（或者 E）后面的阶码必须是整数。

　　例如，以下是不合法的实型常量：3.14e（e 后面没有阶码），e3（没有尾数），3.14e3.4（阶码不是整数）。

　　在默认情况下，编译器设定浮点型常量是 double 类型精度的。在浮点数后面加上 f 或者 F 可以覆盖默认设置，编译器会将该浮点型常量看作 float 类型，如 2.3f、9.11E9F。使用 l 或者 L 后缀使得浮点型常量为 long double 类型，如 54.3l 和 4.32L。注意，建议使用 L 后缀，因为字母 l 和数字 1 很容易混淆。没有后缀的浮点型常量是 double 类型的。

（2）实型变量

　　实型变量包括单精度型（float）、双精度型（double）和长双精度型（long double）三种类型。

　　单精度型（float）是 C 语言中基本的浮点数类型，可精确表示至少 6 位有效数字，在 64 位的 VC2010 系统中，一个 float 型数据占 4 个字节。

　　双精度实型（double）存储浮点数的范围更大，能表示比 float 型更多的有效位数（至少 13 位），一个 double 型数据占 8 字节。

　　第三种浮点类型是长双精度型（long double），用以满足比 double 类型精度更高的要求。C 标准规定，long double 型的精度至少与 double 型相同，对其字节数以及尾数和阶码各占多少字节没有作明确规定，比如在 64 位的 VC2010 环境中，一个 long double 型数据占 8 字节。读者应当了解，在不同的系统下，精度和数值范围会有所不同。例如：

```
float x;
double y,z;
long double m;
```

　　以上代码将 x 定义为单精度浮点型变量，将 y、z 定义为双精度浮点型，将 m 定义为长双精度浮点型变量。

2.1.4　字符型数据

（1）字符常量

　　字符常量是用一对单引号括起来的单个字符。例如，'?'，'A'，'8' 都是字符常量。这里的单引号只是界限符，字符常量只能是一个字符，不包括单引号。C 语言区分大小写，故 'a' 和 'A' 是不同的字符常量。特别要注意的是，字符常量存储在计算机的存储单元中时，并不是存储字符（如？、A、8 等）本身，而是存储该字符的 ASCII 码。例如字符 'a' 的 ASCII 码是 97，因此存储单元中存放的是 97（以二进制形式存放）。字符与其 ASCII 码的对照表见附录 1。

　　除了以上形式的字符常量外，C 语言还允许使用一种特殊形式的字符常量，就是以反斜杠"\"开头的字符序列。例如，前面已经遇到过的 printf() 函数中的 '\n' 就是一个转义字符，它代表的是一个换行符。常见的转义字符及其含义见表 2-2。

表 2-2　常见的转义字符及其含义

转义字符	转义字符的含义
\n	回车换行
\t	横向跳到下一制表位置
\v	竖向跳格
\b	退格
\r	回车
\f	走纸换页
\\	反斜杠字符
\'	单引号字符
\"	双引号字符

续表

转义字符	转义字符的含义
\a	鸣铃
\ddd	1～3位八进制数所代表的字符
\xhh	1～2位十六进制数所代表的字符

表2-2中，\ddd是指八进制数ddd表示的字符，例如'\101'代表八进制数101的ASCII码字符，即为'A'（八进制的101相当于十进制数65，从附录1可知ASCII码为65的字符是'A'）。\xhh是一个十六进制数hh表示的ASCII码字符，例如，'\x42'代表十六进制数42的ASCII码字符，是'B'（十六进制的42相当于十进制数66）。

【例2-2】转义字符举例。

```c
#include<stdio.h>
int main(void)
{
    printf ("\101 \x42 C\n");
    printf ("I say:\"How are you?\"\n");
    printf ("\\C Program\\\n");
    printf ("Visual \'C\'\n");
    return 0;
}
```

程序运行结果如下。

```
A B C
I say:"How are you?"
\C Program\
Visual 'C'
```

（2）字符变量

字符变量可以用关键字char进行说明，字符变量用来存放字符常量。例如：

```c
char c1,c2;
```

将c1和c2定义为字符变量，可用下面的语句对c1、c2进行赋值：

```c
c1='a';c2='b';
```

在所有的编译系统中都规定，用一个字节来存放一个字符。将一个字符常量放到一个字符变量中，实际上并不是把该字符本身放到内存单元中，而是将该字符相应的ASCII码放到存储单元中去。例如在进行了上述赋值之后，变量c1、c2中的值如图2-3所示。

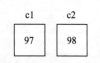

图2-3　字符变量c1、c2

字符型数据也存在有符号和无符号之分，默认为有符号。字符型数据的存储空间和数值范围见表2-3。

表2-3　字符型数据的长度和数值范围

数据类型	字节数	取值范围
signed char（有符号字符型）	1	$-128 \sim 127$ 即 $-2^7 \sim (2^7-1)$
unsigned char（无符号字符型）	1	$0 \sim 255$ 即 $0 \sim (2^8-1)$

说　明

在使用有符号字符型数据时，允许存储的值为 $-128\sim127$，但字符的 ASCII 不可能为负值，所以在存储字符时实际上只用到 $0\sim127$ 这一部分。

既然在内存中，字符数据以 ASCII 码存储，那么它的存储形式就与整数的存储形式类似，这样就使得字符型数据与整型数据之间可以通用。

【例 2-3】字符变量的赋值与输出。

```
#include<stdio.h>
int main(void)
{
    char ch1,ch2;
    ch1='a'; ch2='b';
    printf("ch1=%c,ch2=%c\n",ch1,ch2);
    printf("ch1=%d,ch2=%d\n",ch1,ch2);
    return 0;
}
```

程序的运行结果如下。

```
ch1=a,ch2=b
ch1=97,ch2=98
```

在本程序中，将字符常量 'a'、'b' 分别赋值给字符变量 ch1 和 ch2，则 ch1 和 ch2 中存储的就是字符 'a'、'b' 的 ASCII 码值 97 和 98。本例中第一个 printf() 函数，将 ch1 和 ch2 以％c 格式符输出（％c 用于输出字符型数据），得到输出结果为"ch1＝a，ch2＝b"。第二个 printf() 语句，将 ch1 和 ch2 以％d 即十进制整数的格式输出，得到输出结果为"ch1＝97，ch2＝98"。

从本例中可以看出，一个字符型数据，既可以字符形式输出，也可以整数形式输出。

【例 2-4】字符变量与整型数据进行算术运算。

```
#include<stdio.h>
int main(void)
{
    char ch1,ch2;
    ch1='a'; ch2='B';
    printf("%c,%c\n",ch1-32,ch2+32);
    printf("%d\n",ch1-ch2);
    return 0;
}
```

程序的运行结果如下。

```
A,b
31
```

在本程序中，将字符常量 'a'、'B' 分别赋值给字符变量 ch1 和 ch2，则 ch1 和 ch2 中存储的就是字符 'a'、'B' 的 ASCII 码值 97 和 66。第一个 printf() 函数，要求将 ch1－32（为 65）

和 ch2＋32（为 98）以％c 格式符输出，得到结果为 "A，b"。第二个 printf（）函数，将 ch1－ch2 的值（为 31）以％d 即十进制整数的格式输出，得到输出结果为 "31"。

通过以上程序可以发现，可以对字符数据和整数进行算术运算，此时就是对它们的 ASCII 码值进行算术运算。

（3）字符串常量

字符串常量是用一对双引号括起来的字符序列。例如，"CHINA"、"123"、"boy" 等，都是合法的字符串常量。

C 语言规定，在存储字符串常量的时候，系统会在字符串的末尾自动加上一个 '\0' 作为结束标志。例如，字符串 "CHINA" 在内存中的实际存储如下所示：

C	H	I	N	A	\0

可以看到，该字符串占用 6 个字节的存储空间，结尾的 '\0' 是系统自动加上去的，是一个 ASCII 码值为 0 的字符，是 "空操作" 字符，它不引起任何的控制动作，也不可显示，只用于系统判断字符串是否结束。

而平时所说的字符串长度指的是字符串中有效字符的个数，不包括串尾的 '\0'。因此长度为 n 的字符串，在内存中占据 n+1 个字节。

字符串常量与字符常量的主要区别如下：

① 字符串常量是用一对双引号括起来的字符序列（0 个、1 个或多个字符），而字符常量是用一对单引号括起来的单个字符。

② 字符常量占一个字节的内存空间。字符串常量占的内存字节数等于字符串中字符的个数加 1，增加的一个字节中存放字符 '\0'。

③ 可以把一个字符常量赋给一个字符变量，但不能把一个字符串常量赋给一个字符变量，在 C 语言中没有相应的字符串变量，需要用字符数组来存储字符串。

2.1.5　符号常量与常变量

（1）符号常量

符号常量是用符号表示的常量，在使用之前必须先定义。其定义的一般形式为：

```
#define 标识符 常量
```

【例 2-5】根据输入的圆半径，求圆周长和圆面积。

源程序如下：

```
#include<stdio.h>
#define  PI  3.1415926
int main(void)
{
    float r,l,s;
    printf("请输入圆的半径:\n");  //输入半径
    scanf("%f",&r);
    l＝2*PI*r;              //计算周长
    s＝PI*r*r;              //计算面积
    printf("圆周长 l＝%f,圆面积 s＝%f\n",l,s);  //输出周长和面积
    return 0;
}
```

输入圆半径为 5，程序将产生如下输出结果。

```
请输入圆的半径：
5
圆周长1=31.415926,圆面积s=78.539818
```

在本程序中，PI 就是一个符号常量，通过定义：

```
#define  PI  3.1415926
```

将 PI 定义为 3.1415926，本程序中从此行开始所有的 PI 都代表 3.1415926。在对程序进行编译前，预处理器先对 PI 进行处理，把程序中所有 PI 全部置换为 3.1415926。

程序设计技巧——善于使用符号常量

在程序中使用符号常量主要有两个好处：

① 便于修改程序。当程序中多处使用了某个常量而又要修改该常量时，修改操作十分烦琐，而且容易错改、漏改。若采用符号常量表示该常量，只需修改定义格式中的常量值即可做到一改全改，十分方便。

② 见名知义，便于理解程序。如【例 2-5】中的符号常量 PI，很容易理解为圆周率。

但是初学者要注意区分符号常量和变量，不要把符号常量误认为变量。符号常量不占内存，只是一个临时符号，在预编译后这个符号就不存在了，故不能对符号常量赋予新值。为与变量名相区别，习惯上将符号常量用大写表示，而变量名用小写。

（2）常变量

在 C 语言中，可用 const 关键字将一个变量限定为只读，这种变量称为常变量。例如：

```
const int MONTHS＝12;    //MONTHS 在程序中不可更改,其值为 12
```

这使得 MONTHS 成为了一个常变量，可以在计算中使用 MONTHS，可以打印 MONTHS，但是不能改变 MONTHS 的值。使用 const 在一定程度上可以提高程序的安全性和可靠性。

读者需要区分用 #define 定义的符号常量和用 const 定义的常变量两者的区别。符号常量只是用一个符号代表一个常量，它没有类型，在内存中并不占用存储单元。而常变量具有变量的特征，它有类型，在内存中占用与变量名对应的存储单元。

2.1.6　C99标准中新增的变量类型

（1）布尔型变量

C99 标准添加了 _Bool 类型，用于表示布尔值，即逻辑值 true 和 false。因为 C 语言用值 1 表示 true，值 0 表示 false，所以 _Bool 类型实际上也是一种整数类型。但原则上它仅占用 1 位存储空间，因为对 0 和 1 而言，1 位的存储空间就足够了。

C99 标准提供了 stdbool.h 头文件，该头文件让 bool 成为 _Bool 的别名，而且还把 true 和 false 分别定义为 1 和 0 的符号常量。包含该头文件后，写出的代码可以与 C++ 兼容，因为 C++ 把 bool、true 和 false 定义为关键字。

另外，如果系统不支持_Bool 类型，导致无法运行程序，可以把_Bool 替换成 int。

（2）虚数和实数类型变量

许多科学和工程计算都要用到复数和虚数。C99 标准支持复数类型和虚数类型。

C 语言有三种复数类型：float _Complex、double _Complex 和 long double _Complex。例如，float _Complex 类型的变量应当包含两个 float 类型的值，分别表示复数的实部和虚部。类似地，C 语言的 3 种虚数类型是 float _Imaginary、double _Imaginary 和 long double _Imaginary。

如果包含 complex.h 头文件，便可用 complex 代替 _Complex，用 imaginary 代替_Imaginary，还可以用 I 代替－1 的平方根。

微课

运算符和
表达式（一）

2.2　运算符与表达式

"运算符"是用来表示各种运算的符号，它规定了对数据的基本操作。所以，运算符一定要作用在运算对象上。C 语言的运算符种类非常多，根据运算对象的个数，可以把运算符分成单目运算符（需要一个运算对象）、双目运算符（需要两个运算对象）和三目运算符（需要三个运算对象）。

用运算符把运算对象连接起来构成的式子，称为"表达式"。表达式的类型由运算符的类型决定，可分为算术表达式、关系表达式、逻辑表达式和赋值表达式等等。

C 语言规定了运算符的优先级和结合性（见附录 3）。当表达式中有多个运算符时，先做哪个运算，后做哪个运算，必须遵循一定的规则，这种运算符执行的先后顺序，称为运算符的优先级。而对于优先级相同的运算符，将由运算符的结合性来决定它们的运算顺序。在 C 语言中，只有单目运算符、赋值运算符和条件运算符是自右向左结合的，其余运算符均是自左向右结合的。

在学习运算符时，要注意各运算符的运算规则、优先级和结合方向。

2.2.1　算术运算符与算术表达式

常见的算术运算符有单目和双目两类，共 7 个运算符，如表 2-4 所示。

表 2-4　算术运算符

类别	运算符	运算规则	运算对象类型	运算结果类型	结合性
单目	＋	取正值			自右向左
	－	取负值			
双目	＋	加法	整型或实型	整型或实型	自左向右
	－	减法			
	*	乘法			
	/	除法			
	%	整除取余	整型	整型	

两个单目运算符（＋、－）都是出现在运算对象前面的，其运算规则同一般的正、负号。双目运算符中的＋、－、* 运算符同数学上的加法、减法、乘法，读者都是比较熟悉

的，下面对除法运算符（/）和模运算符（％）进行说明。

（1）除法运算符（/）

该运算符的运算规则与运算对象的数据类型有关。如果两个运算对象都是整型的，则结果是取商的整数部分，丢弃小数部分（不是做四舍五入），也就是做整除；如果两个运算对象中至少有一个是实型，那么就是浮点数除法，即是一般的除法。

例如，10/3 的结果是 3，小数部分被丢弃；而 10.0/3 的结果 3.333333。

（2）模运算符（％）

模运算符（％）的两个运算对象必须是整型的，结果是整除后的余数（即求余运算），符号与被除数相同。比如：$20\%6$ 的结果是 2，$20\%-6$ 的结果是 2，而 $-20\%6$、$-20\%-6$ 的结果都是 -2；而 $6.2\%5$、$7\%4.6$、$17.3\%3.6$ 都是错误的。

2.2.2　自增与自减运算符

自增、自减运算符属于单目运算，优先级为 2 级，结合方向自右向左。自增、自减运算符的作用是使变量的值加 1 或者减 1，例如：

```
++i,--i(先使 i 的值加 1 或减 1,再使用 i 的值)
i++,i--(先使用 i 的值,再使 i 的值加 1 或者减 1)
```

例如，i 的初始值是 3，则：

```
① j=++i;   (先使 i 的值加 1,变成 4,再赋给 j,j 的值为 4)
② j=i++;   (先将 i 的值赋给 j,j 的值为 3,然后 i 加 1 变成 4)
```

【例 2-6】已知 a 的值是 3，b 的值是 7，下面的表达式运算之后，表达式和变量的值各为多少？

```
++a,--a,b++,b--,a+(++b),(a++)-(--b)
```

可以用一张表格来表示运算前后变量值的变化情况以及表达式的值，见表 2-5。

表 2-5　【例 2-6】中变量值的变化情况

表达式	运算前变量的值		运算后变量的值		运算后表达式的值
	a	b	a	b	
++a	3		4		4
--a	3		2		2
b++		7		8	7
b--		7		6	7
a+（++b）	3	7	3	8	11
(a++)-(--b)	3	7	4	6	-3

使用前缀形式和后缀形式可能会对代码产生不同的影响，因此，在学习的过程中，各位读者应当多留意使用自增、自减运算符的例子，思考是否能互换使用前缀和后缀形式，或者当前环境是否只能使用某种形式。

注　意

自增运算符（＋＋）和自减运算符（——）只能作用于变量，而不能作用于常量和表达式，如 5＋＋或者（a＋b）＋＋都是不合法的。

自增、自减运算符常用于循环语句中，使循环变量的值自动加 1；也使用于指针变量，使指针变量指向下一个地址，这些将在后续的单元中进行介绍。

2.2.3　赋值运算符与赋值表达式

（1）赋值运算符

赋值运算符"＝"用于将表达式的值赋给一个变量。赋值运算符在之前的例题中已经出现了多次。例如："a＝3"就是一次赋值运算，将常量 3 赋值给变量 a。

需要注意的是，赋值运算符在使用时左边必须是变量，右边是表达式，即：

变量＝表达式

它的作用是先计算赋值符右边表达式的值，再把计算的结果赋给左边的变量。

赋值运算符的优先级为 14 级，仅高于逗号运算符。赋值运算符的结合方向为自右向左。

（2）复合的赋值运算符

在赋值符"＝"的左边加上其他运算符，即可构成复合的赋值运算符。例如，有以下复合的赋值运算符：

```
a＋＝3        （等价于 a＝a＋3）
x＊＝y＋8      [等价于 x＝x＊(y＋8)]
x%＝5         （等价于 x＝x%5）
```

以"x＊＝y＋8"为例来说明，它相当于先使 x 乘以（y＋8），得到的结果再赋给 x。可以这样来理解：

① x＊＝y＋8
② x＊＝(y＋8)
③ x＝x＊(y＋8)

 说　明

凡是双目运算符，都可以与赋值符一起组合成复合的赋值运算符。有关算术运算的复合赋值运算符有＋＝、 －＝、 ＊＝、 /＝、 %＝。

C 语言采用这种复合的赋值运算符，一是为了简化程序，使程序精炼；二是为了提高编译效率，生成质量较高的目标代码。

（3）赋值表达式

用赋值运算符把一个变量和一个表达式连接起来的式子称为赋值表达式。它的一般形式为：

```
变量＝表达式
```

赋值表达式的作用是将右侧表达式的值赋给左侧的变量，赋值表达式的值取"右值"，也就是将赋值符号右边的表达式的值作为赋值表达式的值。例如，赋值表达式 a＝3 * 5，表达式求解后，a 的值为 15，整个赋值表达式的值也为 15。

赋值表达式右边的"表达式"，又可以是一个赋值表达式，例如：

```
a＝(b＝5)
```

括号内的 b＝5 是一个赋值表达式，它将 5 赋值给 b，并且表达式的值也是 5，再将表达式的值赋值给 a，故 a 的值也是 5，整个表达式的值也是 5。由于赋值运算符的结合方向是自右向左，所以（b＝5）外面的括号可以不加，即 a＝(b＝5) 等价于 a＝b＝5。

下面是一些赋值表达式的例子：

```
a＝b＝c＝10        （a、b、c 的值均为 10,赋值表达式的值也为 10）
a＝5＋(c＝6)       （a 的值为 11,c 的值为 6,赋值表达式的值为 11）
a＝(b＝2)＋(c＝3)   （a 的值为 5,b 的值为 2,c 的值为 3,表达式的值为 5）
a＝(b＝10)/(c＝2)   （a 的值为 5,b 的值为 10,c 的值为 2,表达式的值为 5）
```

【例 2-7】 设 a 的初值为 12，问赋值表达式 a＋＝a－＝a * a 该如何求解？

① 先运算赋值表达式 a－＝a * a，它相当于 a＝a－a * a，a 的值为 12－12 * 12＝－132，表达式的值也是－132。

② 原来的表达式被简化为 a＋＝－132，相当于 a＝a＋（－132），a 的值为－132＋（－132）＝－264。

2.2.4 逗号运算符与逗号表达式

C 语言中可使用逗号运算符"，"将两个表达式连接起来，构成逗号表达式。

逗号表达式的一般形式为：

```
表达式 1,表达式 2,…,表达式 n
```

逗号运算符的优先级是所有运算符中最低的，结合方向是自左向右。逗号表达式的求解过程是：依次求解表达式 1，表达式 2，…，表达式 n，即从左往右依次求解，并且将最后一个表达式的值作为整个表达式的值。

例如：

```
a＝3*4,a * 5
```

这是个逗号表达式，先求解 a＝3 * 4，得 a 的值为 12，然后求解 a * 5，得 60，整个表达式的值为 60。

一个逗号表达式又可与另一个表达式组成一个新的逗号表达式，例如：

```
(a＝3*4,a * 5),a＋8
```

在这个表达式中，先解得 a 的值为 12，再进行 a＊5，但 a 的值不变，仍为 12，最后进行 a＋8 得到 20，整个表达式的值为 20，a 的值仍为 12。

> **注意**
>
> ① 程序中使用逗号表达式，通常是分别求逗号表达式内各表达式的值，并不一定要求整个逗号表达式的值。
>
> ② 并不是所有出现逗号的地方都是逗号表达式，如在变量说明中，逗号仅仅作为分隔符使用。

2.2.5　位运算符

在计算机内部，程序的执行、数据的存储和运算都是以二进制形式进行的。一个字节是由八个二进制位组成的，位运算指的就是针对二进制位进行的运算。C 语言提供了位运算功能，这使得它与其他的高级语言相比，具有更大的优越性。

C 语言提供的位运算符如表 2-6 所示。

表 2-6　C 语言的位运算符

运算符	含义	运算符	含义
&	按位与	~	取反
|	按位或	<<	左移
^	按位异或	>>	右移

> **说明**
>
> ① 位运算符中除了"~"是单目运算，其余均为双目运算符。
>
> ② 位运算符的运算对象只能是整型或者字符型数据，不能为实型数据。

下面分别对这 6 种位运算符进行介绍。

（1）按位与运算符 &

参加运算的两个数据，按二进制位进行"与"运算。如果两个相应的二进制位都为 1，则该位的运算结果为 1，否则为 0，即 0&0＝0，0&1＝0，1&0＝0，1&1＝1。

例如，5&9 的值为 1，运算过程如下：

$$5＝00000101$$
$$（\&）\quad 9＝00001001$$
$$\overline{00000001}$$

利用与运算的特点，若要将一个数的全部二进制位清零，只要构造一个新数，使其符合如下条件：原数中为 1 的位，新数中相应的位为 0，然后将两数进行与运算；或者让原数直接与全 0 的二进制数（即 0）进行与运算，也可达到清零的目的。

也可以利用与运算的特点取一个数的某些指定位。如果想将一个数的某些二进制位保留下来（即屏蔽其他位），只要构造一个新数，使其在原数想保留的那些位取 1，其他位取 0，然后将两数进行与运算即可。

（2）按位或运算符 |

按位或运算的运算规则为：两个相应的二进制位中只要有一个为 1，该位的结果值就为 1，即 0 | 0＝0，0 | 1＝1，1 | 0＝1，1 | 1＝1。

例如，5 | 9 的值为 13，运算过程如下：

$$
\begin{array}{r}
5＝00000101 \\
(\,|\,)\quad 9＝00001001 \\
\hline
00001101
\end{array}
$$

利用按位或运算的操作特点，可将一个数据中的某些位置为 1，其余位不变，即将希望置 1 的位与 1 进行或运算，保持不变的位与 0 进行或运算。

（3）按位异或运算符 ^

按位异或运算符^也称为是 XOR 运算符，它的运算规则是：若参加运算的两个二进制位相同，则结果为 0，相异则结果为 1，即 0^0＝0，0^1＝1，1^0＝1，1^1＝0。

例如，5^9 的值为 12，运算过程如下：

$$
\begin{array}{r}
5＝00000101 \\
(\,\hat{}\,)\quad 9＝00001001 \\
\hline
00001100
\end{array}
$$

根据异或运算的运算规则发现，数为 1 的位和 1 异或结果是 0，数为 0 的位和 1 异或结果是 1，而和 0 异或的位，其值均保持不变。异或运算可以使指定位翻转，其余位保持不变。利用这一特性，只需要构造一个新数，使其在原数需要翻转的位上取值 1，在原数需要保持不变的位上取值 0，之后将新数与原数进行异或即可。

（4）按位取反运算符 ~

按位取反运算符~是一个单目运算符，用来对一个二进制数按位取反，即~0＝1，~1＝0。

例如，~9 的值为－10，运算过程如下：

$$
\begin{array}{r}
(\,\sim\,)\, 9＝00001001 \\
\hline
11110110
\end{array}
$$

~运算符的优先级比算术运算符、关系运算符、逻辑运算符等其他运算符都高，例如：~a&b，先进行~a 运算，然后进行 & 运算。

（5）左移运算符 <<

左移运算符<<是一个双目运算符，用于将一个数的各二进制位全部左移若干位，移出的最高位丢弃，右边空出的位置全部补 0。例如：

```
int a＝15;
a＝a<<2;
```

将 a 的二进制值 00001111，左移 2 位，右边补 0，得到 00111100，即十进制数 60（简单起见，此处用 8 个二进制位表示，用 16 位表示结果也是一样的）。

从本例中可以看出，左移 1 位相当于该数乘以 2，左移 2 位相当于乘以 4，以此类推。

但是此结论只适用于该数左移时溢出舍弃的最高位不含 1 的情况。

左移比乘法运算快得多，有些 C 编译系统自动将乘 2 的运算用左移一位来实现，将乘 2^n 处理为左移 n 位。

（6）右移运算符 >>

右移运算符 >> 用于将一个数的各个二进制位全部右移若干位，移出的最低位丢弃，对于无符号数，空出的最高位全部补 0；对于带符号数，如果原来的符号位是 0，即正数，则空出的最高位全部补 0，如果原来的符号位是 1，即负数，则空出的最高位全部补 1。例如：

```
unsigned char a='A',b;
b=a>>2;
```

将 a 的二进制值 01000001（十进制值 65）右移 2 位，由于这是个无符号数，空出的高位全部补 0，得到 b 为 00010000（十进制数 16）。

与左移相对应，右移时，如果右端低位移出的部分不包含有效二进制数字 1，则右移 1 位相当于除以 2。

【例 2-8】 位运算符的应用。

```
#include<stdio.h>
int main(void)
{
    int a=55,b=36;
    printf("a&b=%x,a|b=%x\n",a&b,a|b);
    printf("a^b=%x,~a=%x\n",a^b,~a);
    printf("a<<2=%d,b>>3=%d\n",a<<2,b>>3);
    return 0;
}
```

程序在 VC2010 下运行，结果如下。

```
a&b=24,a|b=37
a^b=13,~a=ffffffc8
a<<2=220,b>>3=4
```

说明

程序中的 %x 格式符用于输入/输出十六进制整数。

2.2.6 不同数据类型间的转换

数据类型转换分为自动类型转换和强制类型转换。

（1）数据类型的自动转换

不同类型的数据进行混合运算时，必须先转换成同一类型，然后再进行运算。自动类型转换又称为隐式转换，是由系统按类型转换规则自动完成的。转换规则如下：

① char 和 short 型数据都会被转换成 int 型；float 型数据会被自动转换成 double 型。

② 当两种不同类型的数据进行运算时，必须先转换成同一种类型。为了保证精度，数据转换要向精度更高的级别进行。

③ 在赋值表达式中，计算的最终结果会被转换成赋值变量的类型，这个过程可能导致类型升级或者降级。

【例 2-9】 自动类型转换举例。

```
#include<stdio.h>
int main(void)
{
    char ch;
    int i;
    float f1;
    f1=i=ch='C';                                    /*第 7 行*/
    printf("ch=%c,i=%d,f1=%2.2f\n",ch,i,f1);        /*第 8 行*/
    ch=ch+1;                                        /*第 9 行*/
    i=f1+2*ch;                                      /*第 10 行*/
    f1=2.0*ch+i;                                    /*第 11 行*/
    printf("ch=%c,i=%d,f1=%2.2f\n",ch,i,f1);        /*第 12 行*/
    ch=1107;                                        /*第 13 行*/
    printf("NOW ch=%c\n",ch);                       /*第 14 行*/
    ch=80.89;                                       /*第 15 行*/
    printf("NOW ch=%c\n",ch);                       /*第 16 行*/
    return 0;
}
```

在 64 位个人计算机的 VC2010 系统中运行此程序，输出结果如下所示。

```
ch=C, i=67, f1=67.00
ch=D, i=203, f1=339.00
NOW ch=S
NOW ch=P
```

程序分析如下：

在本系统中，char 是 8 位，int 是 32 位。

第 7 行和第 8 行：字符 'C' 被作为 1 字节的 ASCII 码值存储在 ch 中。整型变量 i 接受由 'C' 转换的整数，即按 4 字节存储 67。最后，f1 接受由 67 转换的浮点数 67.00。

第 9 行和第 12 行：字符 'C' 被转换成整数 67，然后加 1。计算结果是 4 字节的整数 68，被截成 1 字节存储在 ch 中。根据 %c 说明符打印时，68 被解释成 'D' 的 ASCII 码。

第 10 行和第 12 行：ch 的值被转换成 4 字节的整数 68，然后 2 乘以 ch。为了和 f1 相加，两者均被转换成 double 型后相加。计算结果 203.00 被转换成 int 型，并存储在 i 中。

第 11 行和第 12 行：ch 的值（'D'，或 68）被转换成 double 型，然后与 2.0 相乘。为了做加法，i 的值 203 被转换为 double 型，计算结果 339.00 被转换成 float 型存储在 f1 中。

第 13 行和第 14 行：演示了类型降级的示例。给 ch 设置一个超出其类型范围的值，1107 化成二进制为 10001010011，取低 8 位，忽略额外的位之后，最终 ch 的值为 83（'S' 的 ASCII 码）。

第 15 行和第 16 行：演示了另一种类型的截断。把 ch 设置为一个浮点数，发生截断后，ch 的值为 80（'P' 的 ASCII 码）。

（2）强制类型转换

强制类型转换又称为显式类型转换，可以利用强制类型转换运算符将一个表达式转换成所需类型。例如：

```
(double)a          (将 a 转换成 double 型)
(int)(x+y)         (将 x+y 的值转换成 int 型)
(float)(5%3)       (将 5%3 的值转换成 float 型)
```

强制类型转换的一般形式为：

```
(类型名)(表达式)
```

需要说明的是，在进行强制类型转换时，类型说明符必须加括号，表达式则可根据需要加或不加括号。例如：

```
(int)(x+y)    (将 x+y 的和值转换为 int 型)
(int)x+y      (把 x 的值转换成 int 型之后再与 y 相加)
```

另外，无论是强制转换或是自动转换，都只是为了本次运算的需要而对变量的数据长度进行的临时性转换，不改变数据说明时对该变量定义的类型。

【例 2-10】强制类型转换。

```c
#include<stdio.h>
int main(void)
{
    float x=3.6;
    int a;
    a=(int)x;
    printf("x=%f,a=%d\n",x,a);
    return 0;
}
```

程序的运行结果如下。

```
x=3.600000,a=3
```

从程序的运行结果也可以看到，x 的类型未发生改变，仍为 float 型，值仍为 3.6。

软件开发中的工程伦理问题

2018 年，Facebook 公司面临了一场严重的隐私保护危机。剑桥分析公司（Cambridge Analytica）以获取用户数据为目的，通过一款应用软件收集了数百万 Facebook 用户的个人数据，这些信息被用于政治营销和选举操纵等不正当目的。该事件引发了全球范围内的广泛关注和争议。

软件工程作为一个专业的领域，除了技术层面的挑战和发展，还涉及一系列伦理问题。这些问题既涉及程序员个人的职业道德，也影响着整个行业的健康发展。

首先，随着互联网和移动应用的普及，用户个人信息的泄露成为严重的伦理问题。在软件开发过程中，开发人员应该严格遵守隐私保护的原则，确保用户个人信息的安全。其次，软件质量和可靠性是软件开发中的关键问题。开发人员应该注重代码质量、系统可靠性和安全性，以保护用户利益和社会稳定。第三，软件开发涉及版权和知识产权等法律问题。开发人员应该尊重他人的合法权益，不侵犯他人的知识产权。此外，软件工程师作为一个职业群体，应该遵循职业道德规范。开发人员不能利用职务之便谋取不当利益，也不能滥用技术手段进行非法活动。最后，软件工程师还应该有主动学习和持续发展的态度，不断提升自己的专业技能和知识水平。只有保持良好的职业道德和责任感，才能为社会提供可靠和高质量的软件产品和服务。

习　题

一、填空题

1. 在 C 语言中，写一个八进制整数，需要加上前缀＿＿＿＿＿＿；写一个十六进制的整数，需要在它前面加上前缀＿＿＿＿＿＿。

2. 在 C 语言中，以＿＿＿＿＿＿作为一个字符串的结束标记。

3. 字符型数据在内存中是以＿＿＿＿＿＿形式存放的。

4. C 语言合法的标识符由＿＿＿＿＿、＿＿＿＿＿和＿＿＿＿＿ 3 种字符组成，并且第一个字符必须为＿＿＿＿＿或＿＿＿＿＿。

5. 设有语句"int a＝3;"，则执行了语句"a＋＝a－＝a＊a"后，变量 a 的值是＿＿＿＿＿＿。

6. 字符串"\\name\\\101ddress\b\xaf"的长度为＿＿＿＿＿＿。

7. C 语言表达式 11/3 的结果是＿＿＿＿＿＿，表达式 11%3 的结果是＿＿＿＿＿＿。

8. 以下程序的输出结果为＿＿＿＿＿＿。

```
int main(void)
{   int x＝023;
    printf("%d\n",-x);
    return 0;
}
```

9. 表达式 a＝1, a＋＝1, a＋1, a＋＋的值是＿＿＿＿＿＿。

10. 设"int x＝4, y＝2;"则表达式 (x>>2)/(y>>1) 的值是＿＿＿＿＿＿。

二、选择题

1. 以下所列的 C 语言整型常量中，正确的是（　　　）。
（A）0x10　　　　（B）0976　　　　（C）0x1g　　　　（D）01ff

2. 以下合法的字符常量为（　　　）。
（A）'ab'　　　　（B）'\482'　　　　（C）'\'　　　　（D）'\xaf'

3. 以下错误的转义字符是（　　　）。
（A）'\091'　　　　（B）'\\'　　　　（C）'\0'　　　　（D）'\r'

4. 下列能作为 C 语言标识符的是（　　　）。
（A）void　　　　（B）_int　　　　（C）123a　　　　（D）－abc

5. 下面标识符中，合法的用户标识符是（　　　）。
（A）1abc　　　　（B）include　　　　（C）a-b-c123　　　　（D）char

6. 以下不属于基本数据类型的是（　　　）。

（A）整型　　　　　　（B）实型　　　　　　（C）结构体类型　　　（D）字符型

7. 以下选项中，（　　　）是 C 语言中合法的字符串常量。

（A）How old are you　　　　　　　　（B）'abc'

（C）'A'　　　　　　　　　　　　　　（D）"abc"

8. 合法的 C 语言赋值语句是（　　　）。

（A）a＝b＝58　　　（B）i＋＋；　　　（C）a＝58，b＝58　　　（D）k＝int(a＋b)；

9. C 语言中下列运算符的操作数必须为整型的是（　　　）。

（A）%　　　　　　　（B）＋＋　　　　　　（C）/　　　　　　　　（D）＝

10. 设 a 和 b 均为 int 型变量，则执行以下语句后的输出为（　　　）。

```
int a＝20;  int b＝3;  printf("%d\n",a＋＝(b%＝2));
```

（A）20　　　　　　　（B）21　　　　　　　（C）0　　　　　　　　（D）23

11. 已知"int i;"，则执行语句"i＝2.6;"后，i 的值为（　　　）。

（A）2　　　　　　　（B）3　　　　　　　（C）2.6　　　　　　　（D）不确定

12. 假设在程序中 a，b，c 均被定义成整型，并且已赋大于 1 的值，则下列能正确表示代数式 $\dfrac{1}{abc}$ 的表达式是（　　　）。

（A）1/a*b*c　　　　　　　　　　（B）1/(a*b*c)

（C）1/a/b/(float) c　　　　　　　（D）1.0/a/b/c

13. 若有定义"int a＝8，b＝5，c；char d＝'A';"，则执行语句"c＝a/b＋d%a＋0.5;"后 c 的值为（　　　）。

（A）2　　　　　　　　　　　　　（B）2.5

（C）3　　　　　　　　　　　　　（D）类型不一致，编译出错

14. 以下程序：

```
int main(void)
{    int i＝10,j＝1;
     i＝i＋j＋＋;
     printf("%d,%d,%d\n",i＋＋,＋＋j,i);
     return 0;
}
```

执行后输出结果是（　　　）。

（A）12，3，11　　（B）12，2，11　　（C）11，3，12　　（D）12，3，12

15. 以下程序：

```
#include<stdio.h>
int main(void)
{
    int a,b;
    a＝10^3;
    b＝(13>>1)|1;
    printf("%d,%d\n",a,b);
    return 0;
}
```

运行结果为（　　　）。
（A）9，6　　　　　（B）13，7　　　　　（C）10，1　　　　　（D）9，7

三、写出下列程序的运行结果

1.
```c
#include<stdio.h>
int main(void)
{
    int i,j,m,n;
    i=8;j=9;
    m=++i;
    n=j++;
    printf("%d,%d,%d,%d\n",i,j,m,n);
    return 0;
}
```

2.
```c
#include<stdio.h>
int main(void)
{
    int a=2,b=3;
    float x=11.7,y=2.3;
    printf("%f\n",(float)(a+b)/2+(int)x%(int)y);
    return 0;
}
```

3.
```c
#include<stdio.h>
int main(void)
{
    int x=040;
    printf("%d\n",x=x<<1);
    return 0;
}
```

4.
```c
#include<stdio.h>
int main(void)
{
    int i=1;
    printf("%f\n",(float)i);
    printf("%d\n",i);
    return 0;
}
```

5.
```c
#include<stdio.h>
int main(void)
{
    char ch1='B',ch2=33;
    ch1=ch1-'A'+'0';
    ch2=ch2*2;
    printf("%c %c\n",ch1,ch2);
```

```
        return 0;
    }
```

四、编程题

1. 编写程序，从键盘输入一个大写字母，然后将其转换成小写字母输出。

2. 编写程序，输入一个华氏温度，然后输出摄氏温度，其变换公式为 $C = 5/9 *$ $(F - 32)$。

3. 编写程序，从键盘上任意输入三个整型数，然后输出这三个数的平均值。

参考
答案

单元二

【学习笔记】

数据类型、运算符与表达式应用

一、实验目标

（1）掌握 C 语言中的数据类型，熟悉变量定义和初始化方法。

（2）掌握不同类型的数据间相互赋值的方法。

（3）学会使用 C 语言的运算符，特别是自增自减运算符，以及包含这些运算符的表达式。

（4）进一步熟悉 C 程序的编辑、编译、连接和运行的过程。

二、实验准备

（1）复习 C 语言的基本数据类型，变量定义及初始化方法。

（2）复习不同类型数据之间的转换规则。

（3）复习 C 语言各种运算符的功能和优先级，复习自增自减运算符的前置与后置。

三、实验内容

1. 以下程序能够计算函数 $y = 3x^2 + 2x + 4$ 的值（假设 $x = 2$）。请按以下步骤进行操作。

```c
#include<stdio.h>
int main(void)
{
    int x=2,y;
    y=3*x*x+2*x+4;
    printf("\n y=%d",y);
    return 0;
}
```

（1）思考启动 Visual C++2010 环境的步骤。

（2）思考在 Visual C++2010 中建立一个空项目，并在其中添加一个新的源程序并保存的步骤。

（3）源程序输入完后，思考编译、连接和运行的具体步骤。

（4）写出此程序的运行结果。

（5）将上述程序中的 x=2 去掉，修改为 x 的值从键盘上输入。对于任意一个 x，求出相应的 y，调试修改后的程序。

2. 程序改错。

已知圆柱高 h＝5，要求输入底面圆的半径，求出底面圆周长，圆面积和圆柱体积。

请按以下步骤实验和思考：在 VC2010 中建立一个空项目，并在项目中新建一个 C 源程序文件，在源程序编辑窗中输入如下所示的程序，之后，进行编译。

```
#include<stdio.h>
int main(void)
{
    int h＝5;
    float d,s,v;
    d＝2*3.14*r;
    s＝3.14*R*r;
    v＝s*h;
    printf("底面周长 d=%f,面积 s=%f,体积 v=%f\n",d,s,v);
    return 0;
}
```

（1）观察信息窗中是否有编译、连接的错误信息出现。如果有，则说明输入的源程序中有错误，应该根据提示的错误信息找到相应的错误，对程序进行修改直到编译及连接无错误，并得到程序的运行结果。

（2）修改后，正确的程序将产生如下所示的运行结果。

```
输入底面圆半径：
2
底面周长d=12.560000,面积s=12.560000, 体积v=62.800002
```

3. 在 VC2010 中输入并运行如下程序。

```
#include<stdio.h>
int main(void)
{
    char c1,c2;
    c1＝'a';
    c2＝'b';
```

```
        printf("%c,%c\n",c1,c2);
        return 0;
    }
```

（1）运行此程序，写出该程序的运行结果。

（2）在以上程序的 printf()函数的下面再增加一个 printf()语句"printf（"%d,%d \ n"，c1,c2）;"再运行，并分析结果。

（3）将第 4 行改为"int c1,c2;"再运行，并观察结果。

（4）再将第 5、6 行改为：　　c1＝a;c2＝b;

再运行，分析其运行结果。

（5）再将第 5、6 行改为：　　c1＝"a";c2＝"b";

再运行，分析其运行结果。

4. 在 VC2010 中新建一个空项目，在项目中添加一个新的 C 语言源程序文件，在编辑窗中输入如下程序，按下列步骤进行调试：

```
#include<stdio.h>
int main(void)
{
    int i,j,m,n;
    i＝8;
    j＝10;
    m＝＋＋i;
    n＝j＋＋;
    printf("%d,%d,%d,%d\n",i,j,m,n);
    return 0;
}
```

（1）运行程序，写出程序的输出结果，注意 i、j、m、n 各变量的值。

（2）将第 7 行和第 8 行改为"m＝i＋＋；n＝＋＋j;"再运行，观察运行结果。

（3）将程序改成如下形式，分析输出结果。

```
#include<stdio.h>
int main(void)
{
    int i,j;
    i＝8;
    j＝10;
    printf("%d,%d\n",i＋＋,j＋＋);
    return 0;
}
```

（4）在（3）的基础上，将 printf()语句改为"printf（"%d,%d\n"，＋＋i，＋＋j）;"，

分析程序的运行结果。

四、常见问题分析

数据类型及运算符使用时常见的问题如表 2-7 所示。

表 2-7　数据类型及运算符使用时的常见问题

错误实例	错误分析
int a＝b＝3；	违背了定义多个同类型变量的初始化规则。正确形式： int a＝3，b＝3；
$y＝3x^2＋2x＋4$；	代数式写成 C 语言表达式时没有^运算符，并缺少了 * 运算符。正确形式： y＝3 * x * x＋2 * x＋4；
a％2＝1	赋值运算符左侧的操作数必须是变量，不能是常量或者表达式

单元 三 顺序结构的程序设计

 知识目标

（1）掌握算法的概念和描述方法。
（2）掌握 C 程序的三种基本结构。
（3）掌握 C 语言的五种语句类型。
（4）掌握 C 语言中的字符输入输出函数。
（5）掌握 C 语言中的格式输入输出函数。

 能力目标

（1）能够规范绘制程序流程图。
（2）能够设计和编写顺序结构的程序。
（3）能够灵活地进行数据的格式化输入和输出。

素质目标

（1）通过学习输入输出函数的使用规则，强化职业规范意识。
（2）通过了解科学家沃斯的事迹，培养坚持理想、敢于创新的精神。
（3）通过程序的编写与调试，培养认真负责的工作态度。

 单元导读

　　顺序结构是 C 语言中最简单、最基本的控制结构，它按照代码的书写顺序从前到后依次执行语句，没有分支和跳转。对于简单的顺序结构程序，其整个流程一般包括数据的输入、数据的处理和数据的输出。在 C 语言中，输入输出操作是通过库函数完成的。本单元将介绍结构化程序设计的基础知识和 C 语言中常见的输入输出函数，并通过实例讲解顺序结构程序的编写方法。

3.1　程序设计基础知识

著名的计算机科学家尼古拉斯·沃斯（Niklaus Wirth）提出过一个公式：

> 程序＝数据结构＋算法

也就是说，一个程序应该包括以下两方面的内容。

① 数据结构——对数据的描述，是指在程序中指定的数据类型和数据的组织形式，如前面单元二中介绍的各种数据类型就是最简单的数据结构。

② 算法——对操作的描述，即操作步骤。

然而，只有这些还不够。为了得到一个正确、清晰、高效的程序，还应当采用结构化的程序设计方法，C 语言就是一种优秀的结构化程序设计语言。

本节将介绍算法的相关概念、算法的描述方法，以及结构化程序设计中三种基本控制结构。

PASCAL 之父及结构化程序设计的首创者——尼古拉斯·沃斯

尼古拉斯·沃斯（1934.2—2024.1），瑞士工程院院士，美国国家工程院外籍院士。他发明了多种对编程界影响深远的语言，其中最著名的就是 PASCAL，他还提出了结构化程序设计的革命性概念。凭借这些成就，他在 1984 年获得了图灵奖。他的专著《算法＋数据结构＝程序》，几十年来一直是许多人的灵感来源。

3.1.1　算法

微课
算法及其表示

（1）算法的概念

算法就是解决问题的方法与步骤。算法是程序设计的灵魂，是问题求解过程的精确描述，一个算法由有限条可以完全机械地执行的、有确定结果的指令组成。

对于同一个问题，可以有不同的解决方法和步骤；对于程序设计人员来说，为了有效地解决问题，不仅要保证算法正确，还要考虑算法的质量，选择合适的算法。

（2）算法的特性

并非任意的操作步骤序列都能成为算法。一个算法应该具有如下特点：

① 有穷性。即一个算法应包含有限个操作步骤。也就是说，在执行若干个操作步骤之后，算法将结束，而且每一步都在合理的时间内完成。

② 确定性。即算法中每条指令必须有确切的含义，不能有二义性，对于相同的输入必须得出相同的执行结果。

③ 可行性（有效性）。即算法中指定的操作，都可以通过已经实现的基本运算执行有限次后实现。

④ 有 0 个或多个输入。在计算机中实现的算法，是用来处理数据对象的，在大多数情

况下这些数据对象需要通过输入来得到。

⑤ 有一个或多个输出。算法的目的是求"解",这些"解"只有通过输出才能得到。

（3）算法的描述

算法的描述方法有多种,常用的有自然语言、流程图、伪代码、PAD 图等等,本书只介绍最常用的流程图法。

流程图是表示算法的一种较好的工具,它用一些图框表示各种操作。用图形表示算法,直观形象,易于理解。美国国家标准协会 ANSI 规定了一些常用的流程图符号,见图 3-1。

| 起止框 | 输入/输出框 | 判断框 | 处理框 | 流程线 | 连接点 |

图 3-1　流程图符号

3.1.2　程序的三种基本结构

为了提高算法的质量,使算法的设计和阅读方便,1966 年,Bohra 和 Jacopini 提出了顺序结构、选择结构和循环结构三种程序的基本控制结构,用这三种基本结构作为表示一个良好算法的基本单元。

（1）顺序结构

如图 3-2 所示,语句 A 和语句 B 组成一个顺序结构,即执行完语句 A,再执行语句 B。顺序结构是最简单的一种基本结构。

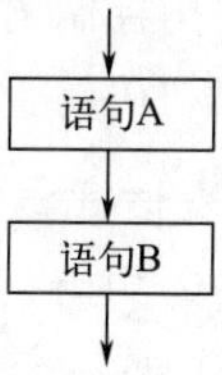

图 3-2　顺序结构

（2）选择结构

选择结构也称为分支结构。该结构包含一个判断框,根据给定的条件是否成立,执行不同的操作。如图 3-3 所示,当条件 P 成立时,执行语句 A,否则执行语句 B。

（3）循环结构

循环结构即反复执行某一部分操作。循环结构又可以分为两种:一种为当型循环结构,如图 3-4（a）所示,当条件 P 成立时,执行语句 A,语句 A 执行完之后,再判断条件 P 是否成立,如果成立,再执行语句 A,如此反复,直到某一次条件 P 不成立为止;另一种称为直到型循环结构,如图 3-4（b）所示,先执行语句 A,然后判断条件 P 是否成立,如果 P 成立,再执行语句 A,然后再对条件 P 进行判断,如果条件 P 仍成立,

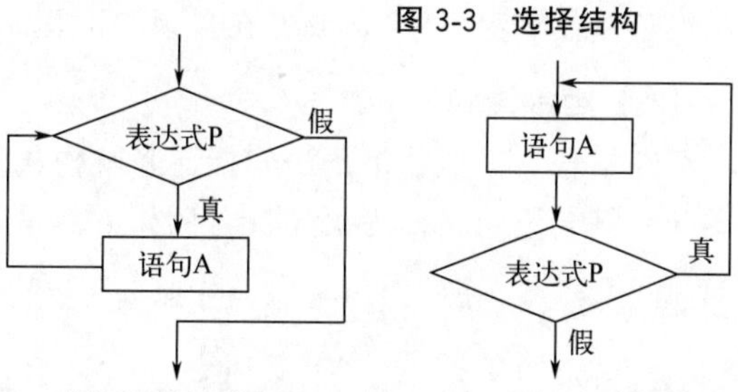

图 3-3　选择结构

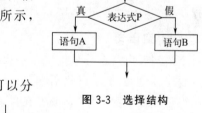

(a) 当型循环结构　　(b) 直到型循环结构

图 3-4　循环结构

继续执行语句 A，如此反复，直到条件 P 不成立为止。

从流程图可以看出三种基本结构的共同特点：

① 只有一个入口；

② 只有一个出口；

③ 结构内的每一部分都有机会被执行到；

④ 结构内不存在死循环（即无终止的循环）。

由三种基本结构顺序组成的算法可以解决任何复杂的问题。由基本结构所构成的算法属于结构化的算法，它不存在无规律的转向，只有在本基本结构内才允许存在分支和向前或向后的跳转。

3.2 C 语句分类

一个 C 程序是由若干语句组成的，每个语句以分号结束。C 语言的语句可以分为 5 类，分别是控制语句、表达式语句、函数调用语句、空语句和复合语句。

（1）控制语句

控制语句用于完成一定的控制功能。C 语言提供了 9 种控制语句，分别如下：

选择结构控制语句：if…else…和 switch。

循环结构控制语句：for、while、do…while。

辅助控制语句：goto、return、break 和 continue。

（2）表达式语句

表达式语句由表达式后面加一个分号构成。例如："num＝5"是一个赋值表达式，而"num＝5;"是一个赋值语句。

（3）函数调用语句

函数调用语句由一次函数调用加一个分号构成。例如单元一【例 1-3】求两个整数之和的程序中"sum＝Add(a,b);"，就是一个函数调用语句。

（4）空语句

空语句仅由一个分号构成，不执行任何操作。空语句主要用于指明被转向的控制点（流程从程序其他地方转到此语句处），也可以用来作为循环语句中的循环体（循环体为空，表示循环体什么都不做），或者在自顶向下程序设计时用在那些未完成的模块中。

（5）复合语句

用花括号 {} 把若干条语句括起来就构成复合语句，在语法上作为一个整体，相当于一条语句。复合语句又称为语句块，例如下面是一个复合语句：

```
int main(void)
{   …
    {                    //复合语句开始
        int a＝10,b;
        b＝a＊a－1;
        printf("%d",b);
```

```
    }                    //复合语句结束
    …
}
```

在 if 语句或循环语句中，语法上只允许带一条语句，而程序中经常需要连续执行一组语句，这时就可以采用复合语句的形式，将要执行的操作序列看成一个整体。

3.3 数据的输入与输出

程序的主要功能就是对数据的处理，输入/输出是程序中最基本的操作。数据的输入指的是从标准输入设备（通常是键盘）输入数据到计算机内存；而数据的输出通常是指将计算机内存中的数据送到标准输出设备（通常是显示器）。

C 语言本身没有输入/输出语句，其输入/输出操作是通过调用标准库函数来实现的。这些库函数存放在扩展名为 .h 的文件中，这种文件称为头文件。在使用库函数时，要用预处理命令"＃include"将有关头文件包含到用户的源程序中。例如使用标准输入输出库函数时，文件开头应有以下的预编译命令：

```
#include<stdio. h>
```

或者

```
#include"stdio. h"
```

在单元一中已经介绍了 stdio. h 是 standard input & output （标准输入输出库）的缩写，其中有：putchar() （输出字符）、getchar() （输入字符）、printf() （格式输出）、scanf() （格式输入）、puts() （输出字符串）、gets() （输入字符串）等输入/输出函数。本节将介绍前 4 个最基本的输入输出函数。

3.3.1 字符数据的输入与输出

微课
字符的输入输出

C 语言提供了 getchar() 和 putchar() 函数，专门用来输入/输出单个字符。

（1）字符输出函数 putchar()

putchar() 函数的作用是向终端输出一个字符。其一般形式为：

```
putchar(ch);
```

其中，参数 ch 可以是一个字符常量或字符变量，也可以是整型常量或者整型变量。例如：

```
int i＝97;
putchar('i');       //参数为字符常量,输出 i
putchar('\n');      //参数为转义字符常量,输出换行
putchar(i);         //参数为整型变量,输出 a
putchar(97);        //参数为整型常量,输出 a
```

（2）字符输入函数 getchar()

getchar() 函数的功能是从键盘缓冲区输入一个字符，并将字符回显在屏幕上。其一般

形式为：

```
getchar();
```

getchar()函数是一个无参函数，但调用该函数时，后面的圆括号不能省略。getchar()函数从键盘接收一个字符作为它的返回值，通常用它把输入的字符赋给一个字符变量，构成以下赋值语句：

```
变量＝getchar();
```

【例3-1】　利用getchar()输入字符。

```
#include<stdio.h>
int main(void)
{
    char ch1, ch2;
    ch1＝getchar();
    ch2＝getchar();
    printf ("ch1＝%c, ch2＝%c\n", ch1, ch2);
    return 0;
}
```

在这个程序中，两次调用getchar()函数，将获取到的字符分别赋值给ch1和ch2。如果输入：abcd↙，则产生的输出结果为：

```
ch1＝a,ch2＝b
```

需要注意的是，程序中如果调用了putchar()函数或者getchar()函数，则必须在程序的开头加上♯include<stdio.h>或者♯include"stdio.h"，否则，程序编译时会出错。

3.3.2　格式输入与输出

微课

顺序结构基础知识

（1）格式输出函数 printf( )

在之前的单元中已经多次用到了printf()函数，其一般形式为：

```
printf(格式控制字符串,输出项表);
```

它的功能是：按照格式控制字符串的要求，将输出项表中各表达式的值输出到计算机默认的输出设备（通常为显示器）。

括号内包含两个部分：

① 格式控制字符串。格式控制字符串是用双引号括起来的字符串，用于指定输出格式。它包含两类字符：

a. 格式说明符：由"％"和格式字符组成，如%d、%f等。它的作用是指定输出数据的格式。printf()函数中的格式字符如表3-1所示。

表 3-1　printf( )函数中的格式说明符

格式说明符	输　　出
%d	以十进制形式输出一个整型数据（正数不输出符号）

续表

格式说明符	输　　出
％x，％X	以十六进制形式输出一个无符号整型数据（不输出前缀 0x）
％o	以八进制形式输出一个无符号整型数据（不输出前缀 0）
％u	以十进制形式输出一个无符号整型数据
％c	输出一个字符型数据
％s	输出一个字符串
％f	以十进制小数形式输出一个浮点型数据
％e，％E	以指数形式输出一个浮点型数据
％g，％G	按照％f 或％e（％E）中输出宽度比较短的格式输出
％a，％A	将浮点数以十六进制数的 p 记数法的形式输出（C99/C11）
％p	输出指针

　　b. 常规字符：包括普通字符和转义字符，按原样输出，其作用一般是作为输出数据时的间隔，在显示中起提示作用。

　　② 输出项表。输出项表由若干个输出项构成，输出项之间用逗号分隔，每个输出项既可以是常量、变量，也可以是表达式。例如，有如下的输出语句：

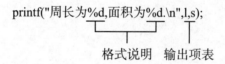

printf("周长为%d,面积为%d.\n",l,s);

格式说明　输出项表

　　在上述语句双引号中的字符除了"％d"之外的"周长为　，面积为　.\n"均为常规字符，它们都按原样输出。如果 l、s 的值分别为 18、20，则输出为"周长为 18，面积为 20"。

　　在 printf() 函数的格式说明符中，"％"和格式字符之间还可以插入修饰符，从而给出更多的格式输出信息，常用的附加修饰符如表 3-2 所示。

表 3-2　printf() 函数中的附加修饰符

修饰符	说　　明
l	与整型格式符一起使用，表示 long 型数据，如％ld、％lu、％lo、％lx；也可与浮点型格式符一起使用，表示 double 型数据，如％lf、％le、％lg
ll	与整型格式符一起使用，表示 long long int 型数据或 unsigned long long int 型数据（C99）。如％llu、％lld
L	与浮点型格式符一起使用，表示 long double 类型的值。如％Lf、％Le、％Lg
h	与整型格式符一起使用，表示 short int 型或 unsigned short int 型数据。如％hd、％hu
m	正整数 m 用来指定输出数据所占的宽度
.n	正整数 n 对实型数据表示输出 n 位小数；对字符串则表示截取的字符个数
—	负号表示输出的数据向左对齐，右端补空格

续表

修饰符	说　明
#	对%o格式符，输出前缀0；对于%x（%X）格式符，输出前缀0x（0X）
0	对于数值格式，用前导0代替空格填充字段宽度。如果出现"-"标记或指定精度，则忽略该标记

【例3-2】 printf()中的附加修饰符举例。

程序如下：

```c
#include<stdio.h>
int main(void)
{
    int a=18,b=-56,c=12345;
    char ch='h';
    float x=3.1415;
    long y=12345678;
    printf("%4d,%4d,%4d\n",a,b,c);    //采用右对齐方式,每个数据项占4个宽度,左端补空格
    printf("%-4d,%-4d,%-4d\n",a,b,c);//左对齐方式,每个数据项占4个宽度,右端补空格
    printf("%04d,%04d,%-04d,%-04d\n",a,b,a,b);
    //不足4个宽度用0补齐,出现"-"则忽略0
    printf("%c,%3c\n",ch,ch);   //以3个字符的宽度输出ch,需在左端补2个空格
    printf("%f,%7.3f,%-7.3f\n",x,x,x);
        // %7.3f给定7个宽度,取3位小数,右对齐,左边补2个空格; %-7.3f采用左对齐
    printf("%ld\n",y);             //输出长整型数据y
    printf("%s,%4.2s,%-4.2s\n","ABCD", "ABCD", "ABCD");
        //%4.2s指定4个宽度,取前2个字符输出,采用右对齐; %-4.2s采用左对齐
    printf("%x,%X,%#x",31,31,31);//十六进制形式,前两个不输出前缀0x,第三个输出前缀0x
    return 0;
}
```

具体的输出如下（用□代替空格）：

```
□□18,□-56,12345
18□□,-56□,12345
0018,-056,18□□,-56□
h,□□h
3.141500,□□3.141,3.141□□
12345678
ABCD,□□AB,AB□□
1f,1F,0x1f
```

 注　意 • • • • • • •

① 输出项表中表达式的个数应与格式说明符的个数一致。格式说明符与表达式的对

应顺序是：从左到右的格式说明符对应从左到右的表达式。例如：

```
printf("a*a＝%d,a+5＝%d\n",a*a,a+5);
```

在格式控制字符串中有两个"%d"，按从左到右的次序，依次对应了 a*a 和 a+5。

② 如果格式控制字符串中格式说明符的个数多于表达式的个数，则余下的格式说明符的值将是不确定的。例如：

```
printf ("5+3＝%d,5-3＝%d,5*3＝%d",5+3,5-3);
```

输出结果将是：5+3＝8，5-3＝2，5*3＝-28710。其中的-28710是一个随机值。

③ 如要输出字符"%"，应该在格式控制字符串中用连续两个"%"表示，如：

```
printf("%d%%",30);
```

可以输出：30%。

（2）格式输入函数 scanf( )

调用 scanf( )函数的一般形式为：

```
scanf(格式控制字符串,输入项地址表);
```

它的功能是：按照格式控制字符串的要求，接收计算机默认的输入设备（通常为键盘）的输入数据，依次存放到输入项地址表指定的变量中。例如，输入语句：

```
scanf("%f",&data);
```

scanf( )函数的括号内也包含两个部分：

① 格式控制字符串。格式控制字符串是用双引号括起来的一个字符串常量，包括格式说明符以及常规字符。常规字符（包括普通字符和转义字符）在输入时需要原样输入。其中的格式说明符与 printf( )函数中的基本相同，主要的区别是：在 printf( )函数中，对于 float 型和 double 型，都可使用%f、%e、%E、%g 和%G 格式符；而在 scanf( )函数中，%f、%e、%E、%g 和%G 格式符只能用于 float 型，对 double 型，必须要加上 l 修饰符。

② 输入项地址表。输入项地址表由若干个输入项地址组成，相邻两个输入项地址之间用逗号分隔。输入项地址表中的地址可以是变量的地址，也可以是字符数组名或指针变量（将分别在单元七和单元八中介绍）。变量地址的表示方法为"&变量名"，其中，"&"是取地址运算符。

例如，通过"scanf("%d:%d:%f", &x, &y, &z);"将 35 赋给 x，45 赋给 y，4.45 赋给 z，如何输入？

格式控制字符串中的":"为常规字符，应当原样输入，故应输入：

```
35:45:4.45↙
```

再例如，输入语句：

```
scanf("data=%f",&data);
```

在输入时常规字符"data="也必须原样输入，假设 data 的值为 2.5，则程序运行时应按如下形式输入：

```
data=2.5↙
```

从这个例子中可以看到，不能通过 scanf() 函数显示提示字符串，在 C 语言中，提示性的信息由 printf() 函数完成。可以先用 printf() 函数输出一个提示信息，再用 scanf() 函数进行数据输入。例如，可将上述输入语句修改为：

```
printf("data=");
scanf("%f",&data);
```

使用 scanf() 函数时，也可在"%"与格式字符之间插入如表 3-3 所示的几种修饰符。

表 3-3　scanf() 函数的修饰符

修饰符	说明
l	与整型格式符一起使用表示输入 long int 型数据，如%ld、%lo、%lx、%lu；与浮点型格式符一起使用表示输入 double 型数据，如%lf、%le、%lg
h	把整数存储为 short int 或 unsigned short int 类型，如%hd、%ho、%hx 和%hu
ll	把整数作为 long long 或 unsigned long long 类型读取（C99），如%lld、%llu
L	表示对应的值被存储为 long double 类型，如%Lf、%Le、%Lg
域宽	用于指定输入数据所占的宽度（即列数），域宽应为正整数
*	抑制符，表示本输入项在读入后不赋给相应的变量

注 意

① 一次输入多个数据时，如果相邻两个格式说明符之间没有指定数据分隔符（如逗号、冒号等），则相应的两个输入数据之间要用空格隔开，也可用回车键或者 Tab 键隔开。例如：

```
scanf("%d%d%d",&x,&y,&z);
```

若要对 x、y 和 z 分别赋值 12、34 和 56，则

```
12□34□56↙
12<TAB>34□56↙
12↙34 ↙56 ↙
```

以上输入形式都是正确的。

② 当格式控制字符串中指定了输入数据的宽度时，将读取输入数据中相应的字符个数，并且按需要的位数赋给相应的变量，多余部分会被舍弃。例如：

```
scanf("%2d%3d",&a,&b);
```

假设输入 123456↙，则系统自动将 12 赋值给 a，345 赋值给 b。又例如：

```
scanf("%3c%3c",&ch1,&ch2);
```

假设输入 abcdefg↙，则系统将读取的"abc"中的'a'赋给变量 ch1；将读取的"def"中的'd'赋给变量 ch2。

③当格式控制字符串中含有抑制符"＊"时，表示本输入项对应的数据读入后，不赋给相应的变量（该变量由下一个格式字符输入）。例如：

```
scanf("%2d%*2d%3d", &num1, &num2);
printf("num1＝%d, num2＝%d\n", num1, num2);
```

假设输入 123456789↙，输出结果为：　num1＝12, num2＝567。

④ 使用格式说明符%c输入单个字符时，空格和转义字符均作为有效字符被输入。例如：

```
scanf("%c%c%c", &ch1, &ch2, &ch3);
```

假设输入：A□B□C↙，则系统将字母'A'赋值给 ch1，空格'□'赋值给 ch2，字母 'B' 赋值给 ch3。

⑤在输入数据的时候不能指定精度，如 "scanf("%5.2f", &x)；" 是非法的。

⑥ 输入数据时，遇到以下情况之一，系统认为该数据结束：

• 遇到空格，或者回车键，或者 Tab 键。

• 指定输入宽度结束。例如"%3d"，只取 3 列。

• 遇到非法输入。例如，在输入数值型数据时，遇到字母等非数值符号。

例如：

```
scanf("%d",&a);
```

如果输入为：12a3↙，　a 的值将是 12。

⑦当一次 scanf( ) 调用需要输入多个数据项时，如果前面数据的输入遇到非法字符，并且输入的非法字符不是格式控制字符串中的常规字符，那么，这种非法输入将影响后面数据的输入，导致数据输入失败。例如：

```
scanf("%d,%d",&a,&b);
```

如果输入为：12a34↙，那么 a 的值将是 12，而 b 的值将无法预测。正确的输入是：12, 34↙。

　　C 语言的格式输入/输出函数的规定比较严格，用得不对就得不到预期的结果，而输入/输出又是最基本的操作，几乎每一个程序都包含输入/输出，因此掌握这部分内容是至关重要的，读者可以通过编写和调试程序来逐步深入且自然地掌握输入/输出函数的应用。

从 printf( ) 和 scanf( ) 函数谈规则意识与编程规范

　　printf( ) 和 scanf( ) 用于完成 C 语言中最基本的输入输出操作，但它们严格的格式要求提醒我们，任何编程语言都有一套严格的规则和规范，程序员必须遵守这些规则，才能编写出高质量的代码。

　　除了语法规则，程序员还应当遵守编程规范，常见的编程规范有：使用有意义的变量名；遵循代码缩进规范；减少代码冗余；合理的注释；重视异常处理和错误处理；等等。在工作中，遵循编程规范也是对他人和整个项目负责的一种表现。这种规范性不仅体现了个人的专业素养，也展示了对规则的尊重。

> 程序员面对的不仅是代码本身，更是成千上万的用户、复杂的系统以及海量的数据。如果不严格遵守编程规范，忽视规则，可能会导致用户数据泄露、系统瘫痪，甚至影响社会的正常运行。因此，规则意识不仅是编程中的要求，更是程序员应具备的职业态度。

3.4 顺序结构程序设计举例

在顺序结构的程序中，语句的书写次序即为语句的执行次序，也就是说程序的执行流程不会发生跳转，从第一条语句依次执行到最后一条语句。之前的学习内容中出现的程序基本上都是顺序结构的程序。下面再举两个例子，以加深对顺序结构程序的理解。

【例 3-3】 编写一个体重测试仪：要求从键盘输入身高(m) 和体重(kg) 后，能够计算出体重指数。[体重指数＝体重/（身高)^2]

分析：本例中需要定义三个实型变量用于存放身高、体重以及体重指数；调用 scanf() 函数输入身高以及体重，计算体重指数之后调用 printf() 函数输出体重指数。

源程序如下：

```
#include<stdio.h>
int main(void)
{
    float height,weight,index;        //定义 height、weight、index 表示身高、体重和体重指数
    printf("请输入体重(kg):\n");        //提示输入
    scanf("%f",&weight);              //输入体重
    printf("请输入身高(m):\n");         //提示输入
    scanf("%f",&height);             //输入身高
    index＝weight/(height*height);    //计算体重指数
    printf("体重指数为:%f\n",index);    //输出体重指数
    return 0;
}
```

程序将产生如下图所示的运行结果。

```
请输入体重(kg):
65
请输入身高(m):
1.75
体重指数为:21.224490
```

【例 3-4】 任意从键盘输入一个三位整数，要求正确地分离出它的个位、十位和百位数，并分别在屏幕上输出。

分析：定义一个整型变量 x，用于存放用户输入的一个三位整数；再定义三个整型变量 b0、b1、b2，用于存放分离出的个位、十位和百位数。可按如下方法分离各数位（假设输入的三位数为 123）：

① 最低位数字可用对 10 求余的方法得到：123％10＝3。

② 最高位的百位数字可用对 100 整除的方法得到：123/100＝1。

③ 中间位的数字可以通过以下方法获得：

• 将其变换为最高位后再整除：123％100/10＝2；

● 将其变换为最低位再求余的方法得到：$123/10\%10=2$。

具体程序如下：

```
#include<stdio.h>
int main(void)
{
    int x, b0, b1, b2;                      //变量定义
    printf("请输入一个三位整数: ");          //提示输入
    scanf ("%d", &x);                        //输入一个三位整数
    b2=x/100;                                //用整除方法计算最高位
    b1=(x-b2*100)/10;                        //计算中间位
    b0=x%10;                                 //用求余数法计算最低位
    printf("个位:%d, 十位:%d, 百位:%d\n", b0, b1, b2);  //输出结果
    return 0;
}
```

程序的运行结果如下图所示。

```
请输入一个三位整数: 123
个位:3, 十位:2, 百位:1
```

习　题

一、填空题

1. C 语言的语句有＿＿＿＿＿、＿＿＿＿＿、＿＿＿＿＿、＿＿＿＿＿和＿＿＿＿＿
5 种类型。

2. printf( ) 函数和 scanf( ) 函数的格式说明都使用＿＿＿＿＿字符开始。

3. 若变量 x、y、z 都是 int 型的。现有语句 "scanf("%3d%4d%2d",&x,&y,&z);"，假定
在键盘上输入 123456789 后回车，那么变量 x 中是＿＿＿＿＿，y 中是＿＿＿＿＿，z
中是＿＿＿＿＿。

4. 若变量 x、y、z 都是 int 型的，现有语句 "scanf("%d,%d,%d",&x,&y,&z);"，为了
使 x 中是 12，y 中是 34，z 中是 56，应该在键盘上输入＿＿＿＿＿。

5. 已知 "scanf(" a=%d,b=%d,c=%d",&a,&b,&c);"，若从键盘输入 2、3、4 三个数分
别作为变量 a、b、c 的值，则正确的输入形式是＿＿＿＿＿。

6. 有以下程序：

```
int main(void)
{   char ch1,ch2,ch3;
    scanf("%c%c%c",&ch1,&ch2,&ch3);
    printf("%c%c%c%c%c",ch1,'#',ch2,'#',ch3);
    return 0;
}
```

当输入 ABC 时运行结果为＿＿＿＿＿，当输入 A□BC 时运行结果为＿＿＿＿＿。（□为空格）

二、选择题

1. putchar( ) 函数可以在屏幕上输出一个（　　　）。

（A）整数　　　　　（B）实数　　　　　（C）字符串　　　　　（D）字符

2. printf()函数的格式说明符中，要输出字符串应当使用格式字符（　　　）。

（A）%d　　　　　　（B）%f　　　　　　（C）%s　　　　　　（D）%c

3. 已知"int i＝65；"，则"putchar(i)；printf("%d", i)；printf("%c", i)；"的输出结果为（　　　）。

（A）A，65，A　　（B）65，65，A　　（C）A，A，65　　（D）A，A，A

4. 若有以下定义和语句："int u＝010, v＝0x10, w＝10；printf("%d,%d,%d\n",u,v,w)；"，则输出结果是（　　　）。

（A）8，16，10　　（B）10，10，10　　（C）8，8，10　　（D）8，10，10

5. printf()函数中用到格式控制符%7s，其中数字7表示输出的字符串占7列。如果字符串长度大于7，则按（　　　）方式输出；如果字符串长度小于7，则按（　　　）方式输出。

（A）按字符串实际长度全部输出　　　　（B）左对齐输出该字符串，右补空格

（C）右对齐输出该字符串，左补空格　　（D）输出错误信息

6. 下列是关于scanf()函数的说法，正确的是（　　　）。

（A）输入项可以为一个实型常量，如 scanf("%f",11.6)；

（B）只有格式控制，没有输入项也能进行正确输入，如 scanf("a＝%d, b＝%d")；

（C）当输入一个实型数据时，可在在格式控制部分指定小数点后面的位数，如 scanf("%5.2f", &f1)；

（D）当输入数据时，必须说明变量的地址，如 scanf("%f", &f1)；

7. 以下程序运行后的输出结果是（　　　）。

```
int main(void)
{   double d＝3.2;
    int x,y;
    x＝1.2; y＝(x＋3.8)/5.0;
    printf("%d\n",d*y);
    return 0;
}
```

（A）3　　　　　　（B）3.2　　　　　　（C）0　　　　　　（D）3.07

8. 以下程序运行后的输出结果是（　　　）。

```
int main(void)
{   int a＝1,b＝2;
    a＝a＋b;   b＝a－b;   a＝a－b;
    printf("%d,%d\n",a,b);
    return 0;
}
```

（A）1，2　　　　　（B）1，1　　　　　（C）2，2　　　　　（D）2，1

9. 以下程序运行后的输出结果是（　　　）。

```
int main(void)
{   int x,y,z;
    x＝y＝1;
    z＝x++,y++,++y;
    printf("%d,%d,%d\n",x,y,z);
    return 0;
}
```

（A）2, 3, 3　　　（B）2, 3, 2　　　（C）2, 3, 1　　　（D）2, 2, 1

10. 以下程序运行后的输出结果是（　　）。

```
int main(void)
{  int x=4,y=7;
   x-=y;   y+=x;
   printf("%d  %d\n",x,y);
   return 0;
}
```

（A）4　7　　　（B）−3　−3　　　（C）−3　11　　　（D）−3　4

11. 有以下程序：

```
#include<stdio.h>
int main(void)
{  char c1,c2,c3,c4,c5,c6;
   scanf("%c%c%c%c",&c1,&c2,&c3,&c4);
   c5=getchar();   c6=getchar();
   putchar(c1);   putchar(c2);
   printf("%c%c\n",c5,c6);
   return 0;
}
```

程序运行后，若从键盘输入（从第 1 列开始）

```
123<回车>
45678<回车>
```

则输出结果是（　　）。

（A）1267　　　（B）1256　　　（C）1278　　　（D）1245

12. 若运行时输入：12345678↙，则下列程序运行结果为（　　）。

```
int main(void)
{
    int a,b;
    scanf("%2d%2d",&a,&b);
    printf("%d\n",a+b);
    return 0;
}
```

（A）46　　　（B）579　　　（C）5 690　　　（D）出错

13. 如果要使 x 和 y 的值均为 2.35，语句"scanf("x=%f,y=%f",&x,&y);"正确的输入是（　　）。

（A）2.35,2.35　（B）2.35 2.35　（C）x=2.35,y=2.35　（D）x=2.35 y=2.35

14. 设有语句"scanf("%c%c%c",&c1,&c2,&c3);"，若 c1、c2、c3 的值分别为 a、b、c，则正确的输入方法是（　　）。

（A）a↙b↙c↙　（B）abc↙　　　（C）a, b, c↙　　（D）a□b□c↙

15. 设 a=3，b=4，执行"printf("%d,%d\n",(a,b),(b,a));"输出的是（　　）。

（A）3, 4　　　（B）4, 3　　　（C）3, 3　　　（D）4, 4

三、写出下列程序的输出结果

```
1. #include<stdio.h>
   int main(void)
   {
        int i=010 , j=10;
        printf("%d,%d\n",++i,j——);
        return 0;
   }
```

```
2. #include<stdio.h>
   int main(void)
   {
        char ch1,ch2;
        ch1='A'+'5'—'3';   ch2='A'+'6'—'3';
        printf("%d,%c\n",ch1,ch2);
        return 0;
   }
```

```
3. #include<stdio.h>
   int main(void)
   {
        printf("%d,%o,%x\n",10,10,10);
        printf("%d,%d,%d\n",10,010,0x10);
        printf("%d,%x\n",012,012);
        return 0;
   }
```

```
4. #include<stdio.h>
   int main(void)
   {
        printf("%12.5f\n",123.1234567);
        printf("%—12.5f\n",123.1234567);
        printf("%12.8s\n","abcdefghij");
        return 0;
   }
```

四、编程题

1. 求方程 $ax^2+bx+c=0$ 的根，a、b、c 由键盘输入，假设 b^2-4ac> 0。

2. 编程实现数字字符 '0' ~ '9' 的转换，若输入字符 '0', 则转换成 '9', '1' 转换成 '8', '2' 转换成 '7', …, '9' 转换成 '0'。

3. 编写程序，输入 x、y、z，计算函数 $F(x, y, z)=\dfrac{x+y}{x-y}+\dfrac{z+y}{z-y}$ 的值，假设 x 和 y 的值不相等，y 和 z 的值不相等。例如，当 x 的值为 9，y 的值为 11，z 的值为 15 时，函数值为 —3.5。

参考
答案

单元三

顺序结构程序设计

一、实验目标

（1）掌握各种类型数据输入输出的方法，能正确使用各种格式符。

（2）能使用 C 语言中常见的库函数编写程序。

（3）掌握顺序结构程序设计的方法。

（4）进一步熟悉 VC2010 编译器，掌握 C 程序编译运行的方法。

二、实验准备

（1）复习 printf()函数和 scanf()函数常用格式符和修饰符的作用。

（2）复习字符输入输出函数 getchar()和 putchar()。

（3）复习常用的计算函数。

（4）复习简单的顺序结构基本算法。

三、实验内容

1. 利用输入输出函数设计一个菜单，可以是学生成绩管理系统、车票管理系统、货品管理系统等。下图所示的是一个车站票务管理系统。可以用类似的方法编写程序，设计主菜单。

2. 编写程序，用 getchar()函数读入两个字符给 c1、c2，然后分别用 putchar()函数和 printf()函数输出这两个字符。上机运行程序，比较用 printf()函数和 putchar()函数输出字符的特点。

3. 编写一个程序，输入三角形三条边的长度，求三角形的面积。已知三角形的面积公式为 $area = \sqrt{s(s-a)(s-b)(s-c)}$ ，其中，a、b、c 分别是三角形的三边，$s = \frac{1}{2}(a+b+c)$。

编程要点：

（1）开平方根要用到数学函数库中的函数 sqrt()，请研究 sqrt()函数的原型及使用方法。

（2）注意定义数据的类型。

（3）输出结果保留两位小数。

程序将产生类似下图所示的运行结果。

请输入三角形三条边长度:3,4,5
三角形面积为6.00

4. 编程计算存款利息。设某银行存款利率为每月 0.0027，如果按利滚利算，那么向该银行存入 m 万元，n 个月后利息是多少？计算公式为：本息＝本金＊(1＋利率)^n，n 为月数。

编程要点：

（1）利用格式输入函数 scanf() 从键盘输入本金和月数。

（2）利用公式：本息＝本金＊(1＋利率)^n 计算本息，将本息减去本金即可得利息。

（3）程序中可以使用 C 语言提供的幂函数 pow(x,y) 求 x^y 的值。

（4）利用 printf() 格式输出函数输出利息的值，可采用 %m.nf 格式。

程序将产生如下所示的运行结果。

请输入本金:
120000
请输入月数:
5
本金120000.00存5月利息为1628.77.

四、常见问题分析

顺序结构程序设计中的常见问题如表 3-4 所示。

表 3-4　顺序结构程序设计中的常见问题

错误实例	错误分析
double a; scanf("%f",&a);	double 型变量用 %lf
double a; scanf("%lf",a);	变量 a 的前面未加地址符 &
int a; scanf("please input %d",&a); 输入时:5↙	scanf 的格式控制字符串中含有常规字符，在输入时原样输入。建议在 scanf 之前加一个 printf 语句，用于输出提示性字符串
int a; char ch; scanf("%d%c",&a,&ch); 输入时:5□w↙　（□代表空格）	在 5 之后输入的空格被字符格式符 %c 获取，导致字符 w 未被获取

int main()
{
　　double a;
　　printf("%lf",sqrt(a));
}
	使用库函数 sqrt() 时未加上相应的预处理命令：
	#include<math.h>

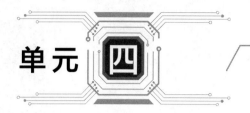

单元 四

选择结构的程序设计

知识目标

（1）掌握关系运算符、逻辑运算符和条件运算符的运算规则、优先级与结合性。

（2）理解 if 语句和 switch 语句的语法规则和执行流程。

（3）掌握选择结构程序的设计、编写和调试方法。

能力目标

（1）能够正确写出 if 语句中的判断条件。

（2）能够正确判断 switch 语句的执行流程。

（3）能够设计并编写选择结构程序。

（4）能够调试和优化选择结构程序。

素质目标

（1）通过了解科学家王选发明汉字压缩处理技术的事迹，激发爱国主义情怀，提升民族责任感和使命感。

（2）通过分析和解决实际问题，培养逻辑思维能力和创新意识。

（3）通过程序的编写和调试，培养耐心和细致的工作态度。

单元导读

　　单元三介绍了顺序结构的程序设计，但顺序结构只能解决程序设计中的一些简单问题，在解决实际问题的过程中，经常需要根据不同的情况做出不同的选择，即根据给定的条件是否成立，来选择执行相应的操作，这种程序结构称为选择结构。 C 语言中，选择结构可使用 if 语句和 switch 语句，借助关系运算符和逻辑运算符来实现相应的选择。

微课

选择结构
基础知识

4.1 关系运算符和关系表达式

4.1.1 关系运算符

关系运算实际上就是比较运算，是将两个值进行比较，判断是否符合或满足给定的条件。如果符合给定的条件，则称关系运算的结果为"真"；否则就称关系运算的结果为"假"。

C 语言提供了 6 种关系运算符，均为双目运算符，如表 4-1 所示。

表 4-1　关系运算符

关系运算符	含　义	优 先 级	结合方向
>	大于	6 级	自左向右
>=	大于或等于		
<	小于		
<=	小于或等于		
==	等于	7 级	
!=	不等于		

从表中可以看到，前四种关系运算优先级相同，后两种运算符优先级也相同，前四种高于后两种。并且，关系运算的优先级低于算术运算，高于赋值运算。例如：

```
c> a+b          等价于:c>(a+b)
a> b!=c         等价于:(a>b)!=c
a==b<c          等价于:a==(b<c)
a=b>c           等价于:a=(b>c)
```

4.1.2 关系表达式

用关系运算符将两个表达式连接起来的式子称为关系表达式。例如，下面都是合法的关系表达式：

```
a>=b,  (a+b)==(c+d),  (a=3)>(b>5),  'a'<'b',  (a>b)!=(b<c)
```

关系表达式运算的结果只有两种可能："真"或"假"。关系成立为"真"，不成立为"假"。对 C 语言而言，表达式为"真"，其值是 1；表达式为"假"，其值是 0。例如：有：

```
int a=3,b=2,c=1,d,f;
```

则：

① 关系表达式 a>b 为"真"，即表达式的值为 1。

② 关系表达式 (a>b)==c 为"真"，即表达式的值为 1。

③ 关系表达式 b+c<a 为"假"，即表达式的值为 0。

④ d＝a＞b 是一个赋值表达式，表达式的值为 1，d 的值也为 1。

⑤ f＝a＞b＞c 也为赋值表达式，因为 "＞" 运算的结合方向是自左向右，所以先执行 "a＞b" 得到值为 1，再执行 "1＞c" 得到值为 0，赋值给 f，故 f 的值为 0。

注 意

① 两个字符型数据相比较，是比较它们的 ASCII 码值的大小。

② 使用关系运算符时，应避免对实数作相等或不等的判断。例如 1.0/3.0＊3.0＝＝1.0，数学上这个式子是成立的，但是在 C 语言中，　1.0/3.0＊3.0 结果是 0.999999，不等于 1。

4.2 逻辑运算符和逻辑表达式

4.2.1 逻辑运算符

4.1.1 节介绍的关系运算符只能用来描述单一的条件，当条件比较复杂时，则需要结合逻辑运算符来表示。

C 语言提供了 3 个逻辑运算符，如表 4-2 所示。

表 4-2　逻辑运算符

逻辑运算符	含　义	结合性	优先级关系
！	逻辑非	右结合性	高 ↓ 低
&&	逻辑与	左结合性	
||	逻辑或		

其中，"&&" 运算符和 "‖" 为双目运算符，"!" 为单目运算符。逻辑运算符同其他运算符之间的优先级由高到低顺序如下：

逻辑非（!）→算术运算符→关系运算符→逻辑与（&&）→逻辑或（‖）→赋值运算符→逗号运算符

例如：

```
a<=x && x<=b        等价于:(a<=x) && (x<=b)
a+b && x-y          等价于:(a+b) && (x-y)
a==b || x && y      等价于:(a==b) || (x && y)
!a || a>b           等价于:(!a) || (a>b)
c=a || b            等价于:c=(a||b)
a && b && c         等价于:(a && b) && c
```

逻辑运算的运算规则是：

① 逻辑非的运算结果是对运算对象取 "反"，运算量为真（1）时，结果为假（0）；运

算量为假（0）时，结果为真（1）。

② 逻辑与运算只有当两个运算对象同时为真时，结果才为真；只要其中有一个为假，结果就是假。

③ 逻辑或运算当两个运算对象中有一个为真时，结果就为真；只有两个运算对象同时为假时，结果才是假。

4.2.2 逻辑表达式

用逻辑运算符连接起来的式子称为逻辑表达式。例如：

```
(a+b>c)&&(a+c>b)&&(b+c>a)
```

该表达式可表示三条边 a、b、c 能否构成一个三角形的条件。

逻辑表达式的值是一个逻辑量"真"或"假"。C 语言编译系统在给出逻辑运算的结果时，不是 0 就是 1（1 代表真，0 代表假），不可能为其他数值。但是在逻辑表达式中作为参加逻辑运算的运算对象时，以 0 作为"假"，任何非 0 的数值为"真"。

实际上，逻辑运算符两侧的运算对象不但可以是 0 和 1，或者是 0 和非 0 的整数，也可以是字符型、实型或者指针型等。系统最终以非 0 和 0 来判定它们属于"真"或"假"。

例如：逻辑表达式 'c' && 'd' 的值为 1（因为 'c' 和 'd' 的 ASCII 码值都不为 0，按"真"处理）。

另外，对一个表达式不同位置上出现的数值，应区分哪些是作为数值运算或关系运算的对象（原值），哪些是作为逻辑运算的对象（逻辑值）。例如：

```
5>3 && 8<4-!0
```

表达式自左向右扫描。首先处理"5>3"（因为关系运算">"优于"&&"，5 和 3 作为数值参加运算），"5>3"的值为 1。再进行"1&&8<4-!0"的运算，"&&"的优先级低于"<"，应先运算"<"，但"<"右侧的"-"优先级高于"<"，因此要先运算"4-!0"，由于"!"运算优先级最高，因此，先进行"!0"的运算，得到结果为 1。之后运算"4-1"得到结果 3，再进行"8<3"的运算，得 0，最后进行"1&&0"的运算，得 0。

📖 注 意 ● ● ● ● ● ●

在逻辑表达式的求解过程中，并不是所有的表达式都被执行运算。

① 在做"与"运算时，如果左侧的表达式为"假"，则系统不再对右侧的表达式进行运算，因为此时已经可以确定该逻辑运算的结果为 0 了。例如：a&&b&&c，只在 a 为真时，才判别 b 的值；只在 a、b 都为真时，才判别 c 的值。

② 在进行"或"运算时，如果左侧表达式的值为"真"，则系统不再对右侧的表达式进行运算，因为此时已经可以确定该逻辑运算的结果为 1 了。例如：a||b||c，只在 a 为假时，才判别 b 的值；只在 a、b 都为假时，才判别 c 的值。

熟练掌握 C 语言的关系表达式和逻辑表达式后，可以巧妙地用逻辑表达式来表示一个复杂的条件。若需要两个条件都满足时才执行某件事，就应该把这两个条件放在逻辑运算符"&&"的两侧；若希望两个条件中的一个满足时就去做某件事，那么就应该把这两个条件放

在逻辑运算符"‖"的两侧。

【例 4-1】 判别某一年份 year 是否为闰年。闰年的条件是符合下面二者之一：①能被 4 整除，但不能被 100 整除；②能被 400 整除。

可以用一个逻辑表达式来表示：

```
(year%4==0 && year%100!=0)||(year%400==0)
```

当 year 为某一整数值时，如果上述表达式值为 1，则 year 为闰年；否则 year 为非闰年。可以加一个"!"用来判别非闰年：

```
!((year%4==0 && year%100!=0)||(year%400==0))
```

若表达式值为 1，year 为非闰年。

在实际编程中，常用"&&"运算符表示测试范围。例如，要测试 score 是否在 90～100 的范围内，可以这样写：

```
if(score>=90&&score<=100)
    printf("GOOD!\n");
```

千万不要模仿数学上的写法：

```
if(90<=score<=100)
    printf("GOOD!\n");
```

这样的代码有语义错误，而不是语法错误，编译器无法检查出此类错误。由于"<="运算符的求值顺序是从左往右，所以编译器把该表达式解释为：

```
(90<=score)<=100
```

子表达式（90<=score）的值要么是 1（为真），要么是 0（为假）。这两个值都小于 100，所以不管 score 的值是多少，整个表达式恒为真。

4.3　if 语句

if 语句是用来判断所给定的条件是否满足，根据判定的结果（真或假）决定执行给出的两种操作之一。

4.3.1　if 语句的三种形式

微课

单分支 if 语句
（判断最大数）

（1）单分支 if 语句

单分支 if 语句一般形式如下：

```
if(表达式)
    语句;
```

其功能为：先计算表达式的值，如果表达式的值为真，则执行其后的语句；否则，不执行该语句，而去执行 if 语句的后续语句。其执行流程如图 4-1 所示。

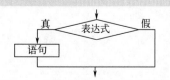

图 4-1　单分支 if 语句的执行流程

说明

① 其中的"表达式"通常是逻辑表达式或关系表达式，但也可以是其他类型的表达式或任意的数值类型（包括整型、实型、字符型等）。在执行 if 语句时，先求解表达式，若表达式的值为 0，则按假处理；若表达式的值为非 0，则按真处理。如下面的 if 语句都是合法的：

```
if(3)  printf("OK!");
if('a')  printf("%d",'a');
```

② 结构中的"语句"可以是单语句，也可以是用花括号括起来的复合语句。当"表达式"为真时，若要执行的操作需要由多条语句完成，应将这些语句写在一对花括号中，以复合语句的形式出现。

【例 4-2】 从键盘上输入一个字符，如果它是大写字母，则把它转换成小写字母输出；否则，直接输出。

分析：本程序中需要判断字符 ch 是否为英文大写字母，即是否满足"ch＞= 'A' &&ch<= 'Z'"，若满足，则执行"ch=ch＋32"，否则什么都不做。显然可用单分支 if 语句实现。

源程序如下：

```
#include<stdio.h>
int main(void)
{
    char ch;
    printf("输入一个字符:\n");
    scanf("%c",&ch);
    if(ch>='A'&&ch<='Z')
        ch=ch＋32;
    printf("转换后的字符为:%c\n",ch);
    return 0;
}
```

输入字符 M、f 后，程序的运行结果如下。

```
输入一个字符:
M
转换后的字符为:m
```
```
输入一个字符:
f
转换后的字符为:f
```

【例 4-3】 输入任意 3 个整数 a、b、c，要求按从大到小的顺序输出。

分析：本程序本质上是对 3 个数进行排序。将 3 个数两两比较：如果 a＜b，则交换 a、b；如果 a＜c，则交换 a、c；如果 b＜c，则交换 b、c；之后依次输出 a、b、c 即可。

源程序如下：

```
#include<stdio.h>
int main(void)
{
```

```
    int a,b,c,temp;
    printf("输入三个数:\n");
    scanf("%d,%d,%d",&a,&b,&c);
    if(a<b)
    {
        temp=a;  a=b;  b=temp;
    }
    if(a<c)
    {
        temp=a;  a=c;  c=temp;
    }
    if(b<c)
    {
        temp=b;  b=c;  c=temp;
    }
    printf("从大到小输出:%d,%d,%d\n",a,b,c);
    return 0;
}
```

程序的运行结果如下。

思 考

如果不借助中间变量 temp，只用两条赋值语句 a＝b; b＝a;能否实现变量 a 和 b 的交换?

（2）双分支 if 语句

双分支 if 语句一般形式为:

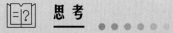

```
if(表达式)
    语句 1;
else
    语句 2;
```

其功能为：先计算表达式的值，如果表达式的值为真，则执行语句 1，否则，执行语句 2。其执行流程如图 4-2 所示。双分支 if 语句中的 else 子句不能作为语句单独使用，必须与 if 配对使用。

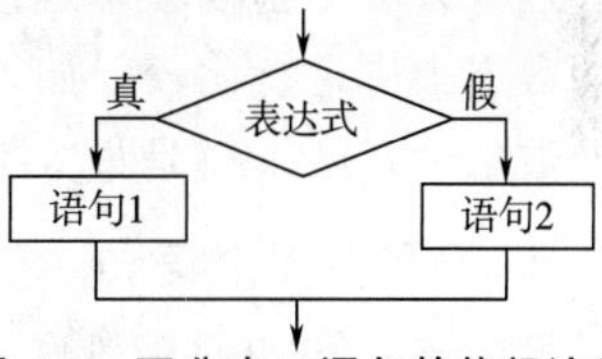

微课

双分支 if 语句
（判断奇偶数）

【例 4-4】 输入 a、b、c 三个整数，输出其中的最大值。

图 4-2 双分支 if 语句的执行流程

分析：本程序的基本思想是将 3 个数两两比较，求出其中的最大值。

具体程序如下：

```
#include<stdio.h>
int main(void)
{
    int a,b,c,max;
    printf("input a,b,c:\n");
    scanf("%d,%d,%d",&a,&b,&c);
```

```
    if(a>b)
        max=a;
    else
        max=b;
    if(c>max)
        max=c;
    printf("max is %d. \n",max);
    return 0;
}
```

程序的运行结果如下。

```
input a,b,c:
11,22,33
max is 33.
```

【例 4-4】也可用两个单分支的 if 语句来实现，程序如下：

```
#include<stdio. h>
int main(void)
{
    int a,b,c,max;
    printf("input a,b,c:\n");
    scanf("%d,%d,%d",&a,&b,&c);
        max=a;
    if(max<b)
        max=b;
    if(max<c)
        max=c;
    printf("max is %d. \n",max);
    return 0;
}
```

这种方法的基本思想是：首先假定一个数为 max（最大值），然后将 max 的值依次与其余的数逐个去进行比较，如果发现有比 max 大的数，就用该数给 max 重新赋值，比较完所有的数之后，max 就是最大数。这种方法常用来求多个数中的最大值（或最小值）。

（3）多分支 if 语句

多分支 if 语句的一般形式为：

```
if(表达式 1)
    语句 1;
else if(表达式 2)
    语句 2;
else if(表达式 3)
    语句 3;
......
else
    语句 n;
```

微课

多分支 if 语句及
if 语句的嵌套
（判断闰年）

其功能为：若表达式 1 的值为真（非 0），则执行语句 1；否则求表达式 2 的值，若表达式 2 的值为真（非 0），则执行语句 2；否则求表达式 3 的值，若表达式 3 的值为真，则执行语句 3，以此类推，若所有表达式的值都为假，则执行语句 n。执行流程如图 4-3 所示。

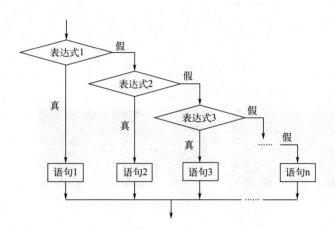

图 4-3　多分支 if 语句的执行流程

【例 4-5】 体重测量仪改进版。编写一个体重测试仪：要求从键盘输入身高和体重后，能够计算出体重指数。[体重指数＝体重/（身高）^{2}]

要求实现如下的判断：

体重指数＜18：偏瘦；

18＜＝体重指数＜25：正常；

25＜＝体重指数＜30：微胖；

30＜＝体重指数＜35：较胖；

体重指数＞＝35：肥胖。

分析：在单元三中，已经设计了一个基础版的体重测试仪，能够根据给定的身高和体重来计算体重指数。在本例中，要求根据体重指数来进行是否肥胖的判断，显然可以用多分支 if 语句来实现。

具体程序如下：

```c
#include<stdio.h>
int main(void)
{
    float weight,height,index;
    printf("输入体重 weight(kg):\n");
    scanf("%f",&weight);
    printf("输入身高 height(m):\n");
    scanf("%f",&height);
    index＝weight/(height *height);
    printf("体重指数 index:%f\n",index);
    if(index<18)
        printf("偏瘦\n");
    else if(index<25)
        printf("正常\n");
    else if(index<30)
        printf("微胖\n");
```

```
    else if(index<35)
        printf("较胖\n");
    else
        printf("肥胖\n");
    return 0;
}
```

程序将产生如下图所示的运行结果。

```
输入体重weight(kg):
65
输入身高height(m):
1.75
体重指数index:21.224490
正常
```

```
输入体重weight(kg):
80
输入身高height(m):
1.7
体重指数index:27.681659
微胖
```

4.3.2　if 语句的嵌套

if 语句允许嵌套。所谓的嵌套，是指 if 或 else 后的"语句 1"和"语句 2"可以是另外的 if 语句，并且可以多层嵌套。其一般形式为：

```
if (    )
    if (    )    语句 1
    else         语句 2
else
    if (    )    语句 3
    else         语句 4
```

要特别注意 else 与 if 的配对关系。C 语言规定：else 不能跨越｛｝，必须与同一层｛｝中的 if 配对，并且总是和它上面离它最近的尚未配对的 if 配对。下面给出几个 else 与 if 的配对关系：

```
⎡if (    )
⎢    if (    )    语句 1⎫
⎢    else         语句 2⎭
⎣else
        语句 3
```

```
⎡if (    )
⎢        语句 1
⎣else
    if (    )    语句 2⎫
    else         语句 3⎭
```

```
⎡if (    )
⎢    if (    )    语句 1⎫
⎢    else         语句 2⎭
⎣else
    if (    )    语句 3⎫
    else         语句 4⎭
```

在实际的编程中，为了明确配对关系，避免匹配错误，建议读者将内嵌的 if 语句，一律用花括号括起来，形成复合语句，使嵌套结构清晰。

【例 4-6】编写程序，输入 x 的值，求出相应的 y 值。用嵌套的 if-else 语句来实现。

$$y=\begin{cases}0 & x<0\\2x+4 & 0\leqslant x<5\\x^2 & x\geqslant5\end{cases}$$

具体程序如下：

程序一：
```c
#include<stdio.h>
int main(void)
{
    float x,y;
    printf("输入 x:\n");
    scanf("%f",&x);
    if(x<5)
        if(x<0)
            y=0;
        else
            y=2*x+4;
    else
        y=x*x;
    printf("x=%f,y=%f\n",x,y);
    return 0;
}
```

程序二：
```c
#include<stdio.h>
int main(void)
{
    float x,y;
    printf("输入 x:\n");
    scanf("%f",&x);
    if(x<0)
        y=0;
    else
        if(x<5)
            y=2*x+4;
        else
            y=x*x;
    printf("x=%f,y=%f\n",x,y);
    return 0;
}
```

程序一将内嵌的 if-else 语句嵌套在 if 子句中，而程序二则将内嵌的 if-else 语句嵌套在 else 子句中，两个程序的执行结果是完全一样的，结果如下图所示。

输入 x:
-1
x=-1.000000,y=0.000000

输入 x:
3.5
x=3.500000,y=11.000000

输入 x:
9
x=9.000000,y=81.000000

王选——为汉字铸就丰碑

汉字，承载了五千年来的华夏文明，它不仅仅是一种书写符号，更是一个独一无二的文化坐标。五十年前，中国的汉字出版物还在使用铅活字排版，而西方国家已开始使用先进的激光技术。与拉丁字母相比，汉字极其复杂，想要在打字机上配备数千个铅字组成的字盘根本不可能，因此，许多新文化运动的倡导者都呼吁废除汉字，采用拉丁字母，汉字遭遇了前所未有的危机。

当时，汉字信息处理技术被列为国家重点科研项目"748 工程"，年轻的王选北大毕业后留校任教，他提出了"轮廓加参数描述汉字字形的信息压缩技术"。他耐得住寂寞，坐得住冷板凳，几乎放弃了所有的节假日，在无数次实验中一步步解决了高倍率汉字压缩和高速不失真还原汉字轮廓等难题。王选说：选择了科学事业，就注定要牺牲常人所享有的一切快乐。终于在 1985 年，寓意为"中华之光"的华光电子排版系统研制成功。今天，当我们阅读中文书刊的时候，当我们在电脑键盘上敲出每一个汉字的时候，都应当怀有一份感恩——感谢王选，让古老的中华文明浴火重生。

"青年强，则国家强。当代中国青年生逢其时，施展才干的舞台无比广阔，实现梦想的前景无比光明。"习近平总书记在党的二十大报告中勉励广大青年坚定不移听党话、跟党走，怀抱梦想又脚踏实地，敢想敢为又善作善成，立志做有理想、敢担当、能吃苦、肯奋斗的新时代好青年，让青春在全面建设社会主义现代化国家的火热实践中绽放绚丽之花。

作为新时代的中国青年，要把理想追求融入党和国家事业，筑牢精神之基，厚植爱国情怀，矢志不渝跟党走，以实现中华民族伟大复兴为己任，为实现中华民族伟大复兴的中国梦贡献青春力量！

4.4 条件运算符和条件表达式

条件运算符 "?:" 是 C 语言中唯一的一个三目运算符，要求有三个运算对象，由条件运算符构成的表达式就是条件表达式，其一般形式为：

表达式 1? 表达式 2:表达式 3

条件表达式的执行流程为：先计算表达式 1 的值，若为"真"，则求解表达式 2，并将其为整个条件表达式的值；若表达式 1 的值为"假"，则求解表达式 3，将其作为整个条件表达式的值。具体如图 4-4 所示。

从执行流程可以发现，条件运算符完成的任务用 if-else 语句也可以完成，但是，使用条件运算符的代码更简洁，而且编译器可生成更紧凑的程序代码。例如，以下的 if-else 语句：

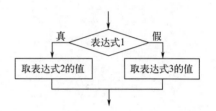

图 4-4　条件表达式的执行流程

```
if(a>b)  max＝a;
else     max＝b;
```

就可以用条件运算符来处理：

```
max＝(a>b)?a:b;
```

它是这样执行的：如果"（a＞b）"为真，则取 a 的值赋给 max，否则取 b 的值赋给 max。

说　明

① 条件运算符的结合方向为"自右向左"，如果有表达式"a>b? a: c>d? c: d; "，它相当于"a>b? a:（c>d? c: d）; "，若已知"a＝1; b＝2; c＝3; d＝4; "，则该表达式的值为 4.

② 条件表达式中，表达式 2 和表达式 3 类型可以不同，表达式的值取较高的类型。例如，表达式"x>y? 1: 1.5; "，若 x>y，则表达式的值为 1.0；否则表达式的值为 1.5。

4.5 switch 语句

微课

switch 语句
（孩子的入托问题）

用 if 语句实现复杂问题的多分支选择时，程序的结构显得不够清晰，使阅读和理解都有一定的难度。C 语言提供了一种专门用来实现多分支选择结构的 switch 语句，又称开关语句。

switch 语句的一般形式如下：

```
switch(表达式)
{
    case  常量表达式 1: 语句组 1;  break;
    case  常量表达式 2: 语句组 2;  break;
    …
    case  常量表达式 n : 语句组 n;  break;
    [default:语句组 n＋1; break;]
}
```

其功能为：首先计算 switch 后圆括号内的表达式的值，然后用该值与 case 后面各常量表达式进行比较。当找到相匹配的值时，就执行其后的语句，当执行到 break 时，跳出 switch 语句。如果对所有 case 后面的常量表达式的值进行比较，都找不到匹配者，则执行 default 后的语句，若没有 default 语句，则退出 switch 语句。switch 语句的执行流程如图 4-5 所示。

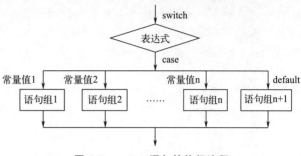

图 4-5　switch 语句的执行流程

【例 4-7】 孩子入托问题。3 岁的小朋友进小班，4 岁的小朋友进中班，5 岁的小朋友进大班，6 岁的小朋友进学前班。小于 3 岁大于 6 岁的孩子不能入托。编写程序，根据小朋友的年龄，输出其入托的班级。

具体程序如下：

```
#include<stdio.h>
int main(void)
{  int age;
   printf("Input age:\n");
   scanf("%d",&age);
   switch(age)
   {
       case3:  printf("小班");    break;
       case4:  printf("中班");    break;
       case5:  printf("大班");    break;
       case6:  printf("学前班");   break;
       default:  printf("不能入托");break;
   }
   return 0;
}
```

程序的运行结果如下图所示。

说 明

● ● ● ● ● ● ● 　 ●

① switch 后面圆括号内的表达式可以是整型、字符型或枚举类型的一种。

② 每个 case 后面的"常量表达式"必须是整常量表达式，不能出现变量，其值应是整数、字符常量或枚举常量，且要各不相同，否则会出现相互矛盾的现象。

③ case 后面的语句（组）可加 { } 也可以不加 { }，但一般不加。

④ break 在 switch 语句中是可选的，使流程跳过后面的 case 语句，从而结束 switch 语句。如果省略 break 语句，则程序在执行完相应的 case 语句后，不再进行表达式值是否匹配的判断，而是继续执行下一个 case 后面的语句，直到遇到 break 语句或者 switch 结束。

例如，在下列程序中输入字符'N'：

程序一：
```c
#include<stdio.h>
int main(void)
{
    char ch;
    ch=getchar();
    switch(ch)
    {
        case 'Y' : printf ("Yes\n"); break;
        case 'N' : printf ("No\n"); break;
        case 'A' : printf ("All\n"); break;
        default : printf ("Yes,No or All\n");
    }
    return 0;
}
```

程序二：
```c
#include<stdio.h>
int main(void)
{
    char ch;
    ch=getchar();
    switch(ch)
    {
        case 'Y' : printf ("Yes\n");  break;
        case 'N' : printf ("No\n");
        case 'A' : printf ("All\n");  break;
        default : printf ("Yes,No or All\n");
    }
    return 0;
}
```

则程序一的输出结果为：No。 而程序二的输出结果为：No All 。

⑤ 多个 case 子句，可共用同一语句（组）。例如，在以下程序中：

```c
int a,b=4;
scanf ("%d",&a);
switch(a)
{
    case 1:
    case 2:
    case 3:  b+=2; break;
    case 4:
    case 5:
    case 6:  b-=2; break;
    default:  b*=2; break;
}
printf ("b=%d\n", b);
```

当 a 的值是 1、2、3 时，将 b 的值加 2；当 a 的值是 4、5、6 时，将 b 的值减 2；当 a 的值是其他数时，将 b 的值乘 2。

⑥ case 子句和 default 子句如果都带有 break 语句，那么它们之间顺序的变化不会影响 switch 语句的功能。反之， case 子句和 default 子句如果有的带有 break 语句，而有的没有带 break 语句，那么它们之间顺序的变化可能会影响输出的结果。

⑦ switch 语句可以嵌套。例如，以下程序就是一个嵌套的 switch 语句：

```c
int main (void)
{
    int x＝1, y＝0, a＝0, b＝0;
    switch(x)
    {
        case 1:  switch(y)
                {
                    case 0: a++; break;
                    case 1: b++; break;
                }
        case 2:   a++; b++; break;
        case 3:   a++; b++;
    }
    printf ("\na＝%d, b＝%d", a, b);
    return 0;
}
```

程序的输出结果为： a＝2,　b＝1 。

【例 4-8】 编写一个程序，从键盘上输入月份，要求输出该月的天数（以 2024 年为例）。

微课

选择结构综合应用
（求某年某月的天数）

分析：本程序可用 switch 语句来实现，天数相同的月份可共用一组子句。

具体程序如下：

```c
#include<stdio. h>
int main(void)
{
    int a,b;
    printf("请输入月份:");
    scanf("%d",&a);
    switch(a)
    {
      case 1:
      case 3:
      case 5:
      case 7:
      case 8:
      case 10:
      case 12:b＝31;break;
      case 2:b＝29;break;
      case 4:
      case 6:
      case 9:
```

```
        case 11:b=30;break;
    }
    printf("天数是:%d\n",b);
    return 0;
}
```

程序的运行结果如下。

请输入月份:6
天数是: 30　　请输入月份:3
天数是: 31　　请输入月份:2
天数是: 29

微课

选择结构综合应用
(switch 求方程的解)

4.6　选择结构程序设计举例

【例4-9】 输入3个边长（设为三个整数）后，判断它们能否构成三角形。若能构成三角形，则判断构成的是等边三角形、等腰三角形还是普通三角形。

分析：本例可用嵌套的 if-else 结构来实现。三条边 a、b、c 能构成三角形的条件是任意两边之和大于第三边，即：a+b>c&&a+c>b&&b+c>a。而构成等边三角形的条件是：a==b&&a==c，构成等腰三角形的条件是：a==b||a==c||b==c。

具体程序如下：

```
#include<stdio.h>
int main(void)
{
    int a,b,c;
    printf("输入三条边:\n");
    scanf("%d,%d,%d",&a,&b,&c);
    if(a+b>c&&a+c>b&&b+c>a)
    {
        if(a==b&&a==c)
            printf("等边三角形\n");
        else if(a==b||a==c||b==c)
            printf("等腰三角形\n");
        else
            printf("普通三角形\n");
    }
    else
        printf("不能构成三角形\n");
    return 0;
}
```

程序的运行结果如下。

输入三条边:
10,20,30
不能构成三角形　　输入三条边:
10,10,10
等边三角形　　输入三条边:
10,20,20
等腰三角形　　输入三条边:
30,40,60
普通三角形

【例4-10】 从键盘上输入一个百分制成绩 score，按下列原则输出其等级：

score≥90，　　　　　 等级为 A；

80≤score<90，　　　 等级为 B；

70≤score＜80,　　　等级为 C;

60≤score＜70,　　　等级为 D;

score＜60,　　　　　等级为 E。

分析: 本例是多分支选择结构的典型例题,可用 if 语句或者 switch 语句来实现。

具体程序如下:

<table>
<tr><td>

```
方法一,多分支 if 语句
#include<stdio.h>
int main(void)
{
    int score;
    char grade;
    printf("输入一个百分制成绩:\n");
    scanf("%d",&score);
    if(score>=90)
        grade='A';
    else if(score>=80)
        grade='B';
    else if(score>=70)
        grade='C';
    else if(score>=60)
        grade='D';
    else
        grade='E';
    printf("等级:%c\n",grade);
    return 0;
}
```
</td><td>

```
方法二,switch 语句
#include<stdio.h>
int main(void)
{
    int score;
    char grade;
    printf("输入一个百分制成绩:\n");
    scanf("%d",&score);
    switch(score/10)
    {
        case 10:
        case 9:grade='A';break;
        case 8:grade='B';break;
        case 7:grade='C';break;
        case 6:grade='D';break;
        default:grade='E';
    }
    printf("等级:%c\n",grade);
    return 0;
}
```
</td></tr>
</table>

程序的运行结果如下。

```
输入一个百分制成绩:
95
等级:A
```
```
输入一个百分制成绩:
77
等级:C
```
```
输入一个百分制成绩:
86
等级:B
```
```
输入一个百分制成绩:
65
等级:D
```
```
输入一个百分制成绩:
30
等级:E
```

习　题

一、填空题

1. C 语言提供了的 6 种关系运算符,它们分别是_____、_____、_____、_____、_____和_____。

2. C 语言提供的三种逻辑运算符是_____、_____和_____。

3. 能正确表示 x≤−5 或 x≥5 的关系的 C 语言表达式为_____。

4. 设 a＝3, b＝4, c＝5, 表达式 a＋b＞c&&b＝＝c 的值为_____, 表达式!(a＞b)&&!c||1 的值为_____, 表达式!(a＋b)＋c−1&&b＋c/2 的值为_____。

5. 若有定义"int w＝5, x＝2, y＝3, z＝4;"则条件表达式 w＜x?w: y＜z?y: z 的值是_____。

6. 执行以下程序段以后，a=＿＿＿＿＿＿，b=＿＿＿＿＿＿，c=＿＿＿＿＿＿。

```
int x＝10,y＝9;
int a,b,c;
a＝(x－－＝＝y＋＋)? x－－:y＋＋;
b＝x＋＋;
c＝y;
```

二、选择题

1. 设 a、b 和 c 都是 int 型变量，且 a＝3，b＝0，c＝5，则以下值为 0 的表达式是（　　）。

（A）'a'&&'b'　　　（B）a&&b||c　　　（C）a&&b&&c　　　（D）a||b&&c

2. 在嵌套使用 if 语句时，C 语言规定 else 总是（　　）。

（A）和之前与其具有相同缩进位置的 if 配对

（B）和之前与其最近的 if 配对

（C）和之前与其最近未配对的 if 配对

（D）和之前的第一个 if 配对

3. 设"int a＝1，b＝2，c＝3，d＝4，m＝2，n＝2；"，执行 (m＝a>b) &&(n＝c>d) 后 n 的值为（　　）。

（A）3　　　　（B）2　　　　（C）1　　　　（D）0

4. 以下程序运行后的输出结果是（　　）。

```
int main(void)
{  int  a＝2,b＝－1,c＝2;
   if(a<b)
     if(b<0) c＝0;
     else c＋＋;
   printf("%d\n",c);
   return 0;
}
```

（A）0　　　　（B）1　　　　（C）2　　　　（D）3

5. 若 k 是 int 型变量，下面的程序段的输出结果是（　　）。

```
k＝－3;
if(k<＝0) printf("####");
else    printf("&&&&");
```

（A）####　　　　　　　　　　（B）&&&&

（C）#### &&&&　　　　　　（D）有语法错误，无输出

6. 以下程序运行后的输出结果是（　　）。

```
int main(void)
{  int a＝0,b＝0,c＝0,d＝0;
   if(a＝1) b＝1;c＝2;
   else    d＝3;
   printf("%d,%d,%d,%d\n",a,b,c,d);
   return 0;
}
```

 (A) 0, 1, 2, 0   (B) 0, 0, 0, 3

 (C) 1, 1, 2, 0   (D) 编译有错

7. 以下程序运行后的输出结果是（ ）。

```
int main(void)
{   int x1=1,x2=0,x3=0;
    if(x1=x2+x3)    printf("****");
    else            printf("####");
    return 0;
}
```

 (A) **** (B) 有语法错误 (C) ####   (D) 无输出结果

8. 当 a＝1，b＝3，c＝5，d＝4 时，执行下面一行程序后，x 的值是（ ）。

```
if(a<b) if(c<d) x=1;else if(a<c) if(b<d) x=2;else x=3;else x=6;else x=7;
```

 (A) 1   (B) 2   (C) 3   (D) 6

9. 以下程序的运行结果为（ ）。

```
int main(void)
{   int a=0,b=0,c=0;
    if(++a>0||++b>0)
        ++c;
    printf("%d,%d,%d",a,b,c);
    return 0;
}
```

 (A) 0, 0, 0 (B) 1, 1, 1 (C) 1, 0, 1 (D) 0, 1, 1

10. 下列程序的输出结果是（ ）。

```
int main(void)
{   int x=-1,y=4,k;
    k=x++<=0&&!(y--<=0);
    printf("%d,%d,%d",k,x,y);
    return 0;
}
```

 (A) 0, 0, 3   (B) 0, 1, 2   (C) 1, 0, 3   (D) 1, 1, 2

11. 下列叙述中正确的是（ ）。

 (A) break 语句只能用于 switch 语句

 (B) 在 switch 语句中必须使用 default

 (C) break 语句必须与 switch 语句中的 case 配对使用

 (D) 在 switch 语句中不一定使用 break 语句

12. 若有定义："float x=1.5; int a=1, b=3, c=2;"，则正确的 switch 语句是（ ）。

```
(A) switch(x)                      (B) switch((int)x);
    { case 1.0:  printf("*\n");        { case 1:  printf("*\n");
      case 2.0:  printf("*\n");  }       case 2:  printf("*\n");  }
```

（C）switch(a+b)
　　{ case 1:　　printf("*\n");
　　　case 2+1: printf("*\n"); }

（D）switch(a+b)
　　{ case 1: printf("*\n");
　　　case c: printf("*\n"); }

13. 以下程序运行后的输出结果是（　　　）。

```
#include<stdio.h>
int main(void)
{ int x=1,y=0,a=0,b=0;
  switch(x)
  { case 1:
      switch(y)
      { case 0:a++;break;
        case 1:b++;break;
      }
    case 2:a++;b++;break;
  }
  printf("a=%d,b=%d\n",a,b);
  return 0;
}
```

（A）a=2，b=1　　（B）a=1，b=1　　（C）a=1，b=0　　（D）a=2，b=2

三、程序填空

1. 下面程序的功能是：根据以下函数关系，对输入的每个 x 值，计算出相应的 y 值。填写完整程序，使程序实现其功能。

x	y
x<0	0
0≤x<10	x
10≤x<20	10
20≤x<40	$-0.5x+20$

```
#include<stdio.h>
int main(void)
{
    int x,c;
    float y;
    scanf("%d",&x);
    if(_____【1】_____)    c=-1;
    else       c=_____【2】_____;
    switch(c)
    {
        case-1:   y=0; break;
        case 0:   y=x; break;
        case 1:   y=10; break;
        case 2:
        case 3:   y=-0.5*x+20; break;
```

```
        default:  y=-2;
    }
    if(____【3】____)   printf("y=%f",y);
    else    printf("error\n");
    return 0;
}
```

2. 下面程序的功能是：计算某年某月有几天，已知能被 4 整除但不能被 100 整除的年份是闰年，能被 400 整除的年份也是闰年。请填写完整程序，使程序实现该功能。

```
#include<stdio. h>
int main(void)
{
    int yy, mm, days;
    printf("input year、month:\n");
    scanf("%d %d",&yy,&mm);
    switch(mm)
    {
        case 1:
        case 3:
        case 5:
        case 7:
        case 8:
        case 10:
        case 12: ____【1】____; printf("%d 年%d 月有%d 天\n",yy,mm,days); break;
        case 4:
        case 6:
        case 9:
        case 11: days=30; printf("%d 年%d 月有%d 天\n",yy,mm,days); break;
        case 2:
            if(____【2】____)      days=29;
            else      ____【3】____;
            printf("%d 年%d 月有%d 天\n",yy,mm,days);   break:
        default: printf("input error"); break;
    }
    return 0;
}
```

四、写出下列程序的输出结果

```
1.  #include<stdio. h>
    int main(void)
    {
        char ch= 'A';
        int x=36,y;
        y= (x>>2) && (ch<'a');
        printf("%d\n",y);
        return 0;
```

```
    }

2.  #include<stdio. h>
    int main(void)
    {
        double x=2. 0,y;
        if(x<0. 0)    y=0. 0;
        else if((x<5. 0)&&(!x))    y=1. 0/(x+2. 0);
        else if(x<10. 0)    y=1. 0/x;
        else y=10. 0;
        printf("%f\n",y);
        return 0;
    }

3.  #include<stdio. h>
    int main(void)
    {
        int a=0,b=1;
        if(++a==b++)
            printf("T");
        else
            printf("F");
        printf("a=%d,b=%d\n",a,b);
        return 0;
    }

4.  #include<stdio. h>
    int main(void)
    {   int m=5;
        switch(m/2)
        {   case 1: m++;
            case 2: m+=3;
            case 5: m+=6;break;
            default: m-=7;
        }
        printf("%d\n",m);
        return 0;
    }
```

五、编程题

1. 编写程序，输入一个整数，如果该整数是偶数，则输出该整数；如果是奇数，则输出该数与 2 的乘积。

2. 有如下函数：

$$y=\begin{cases} x & x<1 \\ 2x-1 & 1\leqslant x<10 \\ x^2+3x-11 & x\geqslant 10 \end{cases}$$

编写程序，输入 x 的值，求出相应的 y。

3. 某个电力公司对其用户的收费规定如下：

用电数量 x	收费标准
0~200	x * 0.5 元
201~400	100+(x-200) * 0.65 元
401~600	230+(x-400) * 0.8 元
601 及以上	390+(x-600) * 1.0 元

编写程序，对于一个输入的用电数量 x，计算用户的缴费额。

4. 编写程序，任意输入一个 1~7 之间的整数，将它们转换成相对应的英文单词。例如，1 转换成 Monday，2 转换成 Tuesday，…，7 转换成 Sunday。（用 switch 语句实现。）

5. 用户输入平面上一个点的坐标，判断该点位于哪个象限（假设输入的点不在原点及坐标轴上）。例如，

输入： 2，3

输出：点（2，3）位于第一象限

参考答案

单元四

【学习笔记】

选择结构程序设计

一、实验目标

（1）熟悉关系表达式和逻辑表达式。

（2）掌握 if 语句和 switch 语句的格式和功能。

（3）能够用选择结构程序解决实际问题，并结合程序掌握一些简单的算法。

（4）进一步学习调试程序。

二、实验准备

（1）复习关系运算和逻辑运算的功能和要求。

（2）复习 if 语句的 3 种形式、if 语句的嵌套方法和配对原则。

（3）复习 switch 语句的形式和功能。

三、实验内容

1. 编写程序：输入两个整数，求出它们的和，并判断它们的和是不是偶数，如果是偶数则输出 yes，否则输出 no。如输入 3 和 54，求出和为 57，不是偶数，输出 no。

编程要点：

（1）需要正确描述"是否为偶数"这个条件。注意：C 语言中描述相等用关系运算符"＝＝"，而不是"＝"。用两组输入数据对程序进行测试：两数之和为奇数；两数之和为偶数。

（2）程序将产生如下所示的运行结果。

```
请输入两个整数：
3,54
no
```

```
请输入两个整数：
4,54
yes
```

2. 电梯厂商为了提高电梯的利用率，需要一个控制程序，实现如下功能：输入楼层数，如果楼层是1～5，显示提示"请走楼梯！"；如果楼层是6～15，显示提示"请走电梯！"；如果输入的是1～15之外的数据，显示提示"本楼只有1～15层，输入数据有误，请重新输入！"。

编程要点：

（1）根据楼层数的不同写出不同的条件分支，注意关系运算符和逻辑运算符的使用。

（2）程序将产生如下所示的运行结果。

3. 编写计算器程序。从键盘上输入任意两个数和一个运算符（＋：加，－：减，＊：乘，／：除），计算其运算的结果并输出，用switch语句实现。

编程要点：

（1）注意定义数据的类型。

（2）程序将产生如下所示的运行结果。

```
请输入运算式:        请输入运算式:        请输入运算式:        请输入运算式:
3+5                30-18              12*6               56/5
result=8.000000    result=12.000000   result=72.000000   result=11.200000
```

4. 某百货商场进行打折促销活动，消费金额越高，折扣越大，标准如下：

消费金额（p）	折扣率（d）
$p<100$	0%
$100\leqslant p<200$	5%
$200\leqslant p<500$	10%
$500\leqslant p<1000$	15%
$p\geqslant 1000$	20%

编写一个程序，从键盘上输入消费金额，输出折扣率和实付金额（f），要求用if语句和switch语句两种方法实现。

编程要点：

（1）这是一个多分支选择结构，根据不同的消费金额写出不同的条件分支。

（2）程序将产生如下所示的运行结果。

```
输入消费金额：
50
消费金额:50.000000,折扣率:0.000000,实付金额:50.000000
```

```
输入消费金额：
180
消费金额:180.000000,折扣率:0.050000,实付金额:171.000000
```

```
输入消费金额：
265
消费金额:265.000000,折扣率:0.100000,实付金额:238.500000
```

```
输入消费金额：
800
消费金额:800.000000,折扣率:0.150000,实付金额:679.999995
```

```
输入消费金额：
1200
消费金额:1200.000000,折扣率:0.200000,实付金额:959.999996
```

四、常见问题分析

选择结构的程序设计中常见问题如表 4-3 所示。

表 4-3　选择结构程序设计中的常见问题

错误实例	错误分析
if(x>y)；　max=x； else　　　max=y；	if 语句条件后面多加了一个分号
if(x>y)　max=x； 　　　printf("max=%d",max)； else　　　max=y； 　　　printf("max=%d",max)；	if 分支和 else 分支在语法上只允许有一条子句，若在实际使用中需要多条语句，则应加上花括号，构成复合语句
if(x=y) 　　printf("x 与 y 相等")；	将关系运算符"=="误用为赋值运算符"="
if(0<x<10) 　　y=3*x+2；	表达式书写不符合 C 语言规范，正确的形式应为： 0<x&&x<10

续表

错误实例	错误分析
switch(x)； {　case 1：y＝2＋x；break； 　　case 2：y＝3＊x+1；break； }	switch 表达式后面多了一个分号
switch(x) {　case1：y＝2＋x；break； 　　case2：y＝3＊x+1；break； }	case 与其后的常量表达式之间缺少空格
switch(x) {　case 1.0：y＝2＋x；break； 　　case 2.0：y＝3＊x+1；break； }	case 子句中的常量表达式只能是整型或字符型数据，不能出现浮点型
switch(x) {　case x＜10：　y＝2＋x；break； 　　case x＞＝10：y＝3＊x+1；break； }	case 子句中只能是常量表达式，不能出现变量

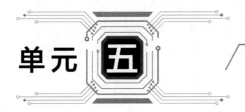

单元 五

循环结构的程序设计

知识目标

（1）掌握 while、do-while 和 for 循环的语法规则。

（2）理解多层循环的执行流程。

（3）掌握 break 和 continue 语句的使用方法。

（4）掌握循环结构程序的设计、编写和调试方法。

能力目标

（1）能够正确完成循环控制条件的设定、循环控制变量的初始化和更新。

（2）能够灵活运用三种不同的循环语句实现程序的功能。

（3）能够使用 break 和 continue 语句控制循环的执行流程。

（4）能够调试和优化循环结构程序。

素质目标

（1）通过素数问题的求解，培养精益求精的工匠精神。

（2）通过了解陈景润研究哥德巴赫猜想的事迹，培养坚定的理想信念和不畏艰难、勇往直前的精神。

（3）通过实际问题的求解，提升自学能力，培养终身学习的意识。

单元导读

　　前面的单元介绍了顺序结构和选择结构，但是只有这两种结构是不够的。在实际的编程中，许多问题都需要用到循环结构，例如输入所有学生的成绩、求若干个数之和、求迭代根等。循环结构是程序设计中一种非常重要的结构，它和顺序结构、选择结构共同作为各种复杂程序的基本构造单元。循环结构的特点是：在给定条件成立时，反复执行某程序段，直到条件不成立为止。 C语言主要提供了 while、do-while 和 for 3 种循环语句，本单元将详细介绍这 3 种循环语句以及 break、continue 辅助循环控制语句。

5.1　while 语句

微课

while 语句
（统计学生成绩）

while 语句用来实现"当型"循环结构，其一般形式如下：

```
while(表达式)
    循环体语句;
```

while 循环的执行流程如图 5-1 所示。while 后面的表达式可以是任意类型的表达式，但一般是关系表达式或逻辑表达式。表达式的值是循环的控制条件，即入口条件。当循环体有多条语句时应使用复合语句。

while 语句的执行流程为：先判断表达式的值是否为真（非 0），为真则执行循环体语句，接着再判断表达式；如果表达式的值为假（0），则循环结束，执行 while 语句后面的语句。

【例 5-1】 用 while 语句求解 $1+2+3+\cdots+100$。

分析：该问题需要重复执行加法，可用循环结构实现，具体流程如图 5-2 所示。

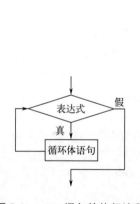

图 5-1　while 语句的执行流程

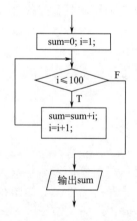

图 5-2　用 while 求解的流程

具体程序如下：

```c
#include<stdio.h>
int main(void)
{
    int i=1,sum=0;
    while (i<=100)
    {
        sum+=i;
        i++;
```

```
    }
    printf ("sum=%d\n",sum);
    return 0;
}
```

程序的执行结果如下。

📝 **说 明**

　　① 如果 while 后的表达式的值一开始就为假，循环体将一次也不执行。

　　② 遇到下列情况，退出 while 循环：

　　· 表达式为假（为 0）。

　　· 循环体内遇到 break、return 语句。

　　③ 在执行 while 语句之前，循环控制变量必须初始化，否则执行的结果将是不可预知的。

　　④ 要在 while 语句的某处（表达式或循环体内）改变循环控制变量的值，否则极易构成死循环。例如：

```
i=1;
while(i<100)
    sum+=i;
printf("sum=%d\n", sum);
```

　　这段程序就是一个死循环，因为 i 的值没发生改变，永远小于 100。

　　⑤ 允许 while 语句的循环体又是 while 语句，从而形成双重循环。

　　【例 5-2】 从键盘上输入本班同学某门课的成绩，输入一个不合法的成绩（大于 100 或小于 0）认为输入结束。要求统计该班级同学本门课程的及格人数和不及格人数。

　　分析：在本例中，需要对键盘上输入的每一个成绩进行判断，可用 while 结构来实现。若输入一个不合法的成绩，则循环结束，若输入的成绩合法，则判断其是否及格。

　　具体程序如下：

```
#include<stdio. h>
int main(void)
{
    int a=0,b=0;              //a 为及格人数,b 为不及格人数
    float score;
    printf("请输入学生的成绩:\n");
    scanf("%f",&score);
    while(score>=0&&score<=100)    //成绩若不合法,则跳出循环
    {
        if(score>=60)             // 对合法的成绩,判断其是否及格
            a++;
        else
```

```
        b++;
    scanf("%f",&score);   //输入下一个成绩
    }
    printf("及格人数为%d,不及格人数为%d\n",a,b);
    return 0;
}
```

程序的运行结果如下。

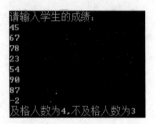

5.2　do-while 语句

do-while 语句
（判断素数）

do-while 语句用于实现"直到型"的循环，其一般形式为：

```
do
    循环体语句;
while(表达式);
```

其中 do 是 C 语言的关键字，必须和 while 联合使用。与 while 语句一样，当循环体有多条语句时应使用复合语句。

do-while 语句的执行流程为：先执行循环体语句，然后判断表达式的值。如果表达式的值为假（0），循环结束；如果表达式的值为真（非0），则继续执行循环体。其流程如图 5-3 所示。

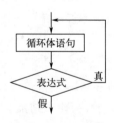

图 5-3　do-while 语句的执行流程

【例 5-3】用 do-while 语句求解 1+2+3+…+100。

分析：该问题既可以用 while 结构来实现，也可以用 do-while 结构来实现。该问题用 do-while 语句求解的流程如图 5-4 所示。

具体程序如下：

```
#include<stdio.h>
int main(void)
{
    int i=1,sum=0;
    do
    {
        sum+=i;
```

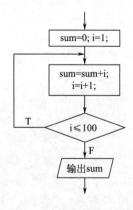

图 5-4　do-while 求解的流程

```
        i++;
    }while(i<=100);
    printf ("sum=%d\n", sum);
    return 0;
}
```

程序的执行结果同【例 5-1】。

说　明

① 在 if 语句、while 语句中的表达式后面不能加分号,而在 do-while 语句的表达式后面则必须加分号,否则将产生语法错误。

② 和 while 语句一样,在使用 do-while 语句时,不要忘记初始化循环控制变量,否则执行的结果将是不可预知的。同样,要在 do-while 语句的某处(表达式或循环体内)改变循环控制变量的值,否则极易构成死循环。

③ do-while 语句和 while 语句在很多情况下可以相互替换。但两者的主要区别在于:while 语句是先判断条件后执行循环体,如果条件一开始就为假,则循环体语句一次也不执行。而 do-while 语句是先执行循环体后判断条件,因此至少要执行一次循环体。正是因为这一区别,在处理同一问题时可能会产生不同的运行结果。

④ do-while 语句也可以组成多重循环,而且也可以和 while 语句相互嵌套。

5.3　for 语句

微课

for 语句(求解斐波那契数列)

for 语句是 C 语言所提供的功能更强、使用更广泛的一种循环语句。其一般形式为:

```
for (表达式 1;表达式 2;表达式 3)
    循环体语句;
```

它的执行流程为:先求解表达式 1,再求解表达式 2,若表达式 2 为真(非 0),则执行循环体语句,然后求解表达式 3,再次判断表达式 2 是否成立;若表达式 2 的值为假(0),循环结束,执行 for 语句的下一条语句。

可以看到,在整个 for 循环的执行过程中,表达式 1 只执行一次,表达式 2 和表达式 3 则可能执行多次。循环体可能执行多次,也有可能一次都不被执行。可用图 5-5 来表示 for 语句的执行过程。

在 for 语句中,"表达式 1"通常用于给控制变量赋初值,一般为赋值表达式;"表达式 2"是循环的控制条件,通常为关系表达式或逻辑表达式;"表达式 3"用于给控制变量增量或减量,一般为赋值表达式。因此,for 语句可以写成这样较容易理

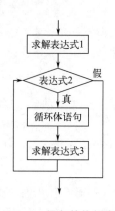

图 5-5　for 语句的执行流程

解的形式：

```
for(循环变量赋初值;循环的条件;循环变量增值)
    循环体语句;
```

【例5-4】用for语句求解$1+2+3+\cdots+100$。

分析：本问题也可用for语句来实现，相应的流程如图5-6所示。

具体程序如下：

```c
#include<stdio.h>
int main(void)
{
    int i,sum=0;
    for(i=1;i<=100;i++)
        sum+=i;
    printf ("sum=%d\n", sum);
    return 0;
}
```

程序的执行结果同【例5-1】。

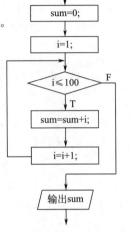

图5-6 for语句求解的流程

 说明 ● ● ● ● ● ●

① for循环中的表达式1、表达式2和表达式3都是可选项，均可以省略，但其间的分号不能省，可将【例5-4】中的for语句改写成如下形式：

i=1;
for(;i<=n;i++)
    sum+=i;
	for(i=1; ;i++)
	{
	    sum+=i;
	    if(i>n)
	        break;
	}
		for(i=1 ;i<=n ;)
		{
		    sum+=i;
		    i++;
		}
			i=1;
			for(;i<=n ;)
			{
			    sum+=i;
			    i++;
			}

这四种形式分别为：省略表达式1；省略表达式2；省略表达式3；省略表达式1和表达式3。

② 表达式1、表达式2、和表达式3可以是任何类型的表达式。比方说，这三个表达式都可以是逗号表达式，即每个表达式都可由多个表达式组成。例如，也可将【例5-4】中的循环结构修改为：

```
for(i=1,sum=0;i<=n;sum+=i,i++) ;
```

此时，表达式1和表达式3都是逗号表达式，而该for语句的循环体语句为空。

③ 同while语句、do-while语句一样，for语句的循环体也可以包含多条语句，这时需要用{ }将这些语句括起来，构成复合语句。

【例5-5】编写一个程序，求$100\sim999$之间所有的水仙花数。所谓"水仙花数"，是一个三位数，它的个位、十位、百位数字的立方和，恰好就等于该数本身。比如数153，由于满足条件：$1^3+5^3+3^3=1+125+27=153$，所以153是一个水仙花数。

分析：本例可以用 for 结构来实现，循环从 100 开始，到 999 结束，每次增加 1，然后对这个区间之中的数进行"个位、十位、百位数字的立方和，是否等于该数本身"的判断。

具体程序如下：

```
#include<stdio. h>
int main(void)
{
    int number,a,b,c;        //numbe 为被判断的三位数,a 为个位,b 为十位,c 为百位
    for(number=100;number<=999;number++)
    {
        a=number%10;               //求 number 的个位
        b=number/10%10;            //求 number 的十位
        c=number/100;              //求 number 的百位
        if(a*a*a+b*b*b+c*c*c==number)
            printf("%5d",number);
    }
    return 0;
}
```

程序的运行结果如下。

153   370   371   407

5.4　如何选择循环

三种循环都可以用来处理同一问题，一般情况下它们可以互相代替。

那么，如何选择使用哪一种循环呢？首先，确定是需要入口条件循环还是出口条件循环，通常，入口条件循环用得比较多，原因在于将测试条件放在循环开头，程序的可读性更强。另外，在许多应用中，要求在一开始不满足测试条件时就直接跳过整个循环。

那么，假设需要一个入口条件循环，用 for 循环还是 while 循环？二者皆可，如何选择取决于个人习惯。省略 for 语句中的表达式 1 和表达式 3，例如：

```
for(  ;表达式 2 ; )
    循环体；
```

则与下面的 while 语句效果相同：

```
while(表达式 2)
    循环体；
```

若在 while 循环的前面初始化变量，并在 while 循环体中包含变量更新语句。例如：

```
变量初始化；
while(表达式)
{
    循环体；
    变量更新；
}
```

与下面的 for 循环效果相同：

```
for(变量初始化；表达式；变量更新)
    循环体；
```

一般而言，当循环涉及初始化和变量更新时，用 for 循环比较合适，而在其他情况下用 while 循环更简洁。例如对于下面这种条件，用 while 循环就很合适。

```
while(scanf("%d",&score)==1)
```

对于涉及计数的循环，用 for 循环更合适。例如：

```
for(number=100;number<=999;number++)
```

5.5 循环的嵌套

微课

循环的嵌套
和控制

一个循环的循环体内又包含另一个完整的循环结构，就称为循环的嵌套。内嵌的循环中还可以嵌套循环，这就是多层循环。while 循环、do-while 循环和 for 循环可以相互嵌套，自由组合。循环嵌套的层数并没有限制，但层数过多会使得程序的可读性变差，因此一般建议嵌套的层数不宜超过 3 层。3 种循环（while 循环、do-while 循环和 for 循环）可以相互嵌套构成各种各样的循环。例如，以下几种嵌套的循环都是合法的。

```
① while()                ② do                ③ while()                ④ for( ; ; )
  {                        {                    {                        {
      ......                   ......               ......                   ......
      while()                  do                   do                      while()
      {                        {                    {                        {
          ......                   ......               ......                   ......
      }                        }while();            }while();                }
      ......                   ......               }                        ......
  }                        }while();                                         do
                                                                             {
                                                                                 ......
                                                                             }while();
                                                                             ......
                                                                         }
```

对循环嵌套有以下几点说明：

① 可以多层嵌套；

② 使用嵌套的循环时，应注意一个循环结构应完整地嵌套在另一个循环体中，不允许循环体之间交叉；

③ 嵌套的循环结构中，外循环和内循环的循环控制变量不能同名，但并列的循环可以。

【例 5-6】 使用双层循环分别打印输出以下内容。

```
*****          *
*****          ***
*****          *****
*****          *******
*****          *********
```

分析：在第一个图案中，每行输出 5 个"＊"，一共需要输出 5 行。如下的循环语句：

```
for ( j=1; j<=5; j++)
```

```
        printf("*");
printf("\n");
```

用于输出一行 5 个 "＊"，将该循环语句再循环 5 遍即可实现 5 行 "＊"的输出。

具体程序如下：

```
#include<stdio. h>
int main(void)
{
    int i,j;
    for(i＝1;i<=5;i＋＋)        //外循环,控制行数
    {
        for(j＝1;j<=5;j＋＋)    //内循环,控制列数
            printf("*");
        printf("\n");          //输出一行后换行
    }
    return 0;
}
```

分析：打印第二个图案也需要用两层循环来实现，其中外层循环决定要打印的行数，内层循环决定每一行要打印的 "＊"数，每一行 "＊"打印完之后也要输出一个回车符。观察上述图形，不难发现，第 i 行要打印的 "＊"个数为 2＊i－1 个。

具体程序如下：

```
#include<stdio. h>
int main(void)
{
    int i,j;
    for(i＝1;i<=5;i＋＋)            //控制行数
    {
        for(j＝1;j<=2*i－1;j＋＋)    // 第 i 行输出 2*i－1 个"*"
            printf("*");
        printf("\n");              //输出一行后换行
    }
    return 0;
}
```

读者应注意，在书写多重循环结构时，为了提高程序的可读性，最好每层循环语句都按一定的缩进格式书写。

5.6 辅助控制语句 break 与 continue

程序中的语句，通常是按顺序方向，或按语句功能所定义的方向执行的。在实际应用中，有时需要改变程序的正常流向，如在 switch 语句中，使用 break 语句结束某一分支。此外，还可能在某种条件下跳出循环或提前进行下一轮循环。C 语言提供了辅助控制语句 break 和 continue 用于控制程序的执行流程。

第
1
篇

5.6.1　break 语句

break 语句通常用在循环语句和 switch 语句中。break 在 switch 语句中的用法，已经在单元四中进行了详细介绍，这里不再重复。

break 语句用于循环结构中，用于结束当前循环，接着执行循环后面的语句。

 注 意

① break 不能用于循环语句和 switch 语句之外的其他任何语句之中。

② 当 break 用于多层循环时，若 break 语句被执行则跳出它所在的那一层循环，不能一次跳出多层循环。

【例 5-7】 求解 $1+2+3+\cdots+100$ 的问题，也可用 break 语句进行循环控制。源程序如下：

```c
#include<stdio.h>
int main(void)
{
    int i=1,sum=0;
    while(1)
    {
        sum+=i;
        i++;
        if(i>100)      //当 i 大于 100 时,结束循环
            break;
    }
    printf ("sum=%d\n",sum);
    return 0;
}
```

程序的执行结果同【例 5-1】。

 说 明

① 本程序中， while 后面的表达式是非 0 常量，构成了永真条件。在这种情况下，相应的循环体将无条件地被执行，这就需要在循环体内设置 break 语句，以便在一定的条件下强行结束循环，否则将产生死循环。

② 在循环体内，用 if 语句进行了判断，如果 i>100 的条件成立，则执行 break 语句结束循环。

5.6.2　continue 语句

continue 语句用于结束本次循环，跳过循环体中尚未执行的语句，进行下一次是否执行循环体的判断。

 注 意 ●─●─●─●─●　●

① continue 语句仅用于循环结构中。

② 在嵌套的循环中，continue 语句只对包含它的最内层的循环体语句起作用。

【**例 5-8**】 输出 100～200 之间不能被 3 整除的数。

具体程序为：

```
#include<stdio.h>
int main(void)
{
    int n;
    for(n=100;n<=200;n++)
    {
        if(n%3==0)
            continue;
        printf("%4d",n);
    }
    printf("\n");
    return 0;
}
```

程序的运行结果如下。

```
100 101 103 104 106 107 109 110 112 113 115 116 118 119 121 122 124 125 127 128
130 131 133 134 136 137 139 140 142 143 145 146 148 149 151 152 154 155 157 158
160 161 163 164 166 167 169 170 172 173 175 176 178 179 181 182 184 185 187 188
190 191 193 194 196 197 199 200
```

在本程序中，当整数 n 能被 3 整除时，执行 continue 语句，结束本次循环［即跳过 printf()语句］，只有 n 不能被 3 整除时才能执行 printf()函数。

在本例中，将 if 测试条件的关系反过来，可避免使用 continue 语句，改写成如下形式。

```
for(n=100;n<=200;n++)
{
        if(n%3!=0)
            printf("%4d",n);
}
```

break 语句和 continue 语句的区别：continue 语句只是结束本次循环，接着判断循环的条件是否成立，以决定是否执行下一次的循环，而不是终止整个循环的执行；而 break 语句是结束整个循环过程，不再对循环条件进行判断。例如：

```
程序段一：
#include<stdio.h>
int main(void)
{
    int i;
    for(i=1;i<6;i++)
    {
        printf("ok");
        if(i==3)
            break;
        printf("i=%d\n",i);
    }
    printf("\n");
    return 0;
}
```

```
程序段二：
#include<stdio.h>
int main(void)
{
    int i;
    for(i=1;i<6;i++)
    {
        printf("ok");
        if(i==3)
            continue;
        printf("i=%d\n",i);
    }
    printf("\n");
    return 0;
}
```

这两个程序段的区别就在于，在 for 循环体中，满足条件 "i==3"，执行的是 break 语句还是 continue 语句。在程序段一中，当 i 的值自增到 3 时，执行 break 语句，整个 for 循环终止，跳到循环体外。而在程序段二中，当 i 的值自增到 3 时，执行 continue 语句，跳过下面的 printf()，结束本次循环，然后进行循环变量的增量（i++），之后判断循环的条件，只要 i<6 成立，就会接着执行下一次循环。两个程序段的流程如图 5-7、图 5-8 所示。

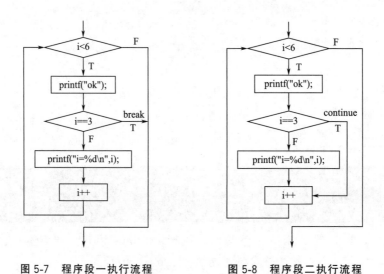

图 5-7 程序段一执行流程　　　　图 5-8 程序段二执行流程

这两个程序的运行结果分别如下。

```
ok   i=1
ok   i=2
ok
```

```
ok   i=1
ok   i=2
ok   ok   i=4
ok   i=5
```

5.7　循环结构程序设计举例

【例 5-9】　编写程序，利用公式 $\frac{\pi}{4}=1-\frac{1}{3}+\frac{1}{5}-\frac{1}{7}+\cdots$ 求 π 的值，直到某一项的绝

对值小于 10^{-6} 为止。

分析：这也是一个累加求和问题，可以用循环结构来实现。需要考虑各项分子、分母以及符号的变化。循环的条件是某一项的绝对值大于等于 10^{-6}，在 C 语言中，专门提供了求一个实数绝对值的函数 fabs(x)，fabs(x) 函数包含在头文件 "math.h" 中。

程序编写如下：

```
#include<math.h>
#include<stdio.h>
int main(void)
{
    int s;           //s表示分子
    float n,t,pi;    //n表示分母,t为每个被加的项,pi为累加和
    t=1,pi=0;n=1.0;s=1;
    while(fabs(t)>=1e-6)      //循环的条件
    {
        pi=pi+t;   //累加
        n=n+2;     //更新分母
        s=-s;      //更新分子
        t=s/n;     //更新被加的项
    }
    pi=pi*4;
    printf("pi=%f\n",pi);
    return 0;
}
```

程序的运行结果如下。

pi=3.141594

【例 5-10】　从键盘上输入一个大于 1 的正整数，判断其是否为素数。所谓素数，是指只能被 1 及其本身整除的数。

分析：素数是只能被 1 及其本身整除的数，因此，要判断某个数是否为素数，可用 2～（n−1）之间的每一个数去整除 n，如果 n 能被其中任何一个数整除，则 n 肯定不是素数，不必再判断是否能被后面的其他数整除，可以提前结束循环。相反，若 n 不能被 2～（n−1）之间的任何一个数整除，则 n 就是素数。

本例的执行流程如图 5-9 所示。根据流程图可以写出下面的程序：

```
#include<stdio.h>
```

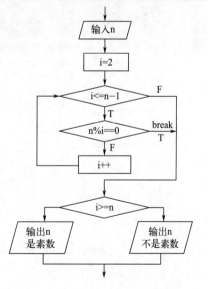

图 5-9　【例 5-10】程序执行流程

```
int main(void)
{
    int i,n;
    printf("请输入一个大于1的正整数:\n");
    scanf("%d",&n);
    for(i=2;i<=n-1;i++)
        if(n%i==0)
            break;
    if(i>=n)
        printf("%d 是素数\n",n);
    else
        printf("%d 不是素数\n",n);
    return 0;
}
```

程序的运行结果如下。

```
请输入一个大于1的正整数:
43
43 是素数
```

```
请输入一个大于1的正整数:
56
56 不是素数
```

说　明

① 由于程序中的 for 循环含有 break 语句，使得 for 循环存在两个结束出口。一个出口是循环条件"i<=n-1"不成立时结束循环，说明 n 不能被 2~(n-1) 之间的任何数整除，即 n 是素数；另一个出口是用 break 语句提前结束循环，此时循环体中 if 语句给出的条件"n% i==0"成立，说明 i 是 n 的因子，即 n 不可能是素数，无须再做后续的循环。因此，在 for 循环结束后，可根据 i 与 n 的关系来确定是哪种情况，以判断 n 是否为素数。

② 该程序在 n 为素数时循环要执行 n-2 次，其实在判断 n 是否为素数时，只需判断 n 能否被 $2 \sim \sqrt{n}$ 之间的数整除即可，因为任何一个整数都可分解成两个整数相乘的形式，即 n=i*j，分析可知，i 和 j 中必有一个介于 $1 \sim \sqrt{n}$ 之间。这样做可以减少循环的次数，提高程序的执行效率。

改进后的程序如下：

```
#include<stdio.h>
#include<math.h>
int main(void)
{
    int i,n,k;
    printf("请输入一个大于1的正整数:\n");
    scanf("%d",&n);
    k=sqrt(n);
    for(i=2;i<=k;i++)
```

```
        if(n%i==0)
            break;
    if(i>k)
        printf("%d 是素数\n",n);
    else
        printf("%d 不是素数\n",n);
    return 0;
}
```

程序中，变量 k 为 n 的平方根，和 i 一起控制循环。需要注意的是，算术平方根函数 sqrt() 是 C 语言的库函数，使用时必须在程序的开头加上预处理命令 "#include <math.h>"。

从素数算法看工匠精神

在素数算法的实现过程中，通过对循环条件的不断改进，提高程序的执行效率，体现了精益求精的工匠精神。这种精神不仅要求我们在技术上追求卓越，更要求我们在态度上保持严谨和专注。无论面对多大的困难和挑战，都要以坚定的信念和不懈的努力去克服。

习近平总书记对我国技能选手在第 45 届世界技能大赛取得佳绩作出重要指示，强调要在全社会弘扬精益求精的工匠精神，激励广大青年走技能成才、技能报国之路。青年是工匠精神的继承者与发扬者，工匠精神只有在青年心中筑牢根基，才能不断在全面建设社会主义现代化国家的新征程上生根发芽，在实现中华民族伟大复兴的道路中绽放绚丽之花。

当前，我国技术型人才存在很大的缺口，广大青年要积极学习职业知识技能，以大国工匠为人生目标，才能将自身理想与社会需要结合到一起，在实现社会价值的过程中实现自身价值。

【例 5-11】 输出 $100\sim200$ 之间所有的素数。

分析：只需要在【例 5-10】的基础上增加一个外循环，依次对 $100\sim200$ 之间的全部整数一一进行判定即可，也就是用一个嵌套的 for 循环即可处理。

编写程序如下：

```
#include<stdio.h>
#include<math.h>
int main(void)
{
    int i,n,k,m=0;          //用 m 统计素数的个数
    for(n=100;n<=200;n++)   //对 100~ 200 之间的每一个数进行判断
    {
        k=sqrt(n);
        for(i=2;i<=k;i++)
            if(n%i==0)      //如果 n 被 i 整除,终止内循环,此时 i≤k
                break;
        if(i>k)             //若 i> k,表示 n 未曾被整除
        {
            printf("%4d",n); //n 为素数,输出
            m++;            //m 计数
        }
```

```
            if(m%10==0)      //m 累计到 10 的倍数,则换行,即每行打印 10 个
                printf("\n");
        }
        return 0;
    }
```

程序的运行结果如下。

```
101 103 107 109 113 127 131 137 139 149
151 157 163 167 173 179 181 191 193 197
```

陈景润与哥德巴赫猜想

在素数问题中,最有名的莫过于哥德巴赫猜想,它被称为世界近代三大数学难题之一。

1742 年,哥德巴赫写信给大数学家欧拉,正式提出了以下的猜想:任何一个大于 6 的偶数都可以表示成两个素数之和。任何一个大于 9 的奇数都可以表示成三个素数之和。这就是哥德巴赫猜想。

世界各国的数学家对哥德巴赫猜想进行了不断地研究和证明,也取得了一些成果,1966 年,我国数学家陈景润发表论文,证明了任何充分大的偶数都是一个素数与一个自然数之和,而后者可表示为两个素数的乘积,俗称"1 + 2",也称为"陈氏定理","陈氏定理"将 200 多年来人们未能解决的哥德巴赫猜想的证明大大推进了一步。

陈景润对哥德巴赫猜想的研究,展现了他对数学的深厚热爱和不懈追求。他深知这一猜想的难度,但从未退缩,而是选择了迎难而上,以坚定的信念和顽强的毅力投入到这场旷日持久的数学战役中。无论是在学习、工作还是生活中,我们都会遇到各种各样的困难和挑战。只有保持坚定的信念和不懈的努力,才能够克服困难、实现自己的价值。

习　题

一、填空题

1. C 语言的 3 种循环语句分别是 _____ 语句、_____ 语句和 _____ 语句。

2. C 语言中,至少执行一次循环体的循环语句是 _____。

3. 若输入字符串: abcde<回车>,则以下 while 循环体将执行 _____ 次。

```
while ((ch=getchar())=='e')
    printf("*");
```

4. 循环 for(x=0; x!=123;) scanf("%d", &x); 在输入 _____ 时循环终止。

5. 设定义 int k=1, n=263;执行下面程序段后,k 的值是 _____。

```
do
{
    k*=n%10;
```

```
    n/=10;
}while(n);
```

二、选择题

1. 以下程序的执行结果是（　　　）。

```
int main(void)
{   int n=9;
    while(n>6)
    {
        n--;
        printf("%d",n);
    }
    return 0;
}
```

（A）987　　　（B）876　　　　（C）8765　　　　（D）9876

2. 以下程序段，while 循环执行的次数是（　　　）。

```
int k=0;
while(k=1)
  k++;
```

（A）无限次　　（B）有语法错　　（C）一次也不执行　　（D）执行 1 次

3. 当执行以下程序时，（　　　）。

```
int a=-1;
do
{
    a=a*a;
}while(!a);
```

（A）循环体将执行 1 次　　　　　（B）循环体将执行 2 次

（C）循环体将执行无限次　　　　（D）系统将提示有语法错误

4. 以下叙述正确的是（　　　）。

（A）do-while 语句构成的循环不能用其他语句构成的循环来代替

（B）do-while 语句构成的循环只能用 break 语句退出

（C）用 do-while 语句构成的循环，在 while 后的表达式为非零时结束循环

（D）用 do-while 语句构成的循环，在 while 后的表达式为零时结束循环

5. 以下程序的执行结果是（　　　）。

```
int main(void)
{   int x=23;
    do
    {
        printf("%d",x--);
    }while(!x);
```

```
        return 0;
    }
```

（A）321　　　（B）23　　　　　（C）不输出任何内容　　（D）陷入死循环

6. 以下循环体的执行次数是（　　　）。

```
int main(void)
{   int i,j;
    for(i＝0,j＝1;i<＝j+1;i+＝2,j——)
        printf("%d\n",i);
    return 0;
}
```

（A）3　　　　　（B）2　　　　　（C）1　　　　　（D）0

7. 下列程序的输出结果是（　　　）。

```
int main(void)
{   int i,sum;
    for(i＝1;i<＝3;sum++)
        sum+＝i;
    printf("%d\n",sum);
    return 0;
}
```

（A）6　　　　　（B）3　　　　　（C）死循环　　　（D）0

8. 以下程序执行后 sum 的值是（　　　）。

```
int main(void)
{   int i,sum;
    for(i＝1;i<6;i++)
        sum+＝i;
    printf("%d\n",sum);
    return 0;
}
```

（A）15　　　　（B）14　　　　（C）不确定　　　（D）0

9. 下列语句中，能正确输出 26 个英文字母的是（　　　）。

```
(A)for(a＝'a';a<='z';printf("%c",++a));
(B)for(a＝'a';a<='z';) printf("%c",a);
(C)for(a＝'a';a<='z';printf("%c",a++));
(D)for(a＝'a';a<='z';printf("%c",a));
```

10. 对于下面的 for 循环语句，可以断定它执行（　　　）次循环。

```
for(x＝0,y＝0;(y!＝67)&&(x<5);x++)
    printf("*");
```

（A）无限　　　（B）不定　　　（C）5次　　　　（D）4次

11. 在执行以下程序时，如果从键盘上输入 ABCdef，则输出结果为（　　　）。

```
#include<stdio.h>
int main(void)
{   char ch;
    while((ch=getchar())!='\n')
    {   if(ch>='A' && ch<='Z') ch=ch+32;
        else if(ch>='a' && ch<='z') ch=ch-32;
        printf("%c",ch);
    }
    printf("\n");
    return 0;
}
```

（A） ABCdef   （B） abcDEF   （C） abc   （D） DEF

三、程序填空

1. 下列程序是求 $1+\dfrac{1}{2}+\dfrac{1}{4}+\cdots+\dfrac{1}{50}$ 的值，请填空。

```
#include<stdio.h>
int main(void)
{   int i=2;   float sum=1;
    while(      【1】      )
    {
        sum=sum+1.0/i;
             【2】       ;
    }
    printf("sum=%f\n",      【3】      );
    return 0;
}
```

2. 以下程序的功能是从键盘输入若干个学生的成绩，统计最高成绩和最低成绩，当输入为负数时，结束输入。请填空。

```
int main(void)
{   float x,max,min;
    scanf("%f",&x);
    max=min=      【1】      ;
    do {   if(x>max)    max=x;
           if(x<min)      【2】      ;
           scanf("%f",&x);
       } while(      【3】      );
    printf("%f,%f",max,min);
    return 0;
}
```

3. 下面的程序是输入一批以 −1 结束的整数，求偶数之和。请在程序的空白处填写合适的内容。

```
int main(void)
{
```

```
    int x, sum=0;
    scanf("%d",&x);
        【1】
    {
        if( 【2】 )    sum=sum+x;
        【3】 ;
    }
    printf("sum=%d",sum);
    return 0;
}
```

四、写出下列程序的运行结果

1.
```
int main(void)
{
    int x=0,y=5,z=3;
    while(z---->0 &&++x<5)
      y=y-1;
    printf("%d,%d,%d\n",x,y,z);
    return 0;
}
```

2.
```
int main(void)
{   int x=1,y=1;
    while(y<=5)
    {   if(x>=10) break;
        if(x%2==0)
        {   x+=5;   continue;   }
        x-=3;   y++;
    }
    printf("%d,%d",x,y);
    return 0;
}
```

3.
```
int main(void)
{   int a=0,i;
    for(i=1;i<5;i++)
    {
        switch(i)
        {   case 0: case 3: a+=2;
            case 1: case 2: a+=3;
            default:a+=5;
        }
    }
    printf("%d\n",a);
    return 0;
}
```

五、编程题

1. 求 1~20 之间所有奇数的乘积。

2. 编写程序，连续输入若干个数，统计其中正数的个数。

3. 某人的月工资为 1600 元，若每年增长工资的 3%，编写程序，求 5 年后此人的月工资是多少？

4. 编写程序，计算如下公式的值，其中的 m 从键盘上随机输入。

$y= 1+ \dfrac{1}{2\times 2}+ \dfrac{1}{3\times 3}+ \dfrac{1}{4\times 4}+ \cdots + \dfrac{1}{m\times m}$。例如，若 m 的值为 5，则应输出 1.463611。

5. 编写程序，从键盘输入整数 n，将 n 各位上为偶数的数取出，并按原来从高位到低位相反的顺序组成一个新数，并输出。例如，输入一个整数 27638496，输出 64862。

6. 编写程序，输出如下平行四边形图案。

```
    *******
   *******
  *******
 *******
```

参考
答案

单元五

【学习笔记】

循环结构程序设计

一、实验目标

（1）熟练掌握用 while 语句、do-while 语句、for 语句实现循环的方法。

（2）了解 break 语句和 continue 语句的使用。

（3）理解循环嵌套的概念和应用。

（4）掌握利用循环语句解决实际问题的方法。

二、实验准备

（1）复习 while 语句、do-while 语句和 for 语句的格式、功能及执行过程。

（2）复习循环嵌套的概念和相关说明。

（3）复习 break 语句和 continue 语句的功能和应用。

三、实验内容

1. 编写程序，求 1~100 之间的奇数和偶数之和，并加以输出。

编程要点：

(1) 注意循环的条件以及程序的执行流程。

(2) 对于满足循环条件的数，则需要判断其奇偶性。建议先画出流程图，后编写程序。

(3) 程序将产生如下图所示的输出结果。

```
奇数之和sum1=2500,偶数之和sum2=2550
```

2. 编写程序，求出 1000 之内能够被 2、3、7 整除的整数，请输出这些数及其个数。

编程要点：

（1）需要定义一个变量来对满足条件的数进行计数。

（2）注意循环的条件和程序的执行流程。

（3）对于满足循环条件的数，需要判断其能否被 2、3、7 整除，如果可以，则输出该数，并且要使个数加 1。建议先画流程图再编写程序。

（4）程序将产生如下图所示的输出结果。

```
以下数据能被2、3、7整除：
42        84        126       168       210       252       294       336       378       420
462       504       546       588       630       672       714       756       798       840
882       924       966
共有23个
```

3. 在某一黑夜一司机撞伤行人之后落荒而逃，经过警察的调查，有三个目击者。

甲说："车牌号的前两位相同。"

乙说："车牌号的后两位加起来等于 6。"

丙说："车牌号是一个四位数，并且能被 2 整除。"

如果你是神探，你能找到这辆车吗？

编程要点：

（1）四位数的车牌号码，认为其范围是 1000～9999，需要正确分离车牌号码的个位、十位、百位、千位。

（2）注意循环的条件和程序的执行流程。正确使用关系运算符和逻辑运算符，书写 if 语句中判断的条件。

（3）满足条件的车牌号码如下图所示。

```
1106      1124      1142      1160      2206      2224      2242      2260      3306      3324
3342      3360      4406      4424      4442      4460      5506      5524      5542      5560
6606      6624      6642      6660      7706      7724      7742      7760      8806      8824
8842      8860      9906      9924      9942      9960
```

4. 工厂里有一堆零件（100～200 之间），如果分成 4 个零件一组，则多 2 个零件；如果分成 7 个零件一组，则多 3 个零件；如果分成 9 个零件一组，则多 5 个零件。检品员要统计零件的总个数，应如何用 C 语言来帮助实现呢？

编程要点：

（1）注意循环的条件和程序的执行流程。正确使用关系运算符和逻辑运算符，书写 if 语句中判断的条件。

（2）程序将产生如图所示的运行结果。

零件个数为:122

5. 使用双层循环打印输出以下的菱形图案。

编程要点：

（1）用嵌套的 for 语句来实现。

（2）定义两个整型变量 i、j 分别用来控制行数和列数。

四、常见问题分析

循环结构程序设计中的常见问题如表 5-1 所示。

表 5-1　循环结构程序设计中的常见问题

错误实例	错误分析

for(n=1,s=0;n<=100)
{　s+=n;
　　n++;
}
	省略了表达式 3，但是表达式 3 和表达式 2 之间的分号不能省

n=1；s=0；
do { s+=n;
　　n++;
　}while(n<=100)
	do-while 语句的 while 后面缺少分号

for(n=1,s=0;n<=100;);
{　　s+=n;
　　n++;
}
	在 for 语句的右括号后面多了一个分号，导致循环体是一个空语句

for(n=1,s=0;n<=100;)
　　s+=n;
　　n++;
	当循环体超过一条语句时，应当加上花括号以构成复合语句

int n;
for(n=1;n<=10;n++)
　for(n=1;n<=100;n++)
　　……
	嵌套的循环中，内层循环的循环变量和外层循环的循环变量不能同名

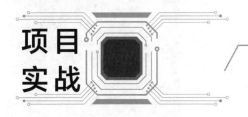

项目实战

简易计算器程序设计

一、项目描述

本项目要设计一个简易的计算器，能够完成整型数据和实型数据的四则运算。通过本项目的学习，进一步理解和掌握相关的理论知识，具备基本的编程技巧，初步掌握利用 C 语言进行程序设计的基本方法和步骤。

二、系统功能分析

本项目中的简易计算器，只需要能够对整型数据和实型数据进行四则运算即可，功能比较简单。为了方便用户使用，需要设计一个系统主菜单，给出加、减、乘、除和退出 5 个选项，如图 1 所示。

当用户输入某一个选项时（除退出以外），系统提示输入运算数，并输出计算结果。在一次运算结束之后，系统出现一行提示，"是（Y/y）否（N/n）继续？"，如图 2 所示。

按下 Y 或者 y，则再次出现如图 1 所示的主菜单，可继续进行运算，输入"N"或者"n"则退出程序，如图 3 所示。

图 1　系统主菜单

图 2　执行过程

图 3　选择 N/n 退出程序

在主菜单中，若用户输入的是 0～4 之外的选择，系统会提示输入错误，如图 4 所示。

另外，为了使用方便，系统主菜单中给出了"退出"选项，从主菜单中选择这一选项也能结束程序的执行。

三、知识要点

该项目中所涉及的理论知识主要有 C 语言的数据类型、运算符与表达式、输入/输出函数、选择结构以及循环结构的程序设计，这些理论知识已在本篇各单元中进行了讲解。

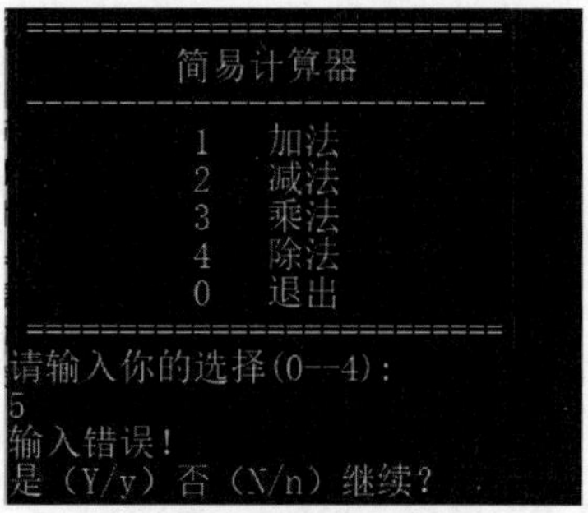

图 4　输入错误

四、具体实现

1. 变量定义

根据项目的功能描述，简易计算器程序中需要定义 4 个变量：

① 变量 x 和 y 用来存放参与运算的两个运算数，数据类型为实型（float）。

② 变量 choose 用于存放菜单选项，因为菜单选项为 0～4 之间的整数，故数据类型用 int 型。

③ 变量 yes _ no 用于存放是否继续的选择，输入 "Y" 或者 "y" 可继续进行运算，输入 "N" 或者 "n" 则退出程序，故将 yes _ no 定义为 char 型变量。

因篇幅限制，将变量定义部分记作程序段 A。程序段 A 如下：

```
float x,y;          //存放参与运算的两个运算数
int choose;         //存放菜单选择项
char yes_no;        //存放是否继续的应答
```

2. 主菜单的设计

菜单是一种特殊的用户界面，用户通过使用菜单可以很方便地选择应用系统的各种功能，控制各种功能模块的运行。简易计算器项目的主菜单利用 C 语言提供的标准输出函数 printf() 即可实现。可以在 printf() 函数中使用一些符号实现边框的拼接，使主界面美观、整齐。这部分代码记作程序段 B。程序段 B 如下：

```
system("cls");          //清屏
printf("|===============|\n");
printf("|      简易计算器      |\n");
printf("|---------------------- |\n");
printf("|      1   加法      |\n");
printf("|      2   减法      |\n");
printf("|      3   乘法      |\n");
printf("|      4   除法      |\n");
printf("|      0   退出      |\n");
printf("|===============|\n");
```

3. 变量的输入

利用 C 语言提供的格式输入函数 scanf() 可以实现数据的输入，scanf() 函数接收整型的菜单选择项 choose，若输入的 choose 满足：1≤choose≤4，则需要输入两个浮点型的运算数，这部分功能可用单分支 if 语句来实现，记作程序段 C。程序段 C 如下：

```
printf("请输入你的选择(0-4):\n");
scanf("%d",&choose);
if(choose>=1&&choose<=4)
{
```

```
        printf("请输入两个运算数:\n");
        scanf("%f%f",&x,&y);
    }
```

4. 菜单的选择执行设计

在简易计算器项目中,要对用户输入的不同选择 choose 执行相应的运算,并输出运算结果,这是多分支选择结构,用 if 语句或 switch 语句都可以解决问题。但事实上,在菜单的选择这类问题中,if 语句判断层数较多,相对烦琐,用 switch 语句更加简洁明了。

本项目中涉及的运算符"+""一""＊""/"在单元二中都已进行了介绍,要注意当运算类型为除法时,应当判断输入的除数(即 y)是否为 0,如果除数为 0,则输出错误信息,并结束本次运算。

程序段 D 如下:

```
switch(choose)
{
    case 1:  printf("%f＋%f＝%f\n",x,y,x＋y);
             break;
    case 2:  printf("%f－%f＝%f\n",x,y,x－y);
             break;
    case 3:  printf("%f *%f＝%f\n",x,y,x *y);
             break;
    case 4:  if(y＝＝0)
                 printf("除数不能为 0!\n");
             else
                 printf("%f /%f＝%f\n",x,y,x/y);
             break;
    case 0:exit(0);
    default:printf("输入错误! \n");
}
```

在本程序段中,调用了一个库函数 exit(),用于终止程序的执行,退回到操作系统,并把传递给它的参数作为返回值传递给操作系统,通常把这个返回值称为程序的退出状态(exit status),根据惯例,退出状态 0 表示程序正常地终止,而非 0 的退出状态则表示为异常或不正常的终止状况。函数 exit()的原型声明在头文件 stdlib. h 中。

5. 菜单的循环执行设计

本项目中,在一次运算结束之后,不退出程序,而是出现一行提示:"是(Y/y)否(N/n)继续?",输入"Y"或者"y",可回到主菜单,并继续进行运算;输入"N"或者"n"则退出程序。可利用循环结构实现项目主菜单的重复执行。本书 5.4 节介绍了如何根据实际问题选择合适的循环语句,在本项目中,先执行一次运算,然后再进行判断是否要继续,显然用 do-while 语句更为合适。

综合以上分析,可将简易计算器程序表示成如下形式:

```
#include<stdio. h>
int main(void)
{
    程序段 A
```

```
    do
    {
        程序段 B
        程序段 C
        程序段 D
        printf("是(Y/y)否(N/n)继续?");
        getchar();        //用于消除上次输入时的回车符
        yes_no＝getchar();
    }while(yes_no＝＝'y'||yes_no＝＝'Y');
    return 0;
}
```

程序中的"程序段 A"和"程序段 B"等在输入源程序时要用相应的代码替换。

五、要点总结

在一些管理系统中，为了方便用户使用，往往需要设计一个主菜单供用户选择相应的功能模块，用 switch 语句可以很方便地实现菜单的选择执行，结构简洁清晰。若要实现菜单的重复执行，则需要使用循环结构，在本项目中，需要先执行一次运算，然后再进行判断是否要继续，选用 do-while 语句更为合适。另外，在编写循环结构的程序时，循环的条件要全面考虑。例如，用户在输入是否继续的应答时，可能输入大写字母 Y，也可能输入小写字母 y，两种情况都要考虑到。因此，循环的条件用逻辑表达式"yes _ no＝＝'y'‖ yes_no＝＝'Y'"来表示。

项目实战一

第 2 篇

提 高 篇

本篇介绍 C 语言中函数、数组和指针相关的知识内容及其基本应用方式。为了强化知识的应用能力，将在项目实战环节设计一个简易学生成绩管理系统。

通过本篇的学习，读者应该掌握一个完整的 C 程序基本框架结构，树立起模块化编程概念，能初步运用自顶向下、分而治之的方法编写 C 语言程序，能解决日常生活中类似于简易学生成绩管理系统这样的一些简单的实际问题。

单元六　函数

单元七　数组

单元八　指针

【项目实战】简易学生成绩管理系统设计

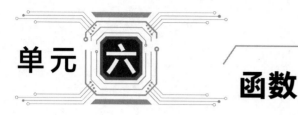

单元 六 函数

知识目标

（1）了解函数的含义和分类。
（2）掌握函数的定义、声明和调用方法。
（3）理解变量的作用域和生存期。
（4）掌握编译预处理命令的使用方法。

能力目标

（1）能够设计和编写自定义函数。
（2）能够正确完成函数调用并分析判断函数的执行过程。
（3）能够编写递归函数解决复杂问题。
（4）能够规范使用编译预处理命令。
（5）能够用模块化的方法编写程序。

素质目标

（1）从函数的定义和调用中体会分工与协作，培养工作效率意识和团队协作意识。
（2）培养求解复杂问题时分而治之的策略和思想。

单元导读

　　程序员在设计一个复杂的应用程序时，往往要把整个程序划分成若干个功能较为单一的程序模块，然后分别予以实现，最后再把所有的程序模块像搭积木一样装配起来，这种在程序设计中分而治之的策略，被称为模块化程序设计方法，而函数是实现模块化程序设计的重要工具。

6.1　函数概述

　　函数是 C 语言程序设计思想的核心，也是 C 程序的构成模块。一个完整的 C 程序是由若干函数组成的，从本质上说，C 程序就是函数的集合，因此，C 语言也被称为函数式语言。

6.1.1　函数的含义

　　函数（function）是一段被命名的、独立的 C 语言代码，它执行特定的任务，并且可能与调用它的程序之间发生数据传递。

　　一个 C 程序必须有且只能有一个主函数，不论主函数在整个程序中的位置如何，C 程序总是从主函数开始执行，最后在主函数中结束，其他函数通过调用得以执行。

　　使用函数有许多优点：

　　① 可以将程序中需要多次执行的某种特定功能编写成一个函数，在程序中需要执行该功能之处调用此函数，这样可以省略重复代码的编写，既提高了编程的工作效率，又减少了程序占用的存储空间；

　　② 用函数方式实现的功能代码，易于实现在不同程序之间的复用，甚至可以将一些功能较为通用的函数封装成库，提供给其他程序调用，极大地减少了重复劳动；

　　③ 使用函数可以把一个较大的复杂任务分解成若干较小的简单任务，这样将有利于程序结构的规划和程序文件的组织，从而使整个程序结构更加清晰，提高了程序的可读性，并降低了程序开发的难度。

6.1.2　函数的分类

　　可以从以下几个不同的角度对 C 语言中的函数进行分类。

　　（1）根据函数的创建方式进行分类

　　函数可分为库函数和用户自定义函数两种。

　　① 库函数　库函数是由编译系统提供的，用户不用定义，只要在源文件中包含库函数对应的头文件，即可在程序中直接调用库函数。例如，包含在 "stdio. h" 头文件中的 printf()、scanf()、getchar()、putchar() 等；包含在 "math. h" 头文件中的 pow()、sqrt() 等。

　　② 用户自定义函数　用户根据需要，编写相应的函数以实现某个功能。

　　（2）根据函数有无返回值进行分类

　　函数可分为有返回值函数和无返回值函数两种。

　　① 有返回值函数　此类函数被调用执行完后将向调用它的函数返回一个数值（通常为函数执行的结果），这个值被称为该函数的返回值（return value）。

　　② 无返回值函数　此类函数用于完成某项特定的处理任务，执行完毕后，不需要向调用它的函数返回执行结果。

　　（3）根据函数有无参数进行分类

　　函数可分为无参函数和有参函数两种。

① 有参函数 此类函数在被调用时，需要接收调用它的函数通过参数传递给它的数据。

② 无参函数 此类函数在被调用时，不需要调用它的函数通过参数给它传递数据。

6.2 函数的定义和调用

微课

函数的定义
和调用

6.2.1 函数定义

函数定义是描述函数做什么的 C 程序代码，通常由函数头和函数体两大部分组成，其一般形式为：

```
返回值类型 函数名(参数列表)
{
    说明部分
    执行部分
}
```

【例 6-1】 定义一个函数，在屏幕上显示一个如下的信息。

```
***************************
欢迎使用学生成绩管理系统
***************************
```

源程序如下：

```
void Welcome(void)
{
    printf("\t\t *********************** \n");     //输出一行符号*
    printf("\t\t 欢迎使用学生成绩管理系统 \n");      //输出标语
    printf("\t\t *********************** \n");     //输出一行符号*
}
```

本例定义的 Welcome(void) 是无参函数，它的功能是在屏幕上输出信息，无返回值。

【例 6-2】 编写一个函数，根据传递给它的圆的半径数值，计算出圆的面积。

源程序如下：

```
#define PI 3.1415926
double Area(double r)
{
    return (PI*r*r);             //计算并返回圆的面积
}
```

本例中函数 Area() 是有参函数，对传递给它的半径 r，求圆的面积并带回到主调函数中。

（1）函数首部

函数定义的第一行是函数首部，函数首部由返回值类型或函数类型、函数名和参数列表三部分组成。

① 函数的返回值类型 函数的返回值类型是函数返回给调用者的返回值的数据类型，

也被称为函数类型。如果函数没有返回值，则定义为 void 型。返回值类型可以省略，若省略返回值类型，则默认为 int 型。

② 函数名　函数名必须遵循标识符的命名规则。在实际应用中，给函数命名应尽量做到"见名知义"，以提高程序的可读性。

③ 参数列表　包含在函数名后面的圆括号中的是函数的参数列表，参数的个数可以是 0 个或若干个。参数列表描述了函数所需要的输入参数的类型和顺序。有 0 个参数的函数，也被称为无参函数。

（2）函数体

函数体被包括在一对花括号"｛｝"内，它包含了一个函数所要执行的所有语句，是函数内容的实体。

函数体内的语句可以分为两部分：说明部分和执行部分。说明部分主要有变量定义或声明、函数声明等；执行部分则是要执行的具体操作语句，可以是赋值语句、表达式语句、函数调用语句、流程控制语句等各种类型的语句。通常将说明部分放在执行部分之前。

6.2.2 函数调用

微课

函数综合应用
(判断回文数)

函数调用是对函数的使用。除了主函数 main() 以外，只有当某个函数被程序的其他部分调用后，该函数中的语句才会被执行。

函数调用的一般形式为：

函数名(实参列表);

（1）主调函数和被调函数

当一个函数被其他函数调用时，该函数被称为被调函数，调用它的函数则被称为主调函数。显然，主函数 main() 只能是主调函数，其他函数既可以是主调函数，也可以是被调函数。

【例 6-3】　编写程序，通过调用【例 6-2】中的函数 Area() 来计算圆环的面积。

分析：由于圆环是通过在一个大圆中间挖去一个小圆形成的，因此，只要分别计算出大圆和小圆的面积，然后相减，就可以得到圆环的面积。

源程序如下：

```c
#include<stdio.h>
#define PI 3.1415926
double Area(double r);    //函数声明
int main(void)
{
    double r1, r2, area;              //变量定义
    printf("请输入圆环的外圆半径:\n");
    scanf("%lf", &r1);
    printf("请输入圆环的内圆半径:\n");
    scanf("%lf", &r2);
    area＝Area(r1)－Area(r2);      //函数调用
    printf("圆环的面积是%lf\n", area);
    return 0;
}
```

第2篇

```
double Area(double r)//函数定义
{
    return (PI*r*r);
}
```

在上面的程序中，主函数中首先调用了库函数 printf() 和 scanf() 来提示用户输入相应的数据和保存用户输入的数据，之后调用函数 Area() 计算出圆环面积，最后调用 printf() 输出结果。此例中，只有 main() 函数是主调函数，其他函数都是被调函数。

（2）函数调用的形式

函数有以下三种调用形式。

① 把函数调用作为一个语句，这种方式通常只完成一种操作，不带回返回值。例如：

```
Welcome();
```

② 函数调用出现在一个表达式中，要求有返回值以参加表达式的运算。例如：

```
area＝Area(r1)－Area(r2);
```

③ 函数调用的结果进一步作为其他函数的实参，这种情况也需要有返回值。例如：

```
printf("圆的面积是%lf\n", Area(r));
```

（3）函数的参数

为了在函数调用时进行函数之间的数据传递，必须使用参数。

在定义一个带参数的函数时，应该在函数头的参数列表中说明一组用于接收数据的参数，被称为"形式参数"，简称"形参"。在函数定义的时候，形参的值是不确定的。

在调用一个带参数的函数时，函数名后面的圆括号中列出的参数，被称为"实际参数"，简称"实参"。实参必须是一个确定的值，以便将该数值传递给相应的形参。

在上面的【例 6-3】中，函数 Area() 定义时的参数 r 就是形参，而 main() 函数中两次调用函数 Area() 时的实参分别是已经被赋值过的 r1 和 r2，调用时将实参 r1 和 r2 的值赋给形参 r。

形参和实参的功能是数据传递，在使用过程中必须注意：

① 形参变量只有在函数被调用时才会分配内存，调用结束后，立刻释放内存。

② 实参可以是常量、变量、表达式、函数返回值等，无论实参是何种形式，在进行函数调用时，都必须有确定的值，以便把这些值传送给形参。

③ 实参和形参必须数量相等、顺序相同、数据类型相同或赋值兼容。

（4）函数的返回值和 return 语句

return 语句一般形式为：

```
return 表达式;    或    return(表达式);
```

其功能是从被调函数返回到主调函数，同时，将该表达式的值作为返回值带回到主调函数中去。若 return 的后面没有表达式，则只是将流程返回到主调函数，不带回返回值。

允许一个函数中有多条 return 语句，但每次调用只能有一个 return 语句被执行，只能返回一个函数值。

【例 6-4】 编写一个函数，根据传递给它的两个整数的值，求出较大的那个整数。
源程序如下：

```
int Max(int x, int y)
{
    if(x>y)      return x;
    else         return y;
}
```

（5）函数调用的过程

当程序执行到函数调用时，意味着程序控制流程会发生跳转，先从主调函数跳转到被调函数，当被调函数执行完毕时，又返回到主调函数中。

图 6-1 说明了【例 6-3】中主函数 main() 分别调用 printf()、scanf() 和 Area() 函数的过程。每当函数被调用时，程序的执行就跳转到被调函数的起始位置；被调函数执行完毕后，程序的执行又跳转回主调函数中相应的位置。

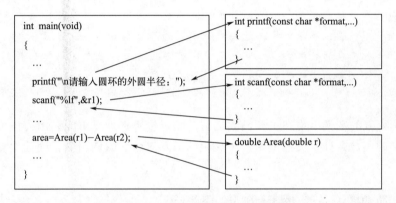

图 6-1　函数的调用过程中的程序跳转

函数——分工与协作

在 C 语言中，函数用于完成特定的任务，每个函数都有自己的职责——有的负责计算数值，有的用于处理输入、输出，还有的负责条件判断。通过将复杂的任务分解为一个个独立的函数，不仅能够减少重复劳动，还能让代码更加简洁、易于维护。函数通过相互调用来完成复杂的工作，比如，main() 函数作为程序的入口，会调用其他子函数来实现具体的功能。

这个过程正如团队中的分工协作，每个人都承担着不同的职责，只有当每个成员都认真完成自己的任务，整个团队才能运转良好。一个成功的团队不是由一个人单打独斗，而是每个人发挥自己的优势，彼此合作，相互支持，共同为团队的发展和目标的达成贡献力量！

6.2.3　函数声明

和变量一样，函数也应该先定义（或声明），后使用。

在【例 6-3】中，在主函数 main() 中调用了函数 Area()，而函数 Area() 的定义写在了主函数 main() 之后，这种情况必须在函数调用之前，先对被调

微课

函数综合应用
（求解钢材切割
的最佳订单）

函数进行声明，以便将函数的返回值类型、名称以及参数的个数、类型等信息告知编译器。函数声明也被称为函数原型。

函数声明的格式如下：

```
返回值类型 函数名(参数列表);
```

可以看出，函数声明的书写方法通常是：复制函数定义中的函数头，然后在其后加上分号";"。在书写函数声明时也可省略参数名，但是参数类型不能省。

例如，以下两种形式都是对函数 Area() 的声明：

```
double Area(double r);   或   double Area(double );
```

注 意

函数定义和函数声明是两个不同的概念，不能混淆。函数定义是对函数功能的确立，其中包含要执行的代码，而函数声明是对函数返回值和参数类型等进行说明，不包含任何执行代码；在函数定义的函数头中必须包含参数名，而在函数声明中，参数名是可以省略的，但参数的数据类型、个数和排列顺序必须与函数定义中的参数列表完全一致；另外，一个函数只能被定义一次，但可以被声明多次。

如果被调函数的定义出现在主调函数之前，则可以不必加以声明。因为编译系统已经先知道了已定义的函数名称，会根据函数头提供的信息对函数的调用做正确性检查。

6.3 函数的嵌套调用和递归调用

微课

函数的嵌套调用
（用截弦法求方程的根）

6.3.1 函数的嵌套调用

函数的嵌套调用是指在调用一个函数的过程中，该函数又调用了其他函数。如图 6-2 所示，C语言规定：函数之间不能嵌套定义，但可以嵌套调用。

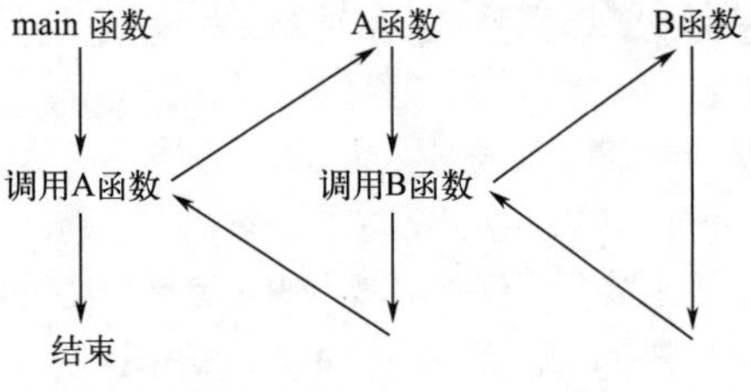

【例 6-5】 利用【例 6-4】中的函数 Max()，通过嵌套调用求四个整数中的最大值。

源程序如下：

图 6-2　函数嵌套调用示意图

```
#include<stdio.h>
int Max(int x, int y)     //Max 用于求两个整数的最大值
{
    if(x>y)     return x;
    else        return y;
}
```

```
int Max4(int x,int y,int z,int w)   //Max4用于求四个整数中的最大值
{
    int m;
    m＝Max(x,y);           //调用 Max 求 x、y 的最大值
    m＝Max(m,z);           //调用 Max 求 x、y、z 的最大值
    m＝Max(m,w);           //调用 Max 求 x、y、z、w 的最大值
    return m;
}
int main(void)
{
    int a,b,c,d,max;
    printf("请输入四个整数:\n");
    scanf("%d,%d,%d,%d",&a,&b,&c,&d);
    max＝Max4(a,b,c,d);    //调用 Max4 求 a、b、c、d 的最大值
    printf("四个数的最大值是:%d\n",max);
    return 0;
}
```

程序的运行结果如下：

```
请输入四个整数:
10,20,30,40
四个数的最大值是:40
```

【例 6-5】中有如下的函数调用关系：main()函数中调用 Max4()用于求四个整数中的最大值，而在函数 Max4()中，三次调用了函数 Max()，构成了嵌套调用。

C 语言对于函数嵌套调用的层数没有限制，但是，在程序执行时，增加嵌套调用的层数会增加程序占用的栈空间和局部动态变量的空间，对程序执行的速度也会有影响，这对于通用计算机来说，可能不是什么问题，但对于资源较紧凑、实时性要求较高的嵌入式系统来说，是不得不考虑的问题。一般情况下，函数嵌套调用的层数应该控制在 5 层之内。

6.3.2 函数的递归调用

在调用一个函数的过程中，直接或间接地调用该函数本身，称为函数的递归调用，如图 6-3 所示。在图 6-3（a）中，在 f 函数的运行过程中，又调用了 f 函数自身，称为直接递归。在图 6-3（b）中，在 f1 函数的运行过程中，调用了函数 f2，而在函数 f2 的运行过程中，又调用了函数 f1，这是间接递归。

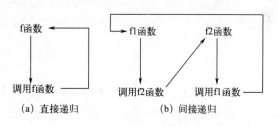

图 6-3　函数的递归调用示意图

【例 6-6】编写一个程序，使用递归的方法来计算前 n 个正整数之和。

微课

分析：假设前 n 个正整数之和表示为 $\sum n$，则 $\sum n = \begin{cases} 1 & , n = 1 \\ \sum(n-1) + n, & n > 1 \end{cases}$。

源程序如下：

函数的递归调用
（汉诺塔问题）

```
#include<stdio.h>
unsigned Sum(unsigned n)          //递归函数 Sum
{
    unsigned s;
    if(n==1)  s=1;                 //递归的终止条件
    else       s=Sum(n-1)+n;//递归关系
    return s;
}
int main(void)
{
    unsigned n, total;
    printf("请输入一个 1～300 之间的正整数:\n");
    scanf("%u", &n);
    total=Sum(n);
    printf("前%u 个正整数之和为%u\n", n, total);
    return 0;
}
```

程序的运行结果为:

```
请输入一个1～300之间的正整数:
5
前5个正整数之和为15
```

　　求 Sum(5) 的过程如图 6-4 所示。从图中可以看出，一个递归问题的求解可以分为"递"和"归"两个阶段，显而易见，如果要求递归过程不是无限制进行下去，则必须具有一个结束递归过程的终止条件。

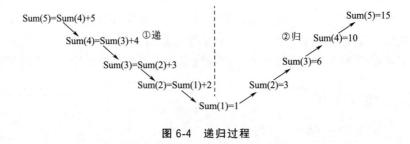

图 6-4　递归过程

　　递归方法是解决问题的一种强大的技术手段，在使用递归法编写程序时，应当注意：

　　① 首先要找出递归关系，确定递归的终止条件，之后才能写出递归函数。

　　② C 编译器对递归函数的自调用次数没有限制，但每调用一次，需要在内存的栈区分配相应的空间，用于存放变量、返回值等信息，所以递归次数过多，可能引起栈溢出。

　　③ 可以使用循环结构来代替递归，【例 6-6】中的函数 Sum() 就可以改写为如下形式：

```
unsigned Sum(unsigned n)
{
    unsigned s=0;
    while(n)
    {
        s+=n;
```

```
        --n;
    }
    return s;
}
```

程序设计技巧——递归与循环

【例6-6】可用递归和循环两种方法求解。在使用递归时，主函数 main（）把正整数 n 的值传递给递归函数 Sum（）， Sum（）中的递归调用将一层一层地嵌套调用该函数自身；而使用循环结构就不存在这样的嵌套调用。因此，递归调用虽然具有过程简洁、易于理解的特点，使得代码更容易编写和维护，但递归层次较多会降低程序的执行速度，还需占用更多的内存资源。所以，在实际应用中，应尽可能采用循环结构的方法，在某些程序运行效率不是那么重要，而问题又很容易表示为递归等式的场合才选用递归方法。著名的"汉诺塔"就是此类问题的典型，在本单元的实验六中就有采用递归方法来解决"汉诺塔"问题的实验题。

6.4 局部变量和全局变量

变量可被使用的范围称为变量的作用域，变量的作用域是根据其定义的位置来确定的，分为两种：局部变量和全局变量。

6.4.1 局部变量

在函数内部定义的变量是内部变量，也称为局部变量，其作用域为它所在的函数，也就是说只能在本函数内使用它们。

【例6-7】 局部变量的作用范围。

```
int f1(int x, int y)
{
    int z;                    变量 x,y,z 的
    z=x>y ? x : y;           作用域
    return(z);
}
void f2( )
{
    printf("%d\n", z);    //变量 z 超出作用范围,引用错误
}
```

在上述程序段中，变量 x，y，z 均为函数 f1 中定义的局部变量，其作用范围为其定义位置开始，到函数 f1 结束，故在函数 f2 中引用变量 z 将产生编译错误。

注 意 ● ● ● ● ● ● ●

① 主函数 main( ) 中定义的变量也是局部变量，它只能在主函数中使用，其他函数中不能使用。同样，主函数中也不能使用其他函数中定义的局部变量。

② 形参变量属于被调用函数的局部变量；实参变量则属于全局变量或主调函数中的局部变量。

③ 允许在不同的函数中使用相同的变量名，它们代表不同的对象，分配不同的单元，互不干扰，也不会发生混淆。

6.4.2　全局变量

在函数外定义的变量被称为外部变量，它的作用域为从定义变量的位置开始到它所在源文件结束之处，这种变量也被称为全局变量。

【例 6-8】 全局变量的作用域。

```
int m,n;
int f1(int a)
{
        int b,c;          局部变量 a、b、
        ......             c 的作用域
}
char c1,c2;
void f2(int x,int y)
{
        int z;            局部变量 x、y、z
        ......             的作用域
}                                              全局变量 c1、c2
int main(void)                                  的作用域
{
        int i,j;          局部变量 i、j 的
        ......             作用域
}
```

全局变量 m、n
的作用域

 注 意 ● ● ● ● ● ● ●

① 应尽量少使用全局变量。全局变量在程序执行过程中始终占用存储单元；使用全局变量会降低函数的独立性、通用性、可靠性及可移植性；也会降低程序清晰性，容易出错。

② 若全局变量与局部变量同名，则全局变量被屏蔽。虽然 C 语言允许全局变量和局部变量同名，但在实际编程中，建议不要这样做，以免造成额外的麻烦。

6.5　变量的存储方式和生存期

变量的存储类型是指系统为变量分配存储空间的方式，即变量被分配在内存中的哪个区域，它决定了变量占用存储单元的时间——变量的生存期。

根据变量的生存期的不同，可以把变量分成静态变量和动态变量。如果一个变量在程序的运行期间始终占用着分配给它的存储单元，这就是静态变量，持有静态生存期；反之，如果一个变量仅在程序运行进入它所在的代码块时才被分配存储单元，而当该代码块执行结束后，该变量所占用的存储单元就被释放，这就是动态变量，持有动态生存期。

变量的存储类型决定了变量将被分配在内存的哪个区域。C标准中列出的变量存储类型符共有四种：auto（自动变量）、register（寄存器变量）、extern（外部变量）和static（静态变量）。在变量定义时，可以在数据类型符之前使用存储类型符来说明其存储类型，因此，一个完整的变量定义格式应该如下：

```
[存储类型符] 数据类型符 变量名[=初始值];
```

（1）自动变量

C语言默认的内部变量的存储类型是auto类型，它属于动态存储类别。只有当程序的执行进程进入自动变量的作用域时，系统才会给这些变量分配存储空间，当程序的执行进程退出这些变量的作用域时，分配给它们的存储单元就会被释放。

定义自动变量时，存储类型符"auto"可以省略不写。也就是说，函数内的局部变量默认的存储类型都是"auto"。例如，函数内局部变量的定义：

```
auto int x, y;   //完全等价于 int x, y;
```

（2）寄存器变量

寄存器变量也必须是定义在函数内部的局部变量，也属于动态变量。它与自动变量的区别仅在于：自动变量被分配在内存区域，而寄存器变量将占用CPU内部的通用寄存器。

定义寄存器变量必须使用存储类型符"register"，而且不可以省略。如：

```
register int x, y;
```

由于CPU访问寄存器的速度远高于访问内存的速度，所以，使用寄存器变量，特别是将程序中使用最频繁的局部变量定义为寄存器变量，可以提高程序的执行速度。

（3）外部变量

外部变量必须被定义在所有函数之外。定义外部变量时，存储类型符"extern"可以省略不写，也就是说，定义在所有函数之外的变量，默认的存储类型就是"extern"。

可以使用关键字"extern"对外部变量作声明，以便将其作用域由所在源文件扩展到其他源文件中，实现变量的跨文件访问。

下列语句是外部变量的声明语句：

```
extern int x,y;
```

由于外部变量属于全局变量，作用域可以被扩展到整个程序范围，故必须被分配在静态数据区，在整个程序运行期间，分配给它的存储单元始终由其独自占用，存放在其中的数据不会丢失。因此，从生存期上看，外部变量属于静态变量。

（4）静态变量

静态变量既可以被定义在某个函数内部，也可以被定义在所有函数之外，并且必须使用存储类型符 "static"，不能省略。如以下的变量定义：

```
static int x＝0, y;
```

静态变量被分配在静态数据区，在整个程序运行期间，分配给它的存储单元始终由其独自占用，存放在其中的数据也不会丢失。

【例 6-9】 静态局部变量与动态局部变量（自动变量）的对比。

```
程序一：
#include<stdio. h>
void func( )      //函数定义
{
    auto int j＝0;
    ＋＋j;
    printf("%d ", j);
}
int main(void)
{
    int i;
    for(i＝1; i<＝5; i＋＋)
        func( );     //函数调用
}
```

```
程序二：
#include<stdio. h>
void func( )        //函数定义
{
    static int j＝0;
    ＋＋j;
    printf("%d ", j);
}
int main(void)
{
    int i;
    for(i＝1; i<＝5; i＋＋)
        func( );        //函数调用
}
```

程序一的输出结果为：1 1 1 1 1；而程序二的输出结果为：1 2 3 4 5。

在上述两个程序中分别定义了一个动态局部变量 j 和一个静态局部变量 j，每当 func( ) 函数被调用时，先将变量的值加 1，再显示到屏幕上。从输出中可知，动态变量 j 在每次调用结束、退出函数 func( ) 时，释放它所占用的存储单元，变量消失，保存在其中的值也随之丢弃，下次调用时，重新给变量 j 分配存储单元并将其初始化为 0，因此其值没有递增，始终是 1。而每次调用时，静态变量 j 的值都加 1，因为在程序运行期间，静态变量 j 始终存在，保存在其中的值也不会丢失，因此其值发生了递增。

6.6　编译预处理

通常，C 编译器在编译前需要对源代码做一些准备工作，这被称为预处理，完成预处理工作的工具软件被称为预处理器。预处理器根据源代码中的预处理命令对源代码进行修改，并输出修改后的源代码文件，作为下一个编译步骤的输入。

用符号 "♯" 开始的行被称为预处理命令，在前面各单元中已经广泛使用的 ♯include 和 ♯define 就是最常用的预处理命令。预处理命令的作用域起始于它在文件中的位置，持续到文件尾或被另一个预处理命令否定为止。本节介绍 C 语言中最常用的三种预处理命令：

文件包含、宏定义、条件编译。

6.6.1 文件包含命令

C 语言中，预处理命令＃include 是用来包含文件的，预处理器在执行＃include 命令时，首先读取指定文件的所有内容，然后将其插入到该命令所在的位置，相当于做了"复制"和"粘贴"操作，其含义如图 6-5 所示。通常，被包含的都是头文件（后缀名 .h），其目的是方便地在多个源文件间共享公用的信息。

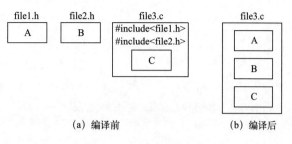

图 6-5　文件包含的示意图

文件包含命令＃include 的方式有以下两种：

```
#include< 文件名>    或    #include "文件名"
```

两种方式的区别在于执行命令时查找文件的路径不同。第一种方式，预处理器仅在"与系统相关的目录"，即编译器自带的头文件所在的目录下查找该文件，因此，这种方式只适用于包含编译器自带的库文件；第二种方式，预处理器首先在"当前目录"，即源代码文件所在的目录中查找文件，用户自己编写的头文件一般应保存在该目录中，如果在该目录中没有找到，再到"与系统相关的目录"下进行寻找，因此，这种方式适用于包含用户自己编写的本地文件。

6.6.2 宏定义命令

预处理命令＃define 被称为宏定义命令，其用途是创建宏。宏定义命令分为两种：不带参数的宏和带参数的宏。

（1）不带参数的宏

不带参数的宏定义一般形式为：

```
#define  宏名 替换文本
```

这种形式主要用于在源程序中用一个指定的标识符（宏名）来代表一串字符（宏体）。其中：宏名应当符合标识符的书写规则，为了与变量区分开，习惯上将宏名中的字母都写成大写字母；替换文本也被称为宏体，可以是任意的文本字符串。预处理器通过简单的搜索将代码中的宏名替换成相应的宏体，这个过程被称为"宏展开"或"宏替换"。

在单元二的符号常量部分介绍了根据输入的半径，求圆周长和圆面积的程序，其中有这样的程序段：

```
#define  PI  3.1415926
int main(void)
{   ……
    l＝2*PI*r;    //计算周长
    s＝PI*r*r;    //计算面积
    ……
}
```

在预处理过程中，上述源代码被修改为：

```
…
l＝2*3.1415926*r;
s＝3.1415926*r*r;
…
```

上述例子中的 PI 可以看作一个"符号常量"，宏展开时相当于使用文本编辑器的"查找并替换"功能，将程序中所有的 PI 替换为 3.1415926。使用符号常量的好处，已经在单元二中进行了详细的介绍，此处不再重复。

 注意

> 预处理器在进行宏展开时，只做简单的替换，不做正确性检查。

（2）带参数的宏

预处理命令 ♯define 还可以用来创建带参数的宏，带参数宏定义的一般形式为：

```
#define    宏名(参数表) 替换文本
```

在程序中使用带参宏时，宏名后面的括号中要加上实际的参数，参数的个数必须与定义时宏名后面括号中的形参个数相同，以便于预处理器在做宏展开时进行参数替换。预处理器在处理带参宏时，除了宏名外，替换文本中的参数名也会被实参的值替换。

【例 6-10】用带参数的宏，求圆周长和圆面积。

```
#include<stdio.h>
#define PI 3.1415926
#define L(x) 2*PI*(x)
#define S(x) PI*(x)*(x)
int main(void)
{
    float r;//定义半径
    printf("输入半径:\n");
    scanf("%f",&r);                //输入半径
    printf("周长＝%6.2f,面积＝%6.2f\n",L(r),S(r));  //计算并输出结果
    return 0;
}
```

程序中定义了一个不带参数的宏 PI，又定义了两个名为 L 和 S 的宏，这两个宏都带有参数 x。预处理器将源代码中的所有 L 和 S 替换为相应的替换文本时，还要进行参数替换。因此，输出语句中的 L(r) 和 S(r) 分别被替换为：

```
2*3.1415926*(r) 和 3.1415926*(r)*(r)
```

在使用宏定义时，需要注意以下事项。

① 在宏定义的替换文本中，可以引用已经定义过的其他宏名，预处理器在做宏展开时，能够多次展开，层层替换。例如，【例 6-10】中的宏定义：

```
#define PI 3.1415926
#define L(x) 2*PI*(x)
#define S(x) PI*(x)*(x)
```

② 为了避免将表达式作为参数传递给宏时产生不希望的"副作用"，在书写带参宏定义时，要注意括号的使用。表 6-1 中给出了不同形式的带参宏，可以帮助加深理解。

表 6-1　带参数的宏不同形式的比较

宏定义	宏调用	宏替换的结果
#define　S(x)　x*x	10/S(4+5)	10/4+5*4+5
#define　S(x)　(x)*(x)	10/S(4+5)	10/(4+5)*(4+5)
#define　S(x)　(x*x)	10/S(4+5)	10/(4+5*4+5)
#define　S(x)　((x)*(x))	10/S(4+5)	10/((4+5)*(4+5))

③ 带参宏可以有多个参数，其中每个参数在替换文本中必须至少出现一次。调用带参宏时，也必须传递相同数目的参数。例如，下面的宏用于计算 5 个数的平均值：

```
#define AVERAGE5(x1,x2,x3,x4,x5) (((x1)+(x2)+(x3)+(x4)+(x5))/5)
```

以下对该宏的调用就是非法的，因为传递给它的参数不是 5 个：

```
result＝AVERAGE5(x,y,z);
```

下面的宏定义也是非法的，因为参数 z 没有出现在替换字符串中：

```
#define SUM(x,y,z) ((x)+(y))
```

④ 可以用 #undef 撤销宏定义，#undef 命令格式如下：

```
#undef 标识符
```

其中的标识符就是要被撤销的宏名，通常是已经使用 #define 命令定义过的宏名。例如：

```
#define DEBUG 1
代码段 1              //在代码段 1 中,所有符号 DEBUG 将被替换为 1
#undef DEBUG
代码段 2              //在代码段 2 中,所有符号 DEBUG 不会被替换为 1
```

#undef 命令通常和 #define 命令配对使用，用于创建只在源代码的某些部分被定义的宏名，在由多人合作编写的大型软件项目的开发过程中，使用 #undef 指令防止宏名的冲突，是非常有用的。

6.6.3　条件编译命令

一般情况下，源程序中所有的代码行都将参加编译。但有时我们希望在满足一定条件时才对部分代码进行编译，或者是在不同的条件下分别编译不同部分的代码，从而使得生成的目标代码能适用于不同的运行环境，或是生成不同功能需求的代码，这就是"条件编译"。

常用的条件编译命令有以下三种：#if 命令、#ifdef 命令和 #ifndef 命令。它们都必须与 #endif 命令配对使用，#endif 的作用是结束之前的 #if 命令、#ifdef 命令或 #ifndef 命令。

（1）#if 命令

类似于 C 语言中的 if 语句，#if 预处理命令也有单分支、双分支和多分支三种结构，并且它们的选择控制方式也相同。

① 单分支结构 ＃if 命令的单分支结构格式如下：

```
#if 整型常量表达式
代码段 1
#endif
```

若＃if 后面的整常量表达式的值为非零（TRUE），则编译代码段 1；否则忽略该代码段。

② 双分支结构 ＃if 命令的双分支结构格式如下：

```
#if 整型常量表达式
代码段 1
#else
代码段 2
#endif
```

若＃if 后面的常量表达式的值为非零（TRUE），则编译代码段 1；否则编译代码段 2。

③ 多分支结构 ＃if 命令的多分支结构格式如下：

```
#if 整型常量表达式 1
代码段 1
#elif 整型常量表达式 2
代码段 2
…
#elif 整型常量表达式 n
代码段 n
#else
代码段(n＋1)
#endif
```

在多分支结构中，＃if 命令和＃endif 命令是必不可少的，而＃elif 命令和＃else 命令都是可选的，且可以有多个＃elif 命令，但＃else 命令最多只能有一个。

多分支结构的处理过程如下：若＃if 后面的常量表达式 1 的值为非零（TRUE），则编译代码段 1，否则，依次计算＃elif 后面的常量表达式，直到某个表达式的值为非零（TRUE），则编译其后的代码段，如果所有表达式的计算结果都为 0，则编译＃else 命令后面的代码段，若无＃else 命令，则忽略所有代码段。

（2）#ifdef 命令和#ifndef 命令

＃ifdef 命令和＃ifndef 命令也用于控制条件编译。

＃ifdef 命令的一般形式为：

```
#ifdef 标识符
代码段 1
#else
代码段 2
#endif
```

＃ifndef 命令的一般形式为：

```
#ifndef 标识符
代码段 1
#else
代码段 2
#endif
```

其中的♯else命令都是可选的。"♯ifdef 标识符"的作用等价于"♯if defined(标识符)"，而"♯ifndef 标识符"的作用正好相反，等价于"♯if!defined(标识符)"。因此，如下两段代码是完全等价的。

#ifdef 标识符 代码段 1 #else 代码段 2 #endif	#ifndef 标识符 代码段 2 #else 代码段 1 #endif

习　题

一、选择题

1. C 程序的基本单位是（　　）。

（A）函数　　　　　（B）语句　　　　　（C）字符　　　　　（D）数据

2. 以下对 C 语言函数的有关描述中，正确的是（　　）。

（A）调用函数时，只能把实参的值传送给形参，形参的值不能传送给实参

（B）函数既可以嵌套定义，又可以嵌套调用

（C）函数必须有返回值，否则不能使用函数

（D）C 程序中有调用关系的所有函数必须放在同一个源程序文件中

3. 有关以下函数的说法中，正确的是（　　）。

```
int Add(int x, int y)
{
    int z;
    z＝x＋y;
    return z;
}
```

（A）此函数能单独运行　　　　　　　　（B）此函数存在语法错误

（C）此函数只能被 main 函数调用　　　（D）此函数可以被其他函数调用

4. 以下正确的函数定义的函数头形式是（　　）。

（A）double Fun (int x, int y)　　　　（B）double Fun (int x; int y)

（C）double Fun (int x, int y);　　　（D）double Fun (int x, y);

5. C 语言允许函数返回值类型缺省定义，此时该函数返回值隐含的类型是（　　）。

（A）float　　　　　（B）int　　　　　（C）long　　　　　（D）double

6. 在 C 语言中，以下说法正确的是（　　）。

（A）实参与其对应的形参各占独立的存储单元

（B）实参与其对应的形参共占同一个存储单元

（C）只有当实参与其对应的形参同名时，才共占同一个存储单元

（D）形参是虚拟的，不占存储单元

7. 下列有关函数调用的说法中，不正确的是（　　）。

（A）若用值传递方式，则形式参数不予分配内存

（B）实际参数和形式参数可以同名

（C）主调函数和被调用函数可以不在同一个文件中

（D）函数间传递数据可以使用全局变量

8. 对于以下递归函数 fun()，函数调用 fun(3) 的返回值是（　　　）。

```
int Fun(int x)
{
    return ((x<=0) ? x : Fun(x-1)+Fun(x-2));
}
```

（A）-1　　　　　　　（B）0　　　　　　　（C）1　　　　　　　（D）-2

9. 在 C 程序中有如下语句，它是（　　　）。

```
char Func(int x, int y);
```

（A）对函数 Func 的定义　　　　　　（B）对函数 Func 的调用
（C）对函数 Func 的原型声明　　　　（D）不合法的

10. 以下叙述中不正确的是（　　　）。
（A）函数内的自动变量可以赋初值，每调用一次，赋一次初值
（B）在调用函数时，实参和对应形参在类型上只需赋值兼容
（C）外部变量的隐含存储类别是自动存储类别
（D）函数形参可以说明为 register 变量

11. 以下叙述中不正确的是（　　　）。
（A）在不同的函数中可以使用相同名字的变量
（B）函数中的形式参数是局部变量
（C）在一个函数内定义的变量只在本函数范围内有效
（D）在一个函数内的复合语句中定义的变量在本函数范围内有效

12. 下列叙述不正确的是（　　　）。
（A）全局变量只可以为本文件中所有函数使用，编译时分配在静态存储区
（B）局部变量只在本函数范围内有效，形式参数属于局部变量
（C）局部变量如没有被说明为静态的存储类别，则存储在动态存储区中
（D）局部静态变量在函数调用结束后依然存在，但其他函数不能引用它

13. 如果要限制一个变量只能被本源程序文件使用，必须通过（　　　）来实现。
（A）定义静态内部变量　　　　　　（B）声明外部变量
（C）定义静态外部变量　　　　　　（D）声明局部变量

14. 凡是函数中未指定存储类别的局部变量，其隐含的存储类别是（　　　）。
（A）自动（auto）　　　　　　　　（B）静态（static）
（C）外部（extern）　　　　　　　（D）寄存器（register）

15. 如果一个变量在整个程序运行期间都存在，但是仅在定义它的函数内是可见的，这个变量的存储类型应该被定义为（　　　）。
（A）静态内部变量　　　　　　　　（B）动态内部变量
（C）静态外部变量　　　　　　　　（D）动态外部变量

16. 函数 Fun() 定义如下，执行语句"sum=Fun(4)+Fun(2);"后，sum 的值应为（　　　）。

```
int Fun(int x)
{
    static int i=0;
    int sum=0;
    for(; i<=x; i++)
        sum+=i;
    return sum;
}
```

（A）13　　　　（B）16　　　　（C）10　　　　（D）8

17. 在 C 语言中，函数的隐含存储类别是（　　）。

（A）auto　　　　（B）static　　　　（C）extern　　　　（D）无存储类别

18. 以下宏定义的作用是：指定用标识符 PI 来代替一个（　　）。

```
#define PI 3.1415926
```

（A）单精度数　　（B）字符串　　　　（C）双精度数　　　　（D）整数

19. 以下程序的输出结果是（　　）。

```
#include<stdio.h>
#define H1 5
#define H2 H1+1
#define H3 H2*H2/2
int main(void)
{
    int s=0, k=H3;
    while(k--)
        s++;
    printf("%d\n", s);
}
```

（A）18　　　　　　　　　　　　　（B）19

（C）10　　　　　　　　　　　　　（D）宏定义有错，不能编译

20. 以下程序的输出结果是（　　）。

```
#include<stdio.h>
#define SQR(x) x*x
int main(void)
{
    int a=6, b=2, c;
    c=SQR(a)/SQR(b);
    printf("%d\n", c);
    return 0;
}
```

（A）9　　（B）6　　　　　（C）36　　　　（D）18

二、写出下列程序的运行结果。

```
1.  #include<stdio.h>
```

```
    int Fun(int x, int y)
    {
        return  x>y ? x : y;
    }
    int main(void)
    {
        int a=2, b=5, c=8;
        printf("%d\n", Fun(Fun(a+c, b), a-c));
        return 0;
    }
```

2.
```
    #include<stdio.h>
    int main(void)
    {
        int Cube(int y);
        int x;
        for(x=1; x<=5; x++)
            printf("%d", Cube(x));
        return 0;
    }
    int Cube(int y)
    {
        return 2*y;
    }
```

3.
```
    #include<stdio.h>
    int main(void)
    {
        int a, b, c, abc=0;
        a=b=c=40;
        if(c)
        {
            int abc;
            abc=a*b+c;
        }
        printf("%d,%d", abc, c);
        return 0;
    }
```

4.
```
    #include<stdio.h>
    int Fun(void)
    {
        auto int x=1;
        static int y=1;
        x+=2;
        y+=2;
        return x+y;
    }
    int main(void)
```

```
{
    int a, b;
    a＝Fun();
    b＝Fun();
    printf("%d,%d\n", a, b);
    return 0;
}
```

5.
```
#include<stdio. h>
void Func(void);
int main(void)
{
    int i;
    for(i＝0; i<5; i＋＋)
    Func();
}
void Func(void)
{
    static int a＝1;
    int b＝2, c;
    c＝a＋b;
    a＋＋;
    b＋＋;
    printf("%d\n", c);
}
```

6.
```
#include<stdio. h>
int Sum(int a)
{
    auto int c＝0;
    static int b＝3;
    c＋＝1;
    b＋＝2;
    return(a＋b＋c);
}
int main(void)
{
    int i;
    int a＝2;
    for(i＝0;i<5;i＋＋)
        printf("%d,", Sum(a));
    return 0;
}
```

三、编程题

1. 编写程序，通过函数调用在屏幕上显示如下图案。

```
*****
  *****
    *****
      *****
        *****
```

2. 设计一个函数 IsPrimeNumber()，用于判断一个整数是否为素数，并编写主函数对该函数进行测试。

3. 编写程序，调用上面第 2 题所设计的函数 IsPrimeNumber()，输出 100 以内的所有素数。

4. 编写程序，通过函数调用计算 1! ＋2! ＋3! ＋4! ＋…＋10! 的值。

5. 编程实现从键盘任意输入 20 个整数，统计非负数的个数，并计算所有非负数之和。

参考答案

单元六

【学习笔记】

用函数实现模块化程序设计

一、实验目标

（1）理解函数的概念，掌握函数定义和函数调用的方法。

（2）掌握通过实参和形参在函数间进行"值传递"的编程方法。

（3）掌握函数的嵌套调用和递归调用方法。

（4）了解宏定义和文件包含处理的方法。

（5）进一步巩固模块化编程方法。

二、实验准备

（1）复习函数的定义和调用方法，复习函数的原型声明。

（2）复习 return 语句的用法，复习函数形参和实参的对应关系。

（3）复习函数嵌套调用和递归调用的执行过程。

三、实验内容

1. 编写并调试一个函数 Fun()，它的功能是：将两个两位数的正整数 a 和 b 合并成一个整数并放在 c 中。合并的方式是：将 a 的十位和个位数依次放在 c 数的千位和十位上，b 数的十位和个位依次放在 c 数的百位和个位上。

例如：当 a＝45，b＝12 时，调用该函数后 c＝4152。

编程要点：

（1）在函数 Fun()中，利用算术运算符正确分离 a、b 的个位和十位，将组合成的新数 c 作为返回值带回到主调函数中。

（2）输入输出语句写在函数 main()中，在 main()中调用函数 Fun()以实现程序的功能。

（3）程序将产生如下所示的运行结果。

```
请输入两个两位正整数a,b:
45,78
a,b合并以后:4758
```

2. 编写和调试一个函数 int Triangle(int a，int b，int c)，函数 Triangle()的功能是判断用户输入的三条边 a、b、c 能否构成一个三角形，若不可以，返回值为 0，如果可以，再判断构成的是等边三角形（返回值为 1）、等腰三角形（返回值为 2），还是普通三角形

（返回值为 3）。

编程要点：

（1）判断能否组成三角形的条件是：任意两边之和大于第三边。注意正确使用关系运算符和逻辑运算符书写条件判断。

（2）在 main（）函数中输入三个整数，之后调用函数 Triangle（）判断这三个整数能否构成一个三角形，根据该函数的返回值，再输出判断结果。

（3）程序将产生如下所示的运行结果。

3. 设某班有 20 名同学，写一程序统计某一单科成绩各分数段的分布人数，每个人的成绩随机输入，并要求按下面格式输出统计结果。（"＊"的个数表示实际分布人数）

0～59　　　＊＊＊＊
60～84　　　＊＊＊＊＊＊＊＊＊
85～100　　＊＊＊＊＊＊＊

编程要点：

（1）编写一个输出 n 个"＊"的函数。

（2）在主函数 main（）中，由用户输入所有的成绩，并统计各分数段的人数，分别用 n1、n2、n3 来存放。将 n1、n2、n3 作为实参，传给形参 n，分别输出三个分数段的人数。

（3）程序将产生如下所示的运行结果。

4. 通过调用求两个实数中的最大值的函数 Max2（），求出 3 个实数中的最大值。

编程要点：

（1）编写一个求两个实数最大值的函数 Max2（）。

（2）在主函数中嵌套调用 Max2（），求出 3 个实数中的最大值。

（3）程序将产生如下所示的运行结果。

5. 将第 5 题中的 Max2（）函数改为使用带参宏定义的方法，其他要求不变。

6. 编写一个程序，求解 $f(k, m) = 1^k + 2^k + 3^k + \cdots + m^k$。

编程要点：

（1）编写一个函数 long Power（int m，int n）来求解 m^n，注意函数的参数及返回值类型。

（2）编写一个函数 long SumOfPower(int k，int m)，在 SumOfPower()中调用函数 Power()，求出 $1^k+2^k+3^k+\cdots+m^k$ 的累加和。

（3）在主函数中输入 k 和 m，调用函数 SumOfPower()，求解 f(k,n)。

（4）程序将产生如下所示的运行结果。

7. 汉诺塔（Hanoi）问题。汉诺塔是一个源于印度古老传说的益智玩具。该游戏是在一块铜板装置上，有三根杆（编号 A、B、C），在 A 杆自下而上、由大到小按顺序放置若干个金盘（如下图）。游戏的目标：把 A 杆上的金盘全部移到 C 杆上，并仍保持原有顺序叠好。操作规则：每次只能移动一个盘子，并且在移动过程中三根杆上都始终保持大盘在下，小盘在上，操作过程中盘子可以置于 A、B、C 任一杆上。

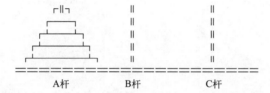

请编写程序，用递归的方法解决汉诺塔问题，根据输入的圆盘个数，打印输出圆盘的移动过程。

编程要点：

（1）编写函数 void Move(char a，char b)，实现搬运过程的显示。

（2）编写递归函数 void Hanoi(int n，char a，char b，char c)，在其中调用函数 Move()，实现 n 个盘子，从 A 柱，借助 B 柱，搬到 C 柱的搬运过程，注意递归公式和递归的结束条件。

（3）在主函数中输入圆盘的个数，并且调用 Hanoi()，输出圆盘的移动过程。

（4）程序将产生如下所示的运行结果。

四、常见问题分析

在使用函数进行模块化程序设计时的常见问题如表 6-2 所示。

表 6-2　用函数进行模块化程序设计中的常见问题

错误实例	错误分析

int fun(int a，b)
{
　……
}
	在函数定义时，省略了形参表中参数 b 的类型

int fun(int a，int b)；
{
　……
}
	定义函数时，函数首部的末尾不应有分号

z＝fun(int x，int y)；	函数调用中，实际参数不需加类型，正确的形式应为：z＝fun(x，y)；

void fun(int a，int b)
{
　return a＋b；
}
	在类型为 void 的函数中试图返回一个值

int fun(int a，int b)
{
　int a，b；
　……
}
	对形参变量的定义重复了，正确的形式应为：
	int fun(int a，int b)
	{
	　……
	}

int fun1(int a)
{
　int fun2(int b)
　{……}
　……
}
	函数不能嵌套定义。正确的形式应为：
	int fun1(int a)
	{　……
	}
	int fun2(int b)
	{　……
	}

单元七 数组

知识目标

（1）了解数组的分类和特点。

（2）掌握一维数组、二维数组和字符数组的定义和初始化方法。

（3）掌握数组元素的引用方法。

（4）掌握常用字符串处理函数的使用方法。

（5）掌握数组作为函数参数的使用方法。

能力目标

（1）能够规范完成数组的定义和引用。

（2）能够熟练使用字符串处理函数。

（3）能够正确处理函数中的数组形参和实参。

素质目标

（1）通过数组边界检查等编程技巧，增强职业规范意识。

（2）通过学习"中国古代数学的瑰宝"，增强对中华优秀传统文化的兴趣，增强民族自豪感，坚定文化自信。

（3）通过程序设计和代码编写，提升创新意识，培养创新思维。

单元导读

到目前为止，本书所讨论的变量都是 C 语言中的基本数据类型，如果用基本类型来定义某些变量，那么这些变量在内存中将占用各自的内存单元，没有任何的关联性，相互之间是"离散"的，对它们的访问只能通过变量名逐一进行。在实际问题中，有时需要对批量数据进行处理，使用离散变量不仅麻烦，而且很容易出错。C 语言提供了一种非常方便和实用的方法：将相同类型的数据按有序的形式组织起来，构造出一种新的数据类型——数组。

数组是具有相同类型的数据项的有序排列，构成数组的每个数据项被称为数组的一个元素，数组中的所有元素按照一定的规律被连续存放在一块存储单元中。本单元将介绍 C 语言中的一维数组、二维数组和字符数组，以及它们在批量处理数据时的实际应用。

7.1 一维数组

微课
数组基础知识

7.1.1 一维数组的定义

数组与变量一样，也必须先定义后使用。一维数组的一般定义格式为：

```
数据类型符 数组名[整型表达式];
```

其中：数据类型符用来指定数组中所有元素的数据类型，它可以是 C 语言中的任何一种数据类型；数组名应遵循标识符的命名规则；整型表达式指定了数组中包含的元素个数，也称为数组的长度。

例如：

```
int a[5];
```

定义了一个数组，数组名为 a，包含 5 个元素，这些元素都是 int 型的。

注 意

① 定义数组后，系统会在内存中给它分配一定大小、能够容纳整个数组的存储单元，所占用内存单元的大小取决于数组元素的类型和个数。例如以上定义的数组 a 占用的内存字节数为：sizeof(int) * 5＝20 字节。

② 数组中每个元素的类型均相同，它们占用内存中连续的存储单元，元素按下标次序排列。第一个元素的内存地址是整个数组所占用内存块的首地址，通常称为数组的起始地址。 C 语言规定，数组名代表了数组的首地址。图 7-1 给出了一维数组在内存中的存储形式。

③ C89 标准中只允许定义固定长度的数组，即数组长度可以是数值常量和符号常量，不能包含变量。例如，可使用符号常量定义数组：

```
#define N 10
int a[N];
```

把数组的长度定义为符号常量是一种良好的编程风格。在程序中，如果要改变数组的

a	int a[5];	2000H
	a[0]	2004H
	a[1]	2008H
	a[2]	200CH
	a[3]	2010H
	a[4]	

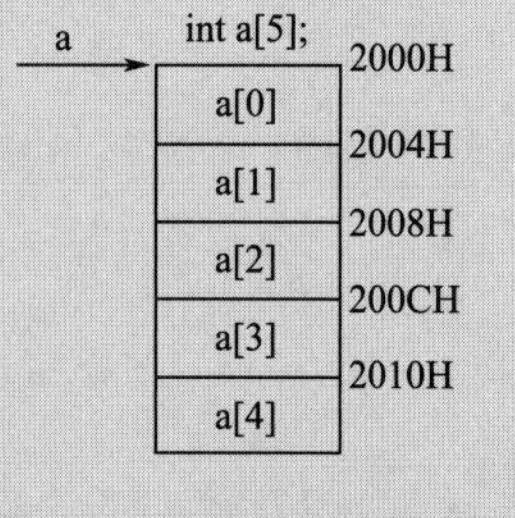

图 7-1 一维数组在内存中的存储形式

大小，仅需在#define命令中改变N的值就可以了。

例如，以下数组定义在C89中是非法的：

```
int n;
scanf("%d", &n);
int a[n];        //非法的数组定义，C89不支持使用变量作为数组长度
```

但是，C99标准中允许在函数内定义长度可变的动态局部数组，此时就可以使用带变量的表达式来指定数组的元素个数，这样的数组被称为"可变长度数组"，这些内容都涉及内存的动态分配，限于篇幅，在此不作详细介绍。

7.1.2　一维数组元素的引用

数组必须先定义，后引用。C语言规定，只能逐个引用数组的元素，不能一次引用整个数组。一维数组元素的引用格式为：

数组名[下标]

其中的下标指的是元素在数组中的排列序号，下标可以是整型常量或是整型表达式。C语言规定，数组元素的下标总是从0开始。因此，假设数组的长度为N，则下标的取值范围为0～N-1。

例如：

int a[5];

则数组a中有5个元素，分别为：a[0]、a[1]、a[2]、a[3]和a[4]。每个数组元素实质上就是一个变量，具有与其同类型的普通变量一样的属性，可以像访问普通变量那样访问它们。

由于C语言不支持一次引用整个数组，故只能对其中的单个元素进行处理。对数组元素的遍历访问通常都使用循环控制语句来实现。

【例7-1】使用for循环语句对数组的元素进行遍历访问。

源程序如下：

```
#include<stdio.h>
#define N 10
int main(void)
{
    int a[N], i;
    printf("请输入%d个整数:\n", N);
    for(i=0; i<N; i++)        //逐个输入数组元素
        scanf("%d", &a[i]);
    printf("您输入的数据是:\n");
    for(i=0; i<N; i++)        //逐个输出数组元素
        printf("%d\t", a[i]);
    putchar('\n');
    return 0;
}
```

第2篇

这是一种访问数组中全部元素的习惯用法，循环变量就是数组元素的下标，从 0 开始，一直到数组长度－1。

程序设计技巧——数组边界检查

通过使用下标来访问数组的元素时，必须避免下标越界，这是初学者最容易犯的编程错误之一，主要原因是 C 编译器不对数组的下标作越界检查，所以，对程序员来说，边界检查是一种需要培养的重要的编程技巧，当定义了长度为 N 的数组时，就确定了数组下标的下界限为 0，下标的上界限为 N－1，在编程过程中牢记这点并做必要的检查是很重要的。

7.1.3　一维数组的初始化

C 语言允许在定义数组时，对数组元素进行初始化。数组初始化的一般形式为：

数据类型符 数组名[常量表达式]＝{表达式 1，表达式 2，…，表达式 n};

其中，赋值运算符"＝"后面用花括号"{ }"括起来的表达式列表被称为初值列表，各表达式之间用逗号","分隔。程序在对数组进行初始化时，依次将初值列表中每个表达式的值按顺序赋值给数组的元素。例如：

```
int a[5]={0, 1, 2, 3, 4};
```

初始化后，数组 a 中各元素的初值分别为：a[0]＝0，a[1]＝1，a[2]＝2，a[3]＝3，a[4]＝4。

注　意

① 初值列表中的初值个数不能超过数组的长度。例如：

```
int a[4]={1, 2, 3, 4, 5};　// 这是非法的:初值个数超过数组长度
```

② 允许初值列表中初值的个数小于数组的长度，此时，后面未指定初值的数组元素被自动初始化为 0。例如：

```
int a[10]={1, 2, 3, 4, 5};
```

定义数组 a 有 10 个元素，但花括号内的初值列表只提供了 5 个初值，则只有前面 5 个元素指定了初值，后 5 个元素都被自动赋值为 0。

③ 在对数组的全部元素赋初值时，可以省略数组的长度，此时数组的实际长度就是初值列表中初值的个数。例如：

```
int a[]={1, 2, 3, 4, 5};　//系统根据初值个数自动定义数组 a 的长度为 5
```

但若被定义的数组长度与提供初值的个数不相同，或者在定义数组时没有显式地初始化，则数组长度就不能省略。

④ C99 允许对数组中的某些元素进行指定初始化，通过在初始化列表中使用带有方括号[ ]的元素下标指定某个特定的元素。例如：

```
int a[6]={[5]=5};    //将元素 a[5]赋初值 5
```

7.1.4　一维数组的应用举例

微课
一维数组（用一维数组统计学生成绩）

在实际编程中，数组被广泛用于处理大批量的同类型数据，下面来看几个一维数组有关的算法。

【例 7-2】 编写程序，输入 10 个整数，求平均值，并将小于平均值的元素输出显示。

分析：定义一维数组用于存放 10 个整数，用 for 循环逐个输入数组元素，并将输入的每个元素加到变量 sum 上，计算元素和，之后就可以求出平均值。最后再次使用 for 循环遍历数组元素，将每个元素与平均值进行比较，小于平均值的元素输出。

源程序如下：

```
#include<stdio.h>
#define N 10
int main(void)
{
    int a[N],i,sum=0;      //定义数组 a、元素之和 sum
    float average;                //定义平均值 average
    printf("请输入%d个整数:\n",N);
    for(i=0;i<N;i++)
    {
        scanf("%d",&a[i]);//逐个输入数组元素
        sum+=a[i];                //将输入的数组元素加到和 sum 上
    }
    average=(float)sum/N;//求平均值
    printf("平均值为%f\n",average);
    for(i=0;i<N;i++)
        if(a[i]<average)  //逐个元素与平均值比较
            printf("%d 小于平均值\n",a[i]);
    return 0;
}
```

程序的运行结果如下。

```
请输入10个整数:
10 20 30 40 50 60 70 80 90 100
平均值为55.000000
10小于平均值
20小于平均值
30小于平均值
40小于平均值
50小于平均值
```

【例 7-3】 编写程序，求 10 个数中的最大值。

分析：定义一维数组用于存放 10 个整数，定义变量 max 用于存放最大值，用 for 循环逐个输入数组元素，将第一个数组元素赋给 max 作为初始值，之后再次使用 for 语句遍历数组元素，将数组元素依次与 max 进行比较，若某个元素大于 max，则将该元素赋给 max。

源程序如下：

```
#include<stdio.h>
#define N 10
int main(void)
{
    int a[N],i,max;                //定义数组 a,定义最大值 max
    printf("请输入%d个整数:\n",N);
    for(i=0;i<N;i++)
        scanf("%d",&a[i]);         //逐个输入数组元素
    max=a[0];                      //将 a[0]赋给 max 作为初值
    for(i=1;i<N;i++)               //逐个数组元素与 max 比较
        if(a[i]> max)              //将大于 max 的元素赋给 max
            max=a[i];
    printf("最大值为:%d\n",max);
    return 0;
}
```

程序的运行结果如下。

```
请输入10个整数:
11 22 33 88 99 77 55 66 44 23
最大值为:99
```

常见排序算法
（冒泡排序）

【例 7-4】 使用冒泡排序法对数组中的数据按升序进行排序。

冒泡排序法的基本思想是：通过相邻两个数之间的比较和交换，把数值较小的数逐渐从数组的"底部"移向"顶部"，就像水中的气泡逐渐向上冒一样，而数值较大的数则逐渐地从数组的"顶部""下沉"到"底部"。

具体的步骤是：

① 比较第一个数与第二个数，若为逆序，则交换位置；然后比较第二个数与第三个数；以此类推，直至第 N−1 个数和第 N 个数比较。至此第一轮冒泡排序完成，结果使得最大的数被放置在最后一个元素位置上。

② 对前 N−1 个数进行第二轮冒泡排序，使得次大的数被放置在倒数第二个位置上。

③ 重复上述过程，共经过 N−1 轮冒泡排序后，排序结束。

源程序如下：

```
#include<stdio. h>
#define   N   10
int main(void)
{
    int num[N], i, j, temp;
    printf("请输入%d个整数:\n", N);
    for(i=0; i<N; i++)              //输入数据
        scanf("%d", &num[i]);
    for(i=1; i<N; i++)             //冒泡轮数,共 N−1 轮
```

```
        for(j＝0; j<N－i; j＋＋)              //实现一次冒泡操作
            if(num[j] > num[j+1])            //比较相邻两数,将大数放到后面
            {
                temp＝num[j];
                num[j]＝num[j+1];
                num[j+1]＝temp;
            }
        printf("按升序排序后的数据是:\n");
        for(i＝0; i<N－1; i＋＋)              //输出排序后的数据
            printf("%d,", num[i]);
        printf("%d\n", num[N－1]);
        return 0;
}
```

程序的运行结果如下。

```
请输入10个整数:
100  90  78  76  98  65  45  67  34  52
按升序排序后的数据是:
34, 45, 52, 65, 67, 76, 78, 90, 98, 100
```

除了冒泡排序法之外,常见的排序算法还有许多,例如:选择排序、快速排序、归并排序等等。由于篇幅限制,此处不再一一介绍,本书的配套资源中提供了常见排序算法的系列微课,有兴趣的读者可以通过扫描二维码进行学习。

7.2　二维数组

微课

多维数组（用多维数组编制万年历）

C 语言允许构造多维数组,即数组的元素有多个下标。数组元素的下标个数也称为数组的维数,根据数组的维数可以将数组分为一维数组、二维数组、三维数组……,通常把三维及以上的数组统称为多维数组。

我们可以把一维数组当作一行数据,每个数据都具有自己的编号,可以把二维数组当作一个矩阵,每个数据都具有自己的行编号和列编号,而多维数组则较难描绘,实际编程中也很少用到多维数组,因此,本书只介绍一维数组和二维数组。事实上,只要充分理解了二维数组的构成及其元素的排列规则,对多维数组也可以触类旁通、类推而得的。本书的配套资源中提供了有关多维数组的微课,有兴趣的读者可以扫描二维码进行学习。

7.2.1　二维数组的定义

（1）二维数组的定义格式

二维数组定义的一般形式为:

数据类型符 数组名[整型表达式 1][整型表达式 2];

其中,数据类型符指定了数组中所有元素的数据类型;整型表达式 1 和整型表达式 2 在C89 中都必须是整型常量表达式,其值都是大于 0 的整数,分别代表数组的行数和列数,二维数组包含的元素个数＝行数×列数。

例如，以下是合法的二维数组定义语句：

```
int a[3][4];
// 定义 3 行 4 列的整型数组,包含 3×4＝12 个元素
```

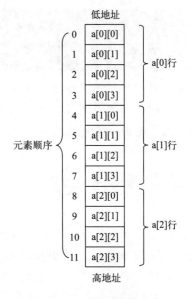

	0 列	1 列	2 列	3 列
0 行	a[0][0]	a[0][1]	a[0][2]	a[0][3]
1 行	a[1][0]	a[1][1]	a[1][2]	a[1][3]
2 行	a[2][0]	a[2][1]	a[2][2]	a[2][3]

图 7-2　3×4 的二维数组

对于 3×4 的数组 a，可以看作是如图 7-2 所示的矩阵。

 说　明

在 C99 中，允许使用"可变长度数组"，即上述二维数组定义格式中的整型表达式 1 和整型表达式 2 内可以包含变量，但仅限于函数内定义的动态局部数组。

（2）二维数组的元素在内存中的排列顺序

定义二维数组后，系统就会在内存中给二维数组的元素分配一片连续的存储区域。C 语言规定：二维数组在内存中是按行存放的，即放完一行之后再放入下一行，以此类推。因此，上面定义的 3×4 整型数组 a 在内存中的存放顺序如图 7-3 所示。

（3）对二维数组的理解

根据二维数组元素在内存中的排列方式，可以把二维数组理解为一种特殊的一维数组，该一维数组的每个元素又是一个一维数组，即数组的数组。

例如，可以把上面定义的 3×4 整型数组 a 看作是一个包含 3 个元素的一维数组，它的 3 个元素分别是三个行名：a[0]、a[1] 和 a[2]，而这 3 个元素又都是包含 4 个元素的一维数组，a[0]、a[1] 和 a[2] 则可以认为是这 3 个一维数组的名字，如图 7-4 所示。

图 7-3　3×4 的二维数组在
内存中的排列顺序

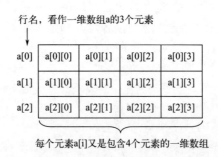

图 7-4　将 3×4 的二维数组拆分成 3 个包含 4 个元素的一维数组

7.2.2　二维数组元素的引用

二维数组元素的引用格式为：

数组名[下标 1][下标 2]

其中"下标 1"用来表示该元素在数组中的行位置，称为行下标，"下标 2"则表示该元素在数组中的列位置，称为列下标，都从 0 开始。

对于一个二维数组，需要使用嵌套的双层循环才能遍历访问它的所有元素。在使用这样的双层循环时，习惯上将行下标作为外层循环的循环变量，而将列下标作为内层循环的循环变量，从而使得访问元素的顺序与其在内存中排列的顺序一致，不管是行下标还是列下标，都必须要注意下标值不要越界。

例如，可用如下双层循环输出二维数组的元素：

```
for(i=0;i<M;i++)              //用双层循环输出数组元素
{
    for(j=0;j<N;j++)
    printf("%4d",a[i][j]);
    printf("\n");            //一行结束,输出换行符
}
```

7.2.3　二维数组的初始化

可以使用以下两种不同的书写方式对二维数组进行初始化。

（1）按元素排列顺序初始化

这种方式类似于一维数组的初始化，其书写格式如下：

数据类型符 数组名[行数][列数]={初值列表};

例如，经过下面的定义和初始化之后：

int a[2][3]={1, 2, 3, 4, 5, 6};

数组 a 中各元素的初值分别为：a[0][0]=1，a[0][1]=2，a[0][2]=3，a[1][0]=4，a[1][1]=5，a[1][2]=6。

使用这种方式对二维数组进行初始化，应当注意：

① 初值列表中的初值个数不能超过数组所包含的元素个数。例如：

int a[2][3]={1, 2, 3, 4, 5, 6, 7};   //不合法的初始化

② 允许初值列表中的初值个数少于数组包含的元素个数，此时，后面未指定初值的数组元素就都被自动初始化为 0。例如：

int a[2][3]={1, 2, 3};等价于 int a[2][3]={1, 2, 3, 0, 0, 0};

③ 如果对数组中的全部元素赋初值，则定义二维数组时可以不指定第一维的长度（行数），但第二维的长度（列数）不能省略。例如：

int a[][3]={1, 2, 3, 4, 5, 6};   //编译器根据初值个数确定数组为 2 行

（2）按行初始化

这种方式将初值按行分组，每组初值放在一对花括号中，其书写格式如下：

数据类型符 数组名[行数][列数]={{0 行初值},{1 行初值},…,{最后 1 行初值}};

例如：

```
int a[2][3]={{1, 2, 3}, {4, 5, 6}};
```

显然，使用这种方式比第一种方式更为清晰和直观。特别是在初值数据较多时，建议使用第二种方式，这样界限清楚，可避免遗漏数据，也容易检查。

使用这种方式对二维数组进行初始化时，必须注意：

① 初值列表中的初值组数不能超过二维数组包含的行数，每组中的初值个数不能超过二维数组包含的列数。例如，下面的二维数组定义和初始化都是不合法的：

```
int a[2][3]={{1, 2, 3},{4, 5, 6},{7, 8, 9}}; //初值组数超过行数
int b[2][3]={{1, 2, 3},{4, 5, 6, 7}}; //第二组中的初值个数超过列数
```

② 不管是否列出全部初值，初始化二维数组时都可以不指定第一维的长度，但第二维的长度不能省略。例如：

```
int a[][4]={{0, 0, 3}, {0}, {0, 10}};
int a[3][4]={{0, 0, 3, 0}, {0, 0, 0, 0}, {0, 10, 0, 0}};
```

7.2.4　二维数组的应用举例

微课

二维数组（用二维数组实现矩阵转置）

【**例 7-5**】编写程序打印一个如下所示的 8×8 的杨辉三角形。

```
1
1  1
1  2   1
1  3   3   1
1  4   6   4   1
1  5  10  10   5   1
1  6  15  20  15   6   1
1  7  21  35  35  21   7   1
```

分析：定义一个 8×8 的二维数组用于存放杨辉三角形，将第 0 列元素和主对角线元素赋值为 1，剩余元素 a[i][j]=a[i−1][j]+a[i−1][j−1]，最后输出该 8×8 数组的左下三角形。

源程序如下：

```
#include<stdio.h>
#define N 8
int main(void)
{
    int a[N][N],i,j;
    for(i=0;i<N;i++)
    {    //第 0 列元素和对角线元素置为 1
        a[i][0]=1;a[i][i]=1;
    }
```

```
    for(i=2;i<N;i++)
        for(j=1;j<i;j++)//剩余元素为其上方元素和其左上方元素之和
            a[i][j]=a[i-1][j]+a[i-1][j-1];
    for(i=0;i<N;i++)    //输出 N×N 数组的左下三角
    {
        for(j=0;j<=i;j++)
            printf("%4d",a[i][j]);
        printf("\n");
    }
    return 0;
}
```

中国古代数学的瑰宝

　　杨辉，字谦光，钱塘（今浙江杭州）人，南宋杰出的数学家和数学教育家。他在总结民间乘除捷算法、"垛积术"、纵横图以及数学教育方面，均做出了重大的贡献。他是世界上第一个排出丰富的纵横图和讨论其构成规律的数学家，还曾论证过弧矢公式，时人称为"辉术"。

　　杨辉一生留下了大量的专著，他著名的数学书共五种二十一卷，它们是《详解九章算法》12 卷，《日用算法》2 卷，《乘除通变本末》3 卷，《田亩比类乘除捷法》2 卷，《续古摘奇算法》2 卷，这些著作闪烁着中国古代科技成就的光辉，是中国古代数学的瑰宝。

　　杨辉在数学领域的成就不仅为后世数学家提供了宝贵的资料，同时也为中华优秀传统文化的传承和发展做出了重要贡献。习近平总书记指出，"文化自信是一个国家、一个民族发展中最基本、最深沉、最持久的力量"。中华民族在漫长的发展历程中，创造了璀璨夺目的文明，形成了世界文明谱系中的独立形态，为人类文明发展做出了卓越贡献。我们应该积极传承和弘扬中华优秀传统文化，推动文化创新和发展，为构建社会主义文化强国贡献力量！

【例 7-6】 求二维数组的最大值，并输出最大值所在的行下标和列下标。

　　分析：首先使用双层循环从键盘输入二维数组元素，并将元素 a[0][0] 赋给 max 作为初始值，接着再次遍历二维数组，将每个元素与 max 进行比较，若某个元素大于 max，则将该元素赋给 max 作为新的最大值，并更新 max 所在的行标和列标。

　　源程序如下：

```
#include<stdio.h>
#define M 3
#define N 4
int main(void)
{
    int a[M][N],i,j,max,row,col; //定义最大值 max、最大值的行标 row 和列标 col
    printf("请输入%d 个整数:\n",M*N);
    for(i=0;i<M;i++)            //用双层循环输入二维数组元素
        for(j=0;j<N;j++)
            scanf("%d",&a[i][j]);
    printf("输出矩阵 a:\n");
    for(i=0;i<M;i++)            //用双层循环输出数组元素
    {
```

```
            for(j=0;j<N;j++)
                printf("%6d",a[i][j]);
            printf("\n");          //一行结束,输出换行符
        }
        max=a[0][0];row=0;col=0;   //将 a[0][0]赋给 max
        for(i=0;i<M;i++)                //用双层循环遍历数组元素
            for(j=0;j<N;j++)
                if(a[i][j]> max)
                {        //若 a[i][j]> max,则将 a[i][j]赋给 max,并更新 row、col
                    max=a[i][j];row=i;col=j;
                }
        printf("最大值 a[%d][%d]=%d\n",row,col,max);
        return 0;
    }
```

程序的运行结果如下。

```
请输入12个整数:
1 2 3 4 5 6 7 8 9 10 11 12
输出矩阵a:
    1    2    3    4
    5    6    7    8
    9   10   11   12
最大值a[2][3]=12
```

7.3　字符数组

在 C 语言中,没有专门的字符串变量,通常使用字符数组来存放字符串。由于字符串的操作与其他类型数据的操作不完全相同,因此,本书将字符数组单独列出。

7.3.1　字符数组的定义

字符数组的定义方法与其他类型的数组完全相同,只是数据类型符不同而已。
例如,

```
char str[10],name[4][10];
```

上面的语句定义了一个包含 10 个元素的一维字符数组 str 和一个 4 行 10 列的二维字符数组 name。

7.3.2　字符数组的初始化

对字符数组的初始化,根据初值表中的初值书写形式,可以分为以下两种不同的方式。

（1）字符常量用作初值
这种方式类似于数值数组的初始化,即按照顺序逐个把初值列表中的初值赋给数组中各元素,所不同的是初值表中列出的初值是一个个的字符常量。例如:

```
char str[10]={'C', ' ', 'p', 'r', 'o', 'g', 'r', 'a', 'm', '\0'};
```

```
char name[4][10]={{'A', 'n', 'd', 'y', '\0'},
                  {'L', 'u', 'c', 'y', '\0'},
                  {'T', 'o', 'm', '\0'},
                  {'J', 'o', 'h', 'n', '\0'}};
```

（2）字符串用作初值

C 语言规定，可以将字符串直接初始化赋值给字符数组，例如：

```
char str[10]={"C program"};
char name[4][10]={{"Andy"},{"Lucy"},{"Tom"},{"John"}};
```

使用此种方式时，还可以省略初值表中字符串外面的花括号，因此，可将上面的语句改写为如下形式：

```
char str[10]="C program";
char name[4][10]={"Andy","Lucy","Tom","John"};
```

显然，用字符串作初值的方式比采用字符常量作为初值的方式更简洁，而且不易出错。所以，在实际编程中几乎都是用字符串对字符数组进行初始化。在对字符数组进行初始化时，不管采用哪种方式，在 7.1.3 节和 7.2.3 节中列出规则都是有效的。

 注 意 ● ● ● ● ● ● ● ● ●

① 在用字符串给字符数组初始化时，要注意字符串末尾的'\0'，所以要求数组长度至少比字符串长度大 1。

② 在对字符数组进行初始化时，未得到初始化赋值的元素默认为'\0'。

例如：

```
char name[4][10]={"Andy","Lucy","Tom","John"};
```

定义的二维数组 name 的每行都有 10 个元素，而每个初值字符串的长度（包括结束标志'\0'在内）都小于 10，则只将这些字符串中的字符依次赋给相应行中前面那些元素，其余的元素自动初始化为空字符'\0'。

③ 在使用字符串对字符数组进行初始化时，通常都会省略一维字符数组的长度或二维字符数组的第一维的长度，直接由字符串的长度决定一维字符数组的长度，或由字符串的串数决定二维字符数组的第一维长度。

例如，上面列出的一维数组 str 和二维数组 name 的定义语句可以书写为下列形式：

```
char str[]="This is a C program";
char name[][10]={"Andy","Lucy","Tom","John"};
```

采用这种写法，可以不必人工统计字符串的长度，尤其是在字符串较长时，比较方便。

7.3.3　字符串的输入/输出

字符串最常用的输入/输出方法是一次性输入/输出整个字符串，可使用 C 语言提供的库函数 gets() 和 puts()，或者是函数 scanf() 和 printf() 配合格式符"%s"。函数 gets() 和

puts()也包含在头文件 stdio. h 中。

（1）字符串的输入

字符串输入可使用 gets()函数或 scanf()函数配合％s 格式符。

① 字符串输入函数 gets()。gets()函数的调用格式为：**gets(字符数组名或字符指针)**

其功能是从键盘读取一个以回车结束的字符串，存入指定的字符数组中，并自动加上'\0'。

例如：

```
char str[80];
gets(str);
```

执行上面的语句时，如果输入：

```
I□love□China!✓
```

则数组 str 中存放的字符串将是:"I□love□China!"。（其中的□表示空格，✓表示回车）

注 意

由于函数 gets()对输入的字符串的长度没有限制，因此，编程时必须确保存放字符串的数组长度足够大，以保证存放读取的字符串时不会发生数组下标越界。

② 函数 scanf()配合格式符％s。其调用格式为：**scanf（"％s"，字符数组)**

其功能是从键盘输入一个以空格或回车结束的字符串放入字符数组中，并自动加'\0'。

注 意

在使用 scanf()输入字符串时，scanf()函数中的地址项是字符数组名，因为在 C 语言中，数组名就代表了数组的首地址。

使用 scanf()函数和 gets()函数输入字符串存在以下区别：

① 使用函数 scanf()读取输入的字符串时，遇到回车符或空格符都会结束读取，而函数 gets()仅在遇到回车符时结束读取，因此，前者接收的字符串中不能包含空格，而后者则可以包含空格。例如：

```
char str[80];
scanf("%s", str);
```

执行上面的语句时，如果输入：

```
I□love□China! ✓
```

则数组 str 中存放的字符串仅仅是:"I"。

② 使用函数 scanf() 时，可以一次连续读取输入的多个字符串，分别存放在不同的字符数组中，而函数 gets() 每次只能读取一个字符串。例如：

```
char str1[40], str2[40];
scanf("%s%s", str1, str2);
```

执行上面的语句时，如果输入：

```
hello□China! ↙
```

则数组 str1 中存放的字符串是："hello"，数组 str2 中存放的字符串是："China!"。

③ 使用函数 scanf() 时，可以使用格式符 %ns 将读取的输入字符串的长度限制在 n 个字符以内，而函数 gets() 则无法限制读取的字符串长度。例如：

```
char str[10];
scanf("%9s", str);     //最多可读入 9 个非空格字符到 str 中
```

（2）字符串的输出

字符串的输出可使用 puts() 函数或是使用 printf() 函数配合 %s 格式符。

① 字符串输出函数 puts()。函数 puts() 的调用格式为：**puts(字符串)**

其功能是将指定的字符串输出到显示器上，输出时遇到 '\0' 结束，并将 '\0' 转换为 '\n' 输出。
例如，若字符数组 str 中存放的字符串为 "I love China!"，则以下两条语句执行结果相同：

```
puts(str);
puts("I love China!");
```

② 函数 printf() 配合格式符 %s。调用格式为：**printf("%s",字符数组)**

其功能是依次输出字符串中的每个字符直到遇到字符 '\0'。

 注 意

　　printf() 不会将字符串的结束标记 '\0' 转换为换行符输出，如需输出换行应在 "%s" 之后加上换行符 '\n'。

　　显然，即使只用于输出字符串，函数 printf() 的功能还是比函数 puts() 强得多，它不仅可以一次输出多个字符串，还可以在格式符 "%s" 中间增加其他辅助格式符来规定输出的格式，并在输出字符串的同时输出其他类型的数据，而函数 puts() 则没有这些功能。

7.3.4　常用字符串处理函数

　　C 语言的编译器提供了丰富的字符串处理函数，实现了字符串的合并、修改、比较、转换、复制等功能，使用这些现成的库函数可大大减轻编程的负担。下面介绍几个最常用的字符串处理函数，这些函数的声明都包含在头文件 string.h 中。

（1）字符串连接函数 strcat()

strcat 是 string catenate（字符串连接）的缩写。它的调用格式为：**strcat（字符数组 1,**

字符数组 2）

　　其功能是将字符数组 2 连接到字符数组 1 的后面，而字符数组 2 中的内容保持不变。例如：

```
char str1[20]="12345", str2[ ]="6789";
strcat(str1, str2);
printf("%s", str1);   //将输出 123456789
```

 注意

　　① 连接前，两字符数组均以'\0'结束；连接后，字符数组 1 中原来的结束标记'\0' 被字符数组 2 中的第一个字符覆盖，新字符串最后加'\0'。
　　② 字符数组 2 如果不是字符串常量，则数组中必须包含字符串结束标记'\0'。
　　③ 由于编译器不做越界检查，因此，字符数组 1 必须足够大，以便容纳连接后的新字符串。

（2）字符串比较函数 strcmp( )

　　strcmp 是 string compare（字符串比较）的缩写。它的调用格式为：**strcmp(字符串 1，字符串 2)**

　　其功能是比较两个字符串的大小。比较的规则是：对两个字符串自左至右逐个字符相比较（按 ASCII 码值大小比较），直到出现不同的字符或遇到 '\0' 为止。如果字符串 1 小于字符串 2，返回一负整数；如果字符串 1 等于字符串 2，返回 0；如果字符串 1 大于字符串 2，则返回一正整数。例如：

```
strcmp("abcd", "abCD");  //将返回一正整数
strcmp("1234", "12345"); //将返回一负整数
strcmp("hello", "hello");//将返回 0
```

 注意

　　对两个字符串 str1 和 str2 进行比较，不能直接使用关系运算符"＝＝"，只能使用函数 strcmp( )。例如：

```
if(str1==str2)   //非法            if(strcmp(str1, str2)==0)  //合法
    puts("yes");                       puts("yes");
```

（3）字符串复制函数 strcpy( )

　　strcpy 是 string copy（字符串复制）的缩写。它的调用格式为：**strcpy(字符数组 1，字符数组 2)**

　　其功能是将字符数组 2 的内容复制到字符数组 1 中。

注 意

① 字符数组 2 如果不是字符串常量，则其中必须包含字符串结束标记'\0'。

② 复制时连同字符数组 2 后面的'\0'一起复制到字符数组 1 中。

③ 字符数组 1 的长度应不小于字符数组 2 的长度，以便容纳复制后的字符串，否则将发生数组越界的问题。

④ 除了初始化以外，不能用赋值语句将一个字符串常量或字符数组赋值给一个字符数组，但可以通过使用函数 strcpy( ) 达到间接赋值的效果。例如：

str1＝"I love China!";//非法	strcpy(str1, "I love China!");//合法
str1＝str2; //非法	strcpy(str1, str2); //合法

（4）字符串长度测试函数 strlen( )

strlen 是 string length（字符串长度）的缩写。它的调用格式为：**strlen(字符数组)**

其功能是：获取字符数组中包含的字符个数。

 注 意

① 被测试的字符数组如果不是字符串常量，则其中必须包含结束标记'\0'。

② 从字符串的第 1 个字符开始统计，直到遇到结束标志'\0'，返回的个数中不包含'\0'。例如：

```
printf("%d", strlen("I love China!"));     //输出结果是 13
printf("%d", strlen("\t\v\\\0will\n"));      //输出结果是 3
```

7.3.5 字符数组的应用举例

微课

字符数组
（分类统计字符数）

本节通过两个例子介绍字符数组的应用。

【例 7-7】 编写一个程序，删除字符串中所有空格。

分析：先使下标 i、j 指向字符数组的第一个元素，用 i 从前往后遍历字符串，若当前字符不等于空格，则保留该字符，将其赋值给下标 j 所指向的字符；若该字符为空格，则不进行赋值，相当于跳过它，遍历过程到'\0'则结束。最后形成的新串末尾要加上结束标记'\0'。

源程序如下：

```
#include<stdio.h>
int main(void)
{
    char str[81];
    int i,j＝0;
```

```
    printf("输入字符串:");
    gets(str);
    for(i=0;str[i]!='\0';i++)
        if(str[i]!=' ')          //只保留非空格的字符,相当于删除空格
            str[j++]=str[i];
    str[j]='\0';                 //字符串末尾加上结束符
    printf("删除空格之后: %s\n",str);
    return 0;
}
```

运行结果如下。

输入字符串:I am a student!
删除空格之后: Iamastudent!

【例 7-8】 一封信共有 3 行，每行 80 个字符，统计其中英文大写字母、小写字母、数字、空格及其他字符的个数。

分析：可将信的每一行看作一个字符串，考虑到字符串末尾的'\0'，用 3 行 81 列的二维字符数组存放信的内容。用 gets() 函数依次输入 3 个字符串，用双层循环遍历整个二维数组，分类统计各种类型的字符。

源程序如下：

```
#include<stdio.h>
int main(void)
{
    char str[3][81];
    int upper=0,lower=0,digit=0,space=0,other=0;
    int i,j;
    printf("请输入这封信的内容:\n");
    for(i=0;i<3;i++)          //输入三个字符串
        gets(str[i]);
    for(i=0;i<3;i++)          //用双层循环遍历数组
        for(j=0;str[i][j]!='\0';j++)
            if(str[i][j]>='A'&&str[i][j]<='Z')     //大写字符
                upper++;
            else if(str[i][j]>='a'&&str[i][j]<='z')  //小写字母
                lower++;
            else if(str[i][j]>='0'&&str[i][j]<='9')  //数字字符
                digit++;
            else if(str[i][j]==' ')      //空格
                space++;
            else                         //其他字符
                other++;
    printf("大写字母:%d,小写字母:%d,数字字符:%d,空格:%d,其他字符:%d\n",
            upper,lower,digit,space,other);
    return 0;
}
```

程序运行结果如下。

请输入这封信的内容:
I am a boy! My name is Smith!
I am 12 years old.
I am in Class 4,Grade 6!
大写字母：7，小写字母：39，数字字符：4，空格：16，其他字符：5

7.4 数组作为函数参数

数组可以作为函数的参数，进行数据传递。数组用作函数参数有两种形式：一种是把数组元素作为函数的参数；另一种是把数组名作为函数的参数。

7.4.1 数组元素作为函数的参数

使用数组元素作函数的实参，与使用普通变量作函数的实参完全一样，在开始执行被调函数时，将实参的值复制给形参，而在被调函数的执行期间，形参作为被调函数内的局部变量，其值可以被改变，但作为实参的数组元素或普通变量并不会随之改变，因此，数据的传递方向是单向的，是由实参传递给形参，而形参的值不能传递给实参，这种数据传递方式也被称为"值传递"方式。

【例7-9】 使用数组元素作函数的实参，交换数组 a、b 中的元素。

源程序如下：

```
#include<stdio.h>
#define N 5
void Swap(int x, int y)    //交换参数 x 和 y
{
    int temp;
    temp＝x;    x＝y;    y＝temp;
}


int main(void)
{
    int i, a[N]＝{1, 2, 3, 4, 5};
    int b[N]＝{101, 102, 103, 104, 105};
    printf("调用 Swap()前:\n\t 数组 1 中的数据是:");  //输出数组 1 中的原始内容
    for(i＝0; i<N; i＋＋)
        printf("%5d", a[i]);
    printf("\n\t 数组 2 中的数据是:");    //输出数组 2 中的原始内容
    for(i＝0; i<N; i＋＋)
        printf("%5d", b[i]);
    for(i＝0; i<N; i＋＋)
        Swap(a[i], b[i]);              //调用函数 Swap
    printf("\n 调用 Swap()后:\n\t 数组 1 中的数据是:");//输出调用后数组 1 中的内容
    for(i＝0; i<N; i＋＋)
        printf("%5d", a[i]);
    printf("\n\t 数组 2 中的数据是:");    //输出调用后数组 2 中的内容
    for(i＝0; i<N; i＋＋)
        printf("%5d", b[i]);
```

第 2 篇

```
        return 0;
    }
```

该程序执行后的输出结果如下。

```
调用Swap()前：
        数组1中的数据是：      1    2    3    4    5
        数组2中的数据是：    101  102  103  104  105
调用Swap()后：
        数组1中的数据是：      1    2    3    4    5
        数组2中的数据是：    101  102  103  104  105
```

在上面的程序中，将数组 a 和数组 b 中位置相同的元素作为实参分别传递给函数 Swap() 的形参 x 和 y，在函数 Swap() 中，交换了 x 和 y 的值，但从程序执行的结果可以看出，数组 a 和数组 b 中的数据并没有交换。

7.4.2　数组名作为函数的参数

7.4.1 节介绍了使用数组元素作为函数的实参，向被调函数传递数据，这种方式只能传递单个数据，不能传递整个数组。如果需要传递整个数组，应使用数组名作为函数的参数。

C 语言规定，数组名代表了该数组的起始地址，因此，数组名作为函数的参数时，传递的数据不是一个单纯的数值，而是数组中的第一个元素的地址。在使用数组名作为函数参数时，通常将数组的长度作为另一个参数，这样就使得函数能够处理长度不同的数组。

【例 7-10】　使用数组名作为函数参数，交换数组 a、b 中的元素。

源程序如下：

```
#include<stdio.h>
#define N 5
void Swap(int x[], int y[], int n)   //交换数组 x 和 y 中的 n 个元素
{
    int temp, i;
    for(i=0; i<n; i++)
    {
        temp=x[i];  x[i]=y[i];  y[i]=temp;
    }
}

int main(void)
{
    int i, a[N]={1, 2, 3, 4, 5};
    int b[N]={101, 102, 103, 104, 105};
    printf("调用 Swap()前:\n\t 数组 1 中的数据是:"); //输出数组 1 中的原始内容
    for(i=0; i<N; i++)
        printf("%5d", a[i]);
    printf("\n\t 数组 2 中的数据是:");        //输出数组 2 中的原始内容
    for(i=0; i<N; i++)
        printf("%5d", b[i]);
    Swap(a, b, N);                    //调用函数 Swap
    printf("\n 调用 Swap()后:\n\t 数组 1 中的数据是:"); //输出调用后数组 1 中的内容
    for(i=0; i<N; i++)
        printf("%5d", a[i]);
```

```
        printf("\n\t 数组 2 中的数据是:");    //输出调用后数组 2 中的内容
        for(i=0; i<N; i++)
            printf("%5d", b[i]);
        return 0;
}
```

该程序执行后的输出结果如下：

```
调用Swap()前:
        数组1中的数据是:      1     2     3     4     5
        数组2中的数据是:    101   102   103   104   105
调用Swap()后:
        数组1中的数据是:    101   102   103   104   105
        数组2中的数据是:      1     2     3     4     5
```

在上面的程序中，将数组名 a 和 b 作为实参分别传递给函数 Swap()的形参数组 x 和 y，在函数 Swap()中，交换了数组 x 和数组 y 中的数据，从程序执行的结果可以看出，数组 a 和数组 b 中的数据也实现了交换。

注　意

① 数组名作函数参数时，实参与形参都应该使用数组名或指针变量（将在单元八中介绍），也就是说应该在主调函数和被调用函数中分别定义数组或指针变量，【例 7-10】中 x 与 y 是形参数组名，　a 与 b 是实参数组名。

② 实参数组与形参数组的元素类型必须保持一致，如不一致，将导致结果不正确。

③ 在被调函数的参数表中，形参数组名后面仅需跟一对空的方括号，不需要指定形参数组的长度，C 编译器对形参数组的长度不作检查，即使在形参列表中指定了形参数组的长度，也是不起任何作用的。

程序设计技巧——通过地址传递改变实参的值

用数组名作函数参数时，不是把实参数组中各个元素的值传递给形参数组中的各个元素，而是把实参数组的起始地址传递给形参数组，这种数据传递方式也被称为"地址传递"方式。在这种方式下，形参数组和实参数组共同占用完全相同的一段内存单元。因此，在被调函数中对形参数组进行操作，使其中某个元素的值发生变化，也会使实参数组中相应元素的值同时发生变化。这也是"地址传递"方式与"值传递"方式最大的不同之处。

习　题

一、选择题

1. 以下对一维数组的定义中，正确的是（　　　）。

（A）　#define MAX 5
　　　　int a[MAX];

（B）　int MAX=5;
　　　　int a[MAX];

（C）　int MAX;

scanf("%d", &MAX) ;

int a[MAX];

（D）　# define MAX 5;

int a[MAX];

2. 以下对二维数组进行正确初始化的是（　　　）。

（A）　int a[2][3] ＝ { {1, 2}, {3, 4}, {5, 6} };

（B）　int a[][3] ＝ {1, 2, 3, 4, 5, 6};

（C）　int a[2][] ＝ {1, 2, 3, 4, 5, 6};

（D）　int a[2][] ＝ { {1, 2}, {3, 4} };

3. 已有以下数组定义和 Func 函数调用语句：

```
int a[3][4];
Func(a);
```

则在 Func 函数的定义中，对形参数组 array 的错误定义方式为（　　　）。

（A）　Func(int array[][6])　　　　（B）　Func(int array[3][])

（C）　Func(int array[][4])　　　　（D）　Func(int array[2][5])

4. 以下程序的输出结果是（　　　）。

```
#include<stdio. h>
int main(void)
{
    int m[3][3]＝{{1}, {2}, {3}};
    int n[3][3]＝{1, 2, 3};
    printf("%d,", m[1][0]＋n[0][0]);
    printf("%d\n", m[0][1]＋n[1][0]);
    return 0;
}
```

（A）　0, 0　　　　（B）　2, 3　　　　（C）　3, 0　　　　（D）　1, 2

5. 以下程序的输出结果是（　　　）。

```
#include<stdio. h>
int main(void)
{
    int i, x[3][3]＝{1, 2, 3, 4, 5, 6, 7, 8, 9};
    for(i＝0; i<3; i＋＋)
        printf("%d,", x[i][2－i]);
    return 0;
}
```

（A）　1, 5, 9,　　　（B）　1, 4, 7,　　　（C）　3, 5, 7,　　　（D）　3, 6, 9,

6. 下列程序的输出结果是（　　　）。

```
#include<stdio. h>
int main(void)
{
    int n[5][5], i, j;
    for(i＝0; i<5; i＋＋)
```

```
        for(j=0; j<5; j++)
            n[i][j]=i+j;
    for(i=0; i<4; i++)
        for(j=0; j<4; j++)
            n[i+1][j+1]+=n[i][j];
    printf("%d\n", n[i][j]);
    return 0;
}
```

（A）14　　　　　　（B）0　　　　　　（C）20　　　　　　（D）值不确定

7. 若用数组名作为函数调用时的实参，则实际上传递给形参的是（　　　）。

（A）数组首地址　　　　　　　　　　（B）数组的第一个元素值

（C）数组中全部元素的值　　　　　　（D）数组元素的个数

8. 合法的数组定义是（　　　）。

（A）int a[] ="language";　　　　　　（B）int a[5] = {0, 1, 2, 3, 4, 5};

（C）char a=" string";　　　　　　　（D）char a[] = {"0, 1, 2, 3, 4, 5" };

9. 下列描述中不正确的是（　　　）。

（A）字符型数组中可以存放字符串

（B）可以对字符型数组进行整体输入、输出

（C）可以对整型数组进行整体输入、输出

（D）不能在赋值语句中通过赋值运算符"="对字符型数组进行整体赋值

10. 为了判断两个字符串 s1 和 s2 是否相等，应当使用（　　　）。

（A）if(s1==s2)　　　　　　　　　　（B）if(s1=s2)

（C）if(strcpy(s1, s2))　　　　　　　（D）if(strcmp(s1, s2))

11. 下列语句的输出结果是（　　　）。

```
printf("%d\n", strlen("ATS\n012\2\\"));
```

（A）11　　　　　（B）10　　　　　（C）9　　　　　（D）8

12. 以下函数调用语句的功能是（　　　）。

```
strcat(strcpy(str1, str2), str3);
```

（A）将串 str1 复制到串 str2 中后再连接到串 str3 之后

（B）将串 str1 连接到串 str2 之后再复制到串 str3 之后

（C）将串 str2 复制到串 str1 中后再将串 str3 连接到串 str1 之后

（D）将串 str2 连接到串 str1 之后再将串 str1 复制到串 str3 中

二、程序填空

1. 请在空白处填写合适的内容，使以下程序实现的功能是：在数组 a 中查找某个数，若找到，则输出该数在数组中的位置，否则输出"没找到！"。

```
#include<stdio. h>
int main(void)
{
```

```
    int i, n, a[8]={25, 21, 57, 34, 12, 9, 4, 44};
    puts("请输入需要查找的整数!");
    scanf("%d", &n);
    for(i=0; i<8; i++)
        if(n==a[i])
        {
            printf("该数在数组中的下标号是:%d\n", i);
            ___【1】___ ;
        }
    if(___【2】___)
        puts("没找到!");
    return 0;
}
```

2. 请在空白处填写合适的内容，使以下程序实现的功能是：从键盘上输入一串字符，存入一个字符数组中，然后输出该字符串。

```
#include<ctype. h>
#include<stdio. h>
int main(void)
{
    char str[81];
    int i;
    for(i=0; i<80; i++)
    {
        str[i]=getchar();
        if(str[i]=='\n')
            break;
    }
    str[i]=___【1】___ ;
    i=0;
    while(str[i])
        putchar(str[___【2】___]);
    return 0;
}
```

3. 下面程序的功能是：输入一行字符，统计其中有多少个单词，单词之间用空格分开。请在空白处填写合适的内容。

```
#include<stdio. h>
int main(void)
{
    char str[81];
    int i, ___【1】___ ;
    char c;
    gets(str);
    for(i=0; ___【2】___ !='\0'; i++)
        if(c==' ')    word=0;
        else if(___【4】___ )
```

```
        {
            word=1;
            ____【5】____ ;
        }
    printf("这一行中包含的单词个数是:%d\n", num);
    return 0;
}
```

4. 下面函数实现 strcmp 的功能,将两个字符串 s 和 t 进行比较,然后将两个字符串中第一个不相同字符的 ASCII 码值之差作为返回值返回,请在空白处填写合适的内容。

```
int MyStrcmp(char s[], char t[])
{
    int i;
    for(i=0; ____【1】____ ; i++)
    if(s[i]=='\0')
        return ____【2】____ ;
    return (s[i]-t[i]);
}
```

三、写出下列程序的运行结果

```
1.  #include<stdio.h>
    int main(void)
    {
        int arr[20], i;
        arr[0]=0;    arr[1]=1;
        for(i=2; i<20; i++)
            arr[i]=arr[i-2]+arr[i-1];
        for(i=0; i<20; i++)
        {
            if(i%5==0)       putchar('\n');
            printf("%10d", arr[i]);
        }
        return 0;
    }
```

```
2.  #include<stdio.h>
    int main(void)
    {
        int i, k=5, a[10], p[3];
        for(i=0; i<10; i++)
            a[i]=i;
        for(i=0; i<3; i++)
            p[i]=a[i*(i+1)];
        for(i=0; i<3; i++)
            k+=p[i]*2;
        printf("%d\n", k);
```

第2篇

```
        return 0;
    }
```

3.
```
    #include<stdio. h>
    int main(void)
    {
        int i, j, m;
        int a[2][5]={1, 20, 32, 14, 5, 62, 87, 38, 9, 10};
        m=a[0][0];
        for(i=0; i<2; i++)
            for(j=0; j<5; j++)
                if(m<a[i][j])
                    m=a[i][j];
        printf("m=%d\n", m);
        return 0;
    }
```

4.
```
    #include<stdio. h>
    void Func(int b[])
    {
        int j;
        for(j=0; j<4; j++)
            b[j]=j+1;
    }
    int main(void)
    {
        static int a[4]={5, 6, 7, 8}, i;
        Func(a);
        for(i=0; i<4; i++)
            printf("%d\n", a[i]);
        return 0;
    }
```

5.
```
    #include<string. h>
    #include<stdio. h>
    int main(void)
    {
        char b[30];
        strcpy(b, "GH");
        strcpy(&b[1], "DEF");
        strcpy(&b[2], "ABC");
        puts(b);
        return 0;
    }
```

6.
```
    #include<string. h>
    #include<stdio. h>
    int main(void)
```

```
{
    char str1[]="Hello!", str2[]="How are you?", str[20];
    int len1=strlen(str1), len2=strlen(str2), len3;
    if(strcmp(str1, str2)>0)
    {
        strcpy(str, str1);
        strcat(str, str2);
    }
    else if(strcmp(str1, str2)<0)
    {
        strcpy(str, str2);
        strcat(str, str1);
    }
    else
        strcpy(str, str1);
    len3=strlen(str);
    puts(str);
    printf("Len1=%d,Len2=%d,Len3=%d\n", len1, len2, len3);
    return 0;
}
```

四、编程题

1. 编写程序实现数组元素的逆置。例如：若 a 所指数组中的数据为 1、2、3、4、5、6、7、8、9，则逆置后依次为 9、8、7、6、5、4、3、2、1。

2. 编写程序实现：从键盘任意输入 10 个整数，放入一维数组中，编程实现将其中最大数与最小数的位置对换，再输出调整后的数组。

3. 编写程序实现：先输入某班 30 个学生某门课的成绩，再对全班 30 个学生成绩进行由高到低排序，并统计不及格学生的人数，打印输出排序和统计结果。

4. 编写程序实现：有 N×N 矩阵，以主对角线为对称线，对称元素相加并将结果存放在左下三角元素中，右上三角元素置为 0。

例如，若 N=3，有矩阵 $\begin{bmatrix} 1 & 2 & 3 \\ 4 & 5 & 6 \\ 7 & 8 & 9 \end{bmatrix}$，计算后结果为 $\begin{bmatrix} 1 & 0 & 0 \\ 6 & 5 & 0 \\ 10 & 14 & 9 \end{bmatrix}$。

5. 编写程序实现：将字符串尾部的 * 号全部删除，前面和中间的 * 号不动。

例如，字符串中的内容为 "****A*BC*DEF*G*******"，删除后，字符串中的内容应当是 "****A*BC*DEF*G"。

参考答案
单元七

第
2
篇

181

【学习笔记】

实验七

用数组实现批量数据处理

一、实验目标

(1) 掌握一维数组和二维数组的定义和数组元素引用的方法。

(2) 掌握数值数组的初始化赋值和输入、输出方法。

(3) 掌握字符数组的初始化赋值和输入、输出方法。

(4) 掌握与数组有关的常用算法。

(5) 掌握常用字符串处理函数的使用方法。

(6) 进一步训练和提高编写程序、调试程序的能力。

二、实验准备

(1) 复习一维数组、二维数组、字符数组的定义、引用和初始化方法。

(2) 复习数值型数组和非数值型数组的输入、输出方法。

(3) 复习矩阵的运算方法。

(4) 复习常用的字符串处理函数,以及用字符数组处理字符串的有关应用。

三、实验内容

1. 编写一个 C 程序,实现如下功能:由键盘输入某班级 20 名学生某门课程的成绩(0~100 之间的整数),统计输出该课程的平均成绩、最高成绩和最低成绩,并按成绩分类统计出各个等级的学生数(成绩分为 5 个等级:90 分及以上为优秀,80~89 分为良好,70~79 分为中等,60~70 分为及格,60 分以下为不及格)。

编程要点:

(1) 将 20 名学生的成绩存放于一个一维数组中。

(2) 对于数组元素的引用,包括输入、输出,求最大值、最小值、平均值等操作,都要用循环结构实现。

(3) 程序将产生如下所示的输出结果。

```
请输入20名学生的成绩（0-100之间的整数）：
23 78 91 24 56 90 67 87 45 23 12 56 87 67 98 87 65 45 34 21
最高分为98
最低分为12
平均分为57.80
```

2. 编写程序求一个 3×3 的整数矩阵对角线元素之和。

编程要点：

（1）注意两条对角线的下标特点。

（2）程序将产生如下所示的运行结果。

3. 用二维数组实现矩阵的转置。

编程要点：

（1）M 行 N 列的二维数组 a 转置后变成 N 行 M 列的数组 b。

（2）用双层循环从键盘输入二维数组 a 的元素；之后再用双层循环遍历数组 a，将每个 a[i][j] 赋给 b[j][i]，实现数组的转置。

（3）程序将产生如下所示的运行结果。

4. 编写一个程序，求字符数组中，指定字符的个数。

编程要点：

（1）字符数组和指定字符都从键盘上随机输入。

（2）注意循环结束的条件。

（3）程序将产生如下所示的运行结果。

```
输入字符串:
abcdacbab
输入需要查找的字符:
a
字符串中共有3个a.
```

5. 编写程序，删除字符串中指定位置的字符，并输出删除后的字符串。

编程要点：

（1）首先确定被删除的字符在数组中的下标。

（2）字符的删除，可以通过将后一字符覆盖前一字符的方法来实现。

（3）注意循环起始和结束的条件，删除之后形成的新串仍以 '\0' 结束。

（4）程序将产生如下所示的运行结果。

```
请输入一个字符串:
Beijing 2022
请输入删除位置:
8
删除后的字符串为: Beijing2022
```

第2篇

四、常见问题分析

在使用数组编程时常见的问题如表 7-1 所示。

表 7-1　使用数组编程时的常见问题

错误实例	错误分析
int a[5]; scanf("%d",&a);	数值型数组的值不能整体输入,应当用循环语句逐个输入元素的值

int a[5],i;
for(i=0;i<5;i++)
　scanf("%d",a[i]);
	输入数组元素的值时,数组元素 a[i] 前必须加上地址符 &

int a[5],i;
for(i=1;i<=5;i++)
　　scanf("%d",&a[i]);
	长度为 N 的数组,其下标应为 0~N−1

fun(a[ ],n);	数组名作为函数调用的实参时,数组名后面不能有方括号。正确的形式为:fun(a,n);
int a[2,3];	定义二维数组时,行数和列数要放在不同的方括号内。正确的形式为:int a[2][3];
int a[2][]={1,2,3,4,5,6};	二维数组初始化时,可以省略行数,但不能省略列数
char str[20]; str[20]="hello";	除了初始化之外,不能用赋值语句将一个字符串赋值给字符数组
char str[20]; scanf("%s",&str);	数组名 str 就代表了数组的首地址,不需再在其之前加地址符 &
char str1[]="hello",str2[]="world"; if(str1>str2) 　　……	比较两个字符串不能用关系运算符,只能用 strcmp() 函数

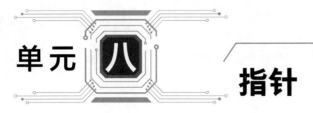

单元 八 指针

知识目标

（1）了解指针与指针变量的基本概念。

（2）掌握指针变量的定义、赋值和引用方法。

（3）理解指针的运算规则。

（4）掌握指向数组和字符串的指针变量的定义和引用方法。

（5）掌握指针数组和多级指针的使用方法。

（6）掌握指向函数的指针的定义和使用方法。

能力目标

（1）能够使用指针进行数据的间接访问。

（2）能够通过指针实现对数组和字符串的处理。

（3）能够通过指针实现函数间的数据传递。

素质目标

（1）通过学习"指针是把双刃剑"，树立程序设计中的安全意识。

（2）通过同一问题的多种不同实现方法，培养积极探索、勇于创新的精神。

（3）通过程序的编写与调试，培养耐心细致的工作作风。

单元导读

  指针提供了强大灵活的访问数据的方法，使函数之间能够通过地址传递来实现大批量数据传递，从而方便有效地使用数组和字符串；此外，使用指针能够动态分配内存，建立和处理动态数据结构，并有效地表示复杂的数据结构，比如链表、队列、栈和树等。正确而灵活地运用指针，可以编写出精练而高效的程序。因此，可以说指针是C语言中的精华部分，要想成为一个精通C语言的程序员，必须理解指针。

8.1 指针与指针变量

微课
指针与指针变量

8.1.1 指针与指针变量的概念

在计算机内存中，所有的信息（数据和代码）都是以二进制的
形式来存储的，存储器中的存储单元通常是以 1 个"字节"（8 个
"二进制位"）作为一个单位，每个字节的内存单元有不同的编号，
这个编号被称为该字节的地址，如图 8-1 所示。这样，根据内存单
元的编号就可准确地找到该内存单元，就像使用"门牌号"确定
"住址"一样。

如果在程序中定义了一个变量，系统在编译时将为这个变量分
配内存单元，当程序使用该变量时，实际上就是访问相应的内存单
元。因此，程序执行时，实际使用的是变量所占内存单元的地址，
这个地址，就是所谓的指针。

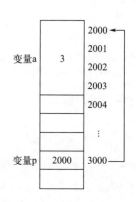

图 8-1 指针的概念

假如在程序中定义了 int 型变量 a，则系统给它分配了地址 2000 开始的四个字节的内存
单元，2000 就是变量 a 的地址，即它的指针，对变量 a 的访问都可以通过它的地址来进行。
若定义变量 p，用来存放 a 的地址，则此时要读取变量 a 的值，可以先找到存放"a 的地址"
的变量 p，从中取出 a 的地址（2000），然后到地址为 2000 的内存单元，读取 a 的值。如
图 8-1 所示。这个存放 a 的地址的变量 p，就是指针变量。

综上所述，指针类型是一种特殊的数据类型，这种类型用来表示变量、函数等对象占用
的内存单元的地址。而指针变量，是专门用来存放内存单元地址的变量。

8.1.2 指针变量的定义和赋值

（1）指针变量的定义

和其他类型的变量一样，指针变量也必须遵循"先定义，后使用"的原则。

指针变量定义的一般形式为：

数据类型符 *指针变量名;

其中："＊"是指针类型说明符，表示这是一个指针变量；"指针变量名"是给指针变量
起的名字，应当是合法的标识符；"数据类型符"则是指针变量所指向的变量的数据类型。

例如：

```
int *p1;    // 定义指针变量 p1,用于存放 int 型数据的地址,即 p1 指向 int 型数据
float *p2;   // 定义指针变量 p2, 存放 float 型数据的地址,即 p2 指向 float 型数据
```

如此定义后，从变量 p1 指向地址开始的 4 个字节（假设 int 型数据占用 4 个字节）里存
放的数据将被解释为 1 个整数，而从变量 p2 指向地址开始的 4 个字节里存放的数据将被解
释为 1 个实数。

注 意

① 指针变量名前面的"＊"，是指针类型说明符，不是变量名的组成部分。例如上面的定义中，指针变量名分别是 p1 和 p2，而不是 ＊p1 和 ＊p2。

② 在定义指针变量时必须指定其指向的数据类型，因为这个数据类型决定了指针变量所指向内容占用的内存字节数和如何解释这些字节信息。

（2）指针变量的赋值

指针变量在使用之前不仅要先定义，而且必须赋予具体的值。类似于普通变量，给指针变量赋值，同样也有以下两种方法：

① 初始化赋值　可以在定义指针变量的同时给指针变量进行初始化赋值。例如：

```
int n, *ptr＝&n;
```

②先定义，后赋值　如果一个指针变量中保存了另一个变量的地址，就称该指针变量指向了这个变量。

```
int n, *ptr;
ptr＝&n;
```

在上面的例子中，将变量 n 的地址赋给指针变量 ptr 后，就可以说指针变量 ptr 指向了变量 n。

指针是把"双刃剑"

指针是 C 语言的一大特色，因为指针，C 语言可以极度灵活，但也因为指针，C 语言变得很不安全。指针就是一把"双刃剑"，用好了可以让你如虎添翼，用得不好，会让你的程序出现各种各样的问题。

（1）指针变量在使用之前必须赋予具体的值，未经赋值的指针变量，其值是不确定的，通常被称为"野指针"，"野指针"是不能使用的，尤其是不能对其指向的内存空间做"写"操作，否则，带来的后果是不可预见的，有可能造成系统混乱，甚至死机。

（2）通过动态内存分配函数（如 malloc 等，单元九详细介绍）分配的动态内存在使用完之后需要手动释放，如果我们在程序中忘了释放这些动态内存，而程序又是会持续运行的服务进程，会导致内存占用越来越高，轻则影响系统性能，重则导致进程崩溃。

8.1.3　指针变量的引用

在程序中使用指针变量的目的是通过指针变量来访问它所指向的变量，与此相关的有两个单目运算符：取地址运算符"&"和间访运算符"＊"。

（1）取地址运算符"&"

取地址运算符"&"的运算结果是其运算对象的地址，如果运算对象具有数据类型，则运算结果的类型就是指向该数据类型的指针。例如，若有变量定义语句：

```
int n;
```

则表达式"&n"的值就是变量 n 的地址,其类型是指向 int 类型的指针。

(2)间访运算符"*"

间接访问运算符"*"通常被简称为"间访运算符"或"指针运算符",是单目运算符,结合性为自右至左,参与运算的对象必须是一个指针,用于获取指针所指向的变量的值。

使用间访运算符"*"间接访问变量的格式为:

```
*指针型数据
```

这里的"指针型数据"可以是指针变量,也可以是指针常量,如变量的地址、数组名、函数名等。

在引入了指针的概念后,对变量的访问有两种方法:一种是使用变量名的"直接访问法";另一种是通过指针来访问它所指向的变量的"间接访问法"。

【例 8-1】 通过指针变量间接访问所指向的变量。

源程序如下:

```
#include<stdio.h>
int main()
{
    int a＝5,b＝6,*p1,*p2;
     p1＝&a; p2＝&b;
    printf("%d%d\n",a,b);        //直接访问变量 a、b 的值
    printf("%d%d\n",*p1,*p2);      //通过指针变量 p1、p2 间接访问变量 a、b
    return 0;
}
```

在本例中,定义了整型变量 a、b 和指向整型变量的指针变量 p1、p2,将 a、b 的地址赋值给 p1、p2,则 p1、p2 分别指向了变量 a、b,如图 8-2 所示。第一个 printf()语句输出变量 a、b 的值,这种访问方式为直接访问;第二个 printf()语句通过指针变量 p1、p2 访问其所指向的变量 a、b,这种访问方式为间接访问。

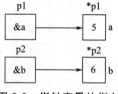

图 8-2 指针变量的指向

 注意

① 间访运算符"*"和指针变量定义中的指针类型说明符"*"不是一回事。在指针变量定义中,"*"是类型说明符,表示其后的变量是指针类型;而表达式中出现的"*"则是一个运算符,用以表示指针所指向的变量。

② 在使用间访运算符访问其指向的变量时,必须首先保证指针变量要有明确的指向,也就是说,不能使用"野指针"。

③ 间访运算符"*"和取地址运算符"&"是一对互逆的运算符,通常可以相互抵消。

例如:

```
int i＝10,*p;
p＝&i;
```

即指针变量 p 和普通变量 i 之间有如图 8-3 所示的指向
关系。则：p＝&i＝&(* p)， i＝ * p＝ *(&i)。

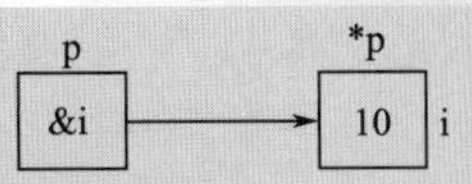

图 8-3　指针变量与变量之间的关系

8.1.4　指针变量作为函数参数

在 C 语言中，函数的参数不仅可以是整型、实型、字符型等数据，还可以是指针类型
数据，它的作用是将一个地址传送到另一个函数中。

【例 8-2】　用指针变量作为函数参数，重写【例 7-9】，实现数组 a、b 元素的交换。
源程序如下：

```
#include<stdio.h>
#define N 5
void Swap(int *p1, int *p2)      //交换指针 p1 和 p2 所指向的变量
{
    int temp;
    temp＝*p1;    *p1＝*p2;    *p2＝temp;
}

int main(void)
{
    int i, a[N]＝{1, 2, 3, 4, 5};
    int b[N]＝{101, 102, 103, 104, 105};
    printf("调用 Swap()前:\n\t 数组 1 中的数据是:");   //输出数组 1 中的原始内容
    for(i＝0; i<N; i＋＋)
        printf("%5d", a[i]);
    printf("\n\t 数组 2 中的数据是:");      //输出数组 2 中的原始内容
    for(i＝0; i<N; i＋＋)
        printf("%5d", b[i]);
    for(i＝0; i<N; i＋＋)
        Swap(&a[i],&b[i]);             //调用函数 Swap
    printf("\n 调用 Swap()后:\n\t 数组 1 中的数据是:"); //输出调用后数组 1 中的内容
    for(i＝0; i<N; i＋＋)
        printf("%5d", a[i]);
    printf("\n\t 数组 2 中的数据是:");      //输出调用后数组 2 中的内容
    for(i＝0; i<N; i＋＋)
        printf("%5d", b[i]);
    return 0;
}
```

程序的运行结果如下。

```
调用Swap()前:
      数组1中的数据是:     1    2    3    4    5
      数组2中的数据是:   101  102  103  104  105
调用Swap()后:
      数组1中的数据是:   101  102  103  104  105
      数组2中的数据是:     1    2    3    4    5
```

从运行结果来看，数组 a、b 中的元素成功实现了交换。在本例中，Swap() 函数使用指针变量 p1 和 p2 作为参数，其功能是交换 p1 和 p2 所指向的变量。在主函数中调用 Swap()，将元素 a[i] 和 b[i] 的地址作为实参传递给 p1 和 p2，此时 p1、p2 指向了数组元素 a[i] 和 b[i]，因此交换 p1 和 p2 所指向的元素即是交换了元素 a[i] 和 b[i]，这种方式是"地址传递"。而【例 7-9】采用的是"值传递"方式，将实参 a[i] 和 b[i] 的值传递给形参 x 和 y，形参 x、y 进行了交换，但 a[i] 和 b[i] 中的值并未发生改变。

微课
指针与数组

8.2　指针与数组

8.2.1　用指针访问一维数组

指针变量既可以指向变量，也可以指向数组元素，数组元素的指针就是数组元素的地址。

定义一个指向数组元素的指针变量的方法，与前面介绍的定义指向普通变量的指针变量方法相同。例如：

```
int a[10];      //定义 a 为包含 10 个元素的整型数组
int *p;         //定义指向整型数据的指针变量
p＝&a[0];       //对指针变量 p 赋值
```

将 a[0] 元素的地址赋给指针变量 p，使 p 指向数组元素 a[0]，如图 8-4 所示。

C 语言规定，数组名代表了数组的首地址，即元素 a[0] 的地址。因此，下面两个语句等价：

```
int *p＝&a[0];
int p＝a;
```

显然，p、a、&a[0] 均代表了数组 a 的首地址，但 p 是变量，而 a、&a[0] 都是常量。

C 语言规定，若指针变量 p 已指向数组中的某一个元素，则 p+1 指向数组中的下一个元素，p−1 指向数组中的上一个元素。如图 8-4 所示，如果 p 的初值为 &a[0]，则：

① p＋i 和 a＋i 就是元素 a[i] 的地址，即 &a[i]，或者说它们指向数组中的第 i 个元素。

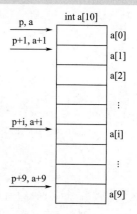

图 8-4　通过指针变量引用数组元素

　注　意

p＋i 的实际地址是 p＋i＊d，其中 d 为数组的数据类型在内存中占用的字节数，例如，int 型数据在 VC 系统中占用 4 字节，若 a 为 int 型数组，则 p＋i 的实际地址是 p＋i＊4。

② *(p+i) 或 *(a+i) 就是 p+i 或 a+i 所指向的数组元素，即 a[i]。实际上，在编译时，对数组元素 a[i] 就是按 *(a+i) 处理的，即按照数组首元素的地址加上相对位移量得到要找的元素的地址，然后找出该地址单元中的内容。

③ 可使用 p[i] 表示数组元素 a[i]，此处 p[i] 是 *(p+i) 的简便写法。

综上所述，可以通过数组名访问数组元素，也可以通过指针访问数组元素。

【例 8-3】 使用数组名访问一维数组的元素。

源程序如下：

```
#include<stdio.h>
#define N 5
int main(void)
{
    int a[N], i;
    for(i=0; i<N; i++)
        *(a+i)=i;
    for(i=0; i<N; i++)
        printf("元素 a[%d]的地址是:%#p,值是:%d\n", i, a+i, a[i]);
    return 0;
}
```

该程序运行后的输出结果如下。

```
元素a[0]的地址是：0X0093F758，值是：0
元素a[1]的地址是：0X0093F75C，值是：1
元素a[2]的地址是：0X0093F760，值是：2
元素a[3]的地址是：0X0093F764，值是：3
元素a[4]的地址是：0X0093F768，值是：4
```

【例 8-4】 使用指针变量+指针法访问一维数组的元素。

源程序如下：

```
#include<stdio.h>
#define N 5
int main(void)
{
    int a[N], i,*p;
    p=a;
    for(i=0; i<N; i++)
        *(p+i)=i;
    for(i=0; i<N; i++)
    {
        printf("元素 a[%d]的地址是:%#p,值是:%d\n", i, p,*p);
        ++p;
    }
    return 0;
}
```

该程序运行后的输出结果与【例 8-3】相同。

本程序中，第一个 for 循环采用 *(p+i) 方式访问一维数组的元素 a[i]，循环过程中，指针变量 p 的值没有改变，始终指向一维数组 a 的起始地址；而在第二个 for 循环中，每次执行循环体时都将指针变量 p 的值加 1，使其指向一维数组中的下一个元素，指针在整个遍历访问数组元素的过程中是移动的。

另外，本程序中的两个 for 循环都使用下标变量 i 作为循环变量，实际上在使用循环语句遍历访问数组的所有元素时，也可以用指针变量 p 作为循环变量，比如可以使用以下的 for 循环来输出数组 a 所有元素的值：

```
for(p=a; p<a+N; p++)
    printf("%d\t",*p);
```

除了上述形式外，还可以用 p[i] 来访问一维数组元素 a[i]。

【例 8-5】 使用指针变量＋下标法访问一维数组元素。

源程序如下：

```
#include<stdio.h>
#define N 5
int main(void)
{
    int a[N], i,*p;
    p=a;
    for(i=0; i<N; i++)
        p[i]=i;
    for(i=0; i<N; i++)
        printf("元素 a[%d]的地址是:%#p,值是:%d\n", i, p, p[i]);
    return 0;
}
```

从上述三个例题可以看出，对于一维数组 a，既可以通过数组名 a 采用下标法 a[i] 或指针法 *(a+i) 来访问其元素，也可以通过指向该数组首地址的指针变量 p 采用下标法 p[i] 或指针法 *(p+i) 来访问其元素。

在使用指针法访问数组的元素时，要注意：

① 可对指针变量执行合适的赋值运算和算术运算，使其指向数组的不同元素，但数组名是常量，不可对其赋值，也不可执行"＋＋"或"－－"等运算。例如：

`int a[10],*p;`
`for(p=a; p<(a+10);++p) //合法`
`    *p=0;`
	`int a[10];`
	`for( ; a<(a+10);++a) //不合法`
	`    *a=0;`

② 由于间访运算符"＊"与自增/自减运算符"＋＋"/"－－"都是单目运算符，优先级相同，结合性为自右向左，当这些运算符同时出现在指针变量的两边时，应区分是先取指针所指向的变量的值还是先使指针变量自增或自减。

例如，对于指针变量 p，表达式 *p++等价于 *(p++)，作用是先得到 p 指向的变量的值（即 *p），然后再使 p 自增 1；如果要使 p 指向的变量自增 1，应该写成（*p)++。

【例 8-6】 用指针变量实现一维数组元素的逆序存放。

分析：可用两个指针变量 p 和 q 分别指向数组的首元素和最后一个元素，交换 p 和 q 所指向的元素，之后 p++指向下一个元素，q－－指向倒数第二个元素，再交换，重复这个过程。若 p>=q 则说明所有元素都实现了交换，结束循环。

源程序如下：

```
#include<stdio.h>
#define N 10
int main()
```

```
{
    int a[N],i,temp,*p,*q;
    printf("请输入数组的%d个元素:\n",N);      //输入数组元素
    for(i=0;i<N;i++)
        scanf("%d",a+i);
    for(p=a,q=a+N-1;p<q;p++,q--)      // 交换元素
    {
        temp=*p;*p=*q;*q=temp;
    }
    printf("逆置后的数组:\n");              //输出数组元素
    for(i=0;i<N;i++)
        printf("%4d",*(a+i));
    return 0;
}
```

运行结果如下。

```
请输入数组的10个元素:
10 20 30 40 50 60 70 80 90 100
逆置后的数组:
 100  90  80  70  60  50  40  30  20  10
```

8.2.2　用指针访问二维数组

根据二维数组元素在内存中的排列方式，可以把二维数组理解为一种特殊的一维数组，该一维数组的每个元素又是一个一维数组，即数组的数组。例如，对于以下的二维数组定义语句：

```
int a[3][4];
```

a 是一个二维数组名，该数组包含 3 行，可以把它看作是一个包含 3 个元素 a[0]、a[1] 和 a[2] 的一维数组，而这 3 个元素又都可以看作是包含 4 个元素的一维数组，即每行的 4 个列元素，例如，a[0] 所代表的一维数组又包含的 4 个元素分别为：a[0][0]、a[0][1]、a[0][2] 和 a[0][3]，如图 8-5 所示。

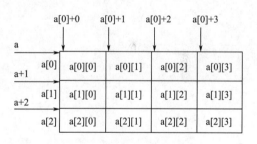

图 8-5　指向二维数组的指针

根据一维数组的指针知识，数组名 a 代表整个数组的首地址，即第 0 号元素 a[0] 的地址 &a[0]，也是二维数组第 0 行的首地址，则 *(a+0) 间接引用 a[0]；a+1 代表第 1 号元素 a[1] 的地址 &a[1]，也是二维数组第 1 行的首地址，*(a+1) 就表示 a[1]。以此类推，a+i 代表第 i 行元素 a[i] 的地址 &a[i]，也是二维数组第 i 行的首地址，*(a+i) 就表示 a[i]。

a[0]、a[1] 和 a[2] 既然又都是一维数组名，因此，a[0] 代表第 0 行一维数组中第 0 列元素的地址，即 &a[0][0]，则 *(a[0]+0) 间接引用 a[0][0]，而 *(a+0) 间接引用 a[0]，所以，*(*(a+0)+0) 也是间接引用 a[0][0]；a[0]+1 则表示 &a[0][1]，*(a[0]+1) 表示 a[0][1]，*(*(a+0)+1) 也表示 a[0][1] ……以此类推，a[i]+j 的值是 &a[i][j]，*(a[i]+j)

表示 a[i][j]，*(*(a+i)+j) 也表示 a[i][j]。具体如表 8-1 所示。

综上所述，对于二维数组 a 而言，*(a[i]+j) 或 *(*(a+i)+j) 就代表了该数组的元素 a[i][j]，因此，使用二维数组的数组名作为指针常量，可以访问它的每个元素。

表 8-1　二维数组 a 的地址及元素值

表示形式	含义
a	二维数组的首地址，即第 0 行的首地址
a+i	第 i 行的首地址
a[i]、*(a+i)	第 i 行第 0 列的元素地址
a[i]+j、*(a+i)+j、&a[i][j]	第 i 行第 j 列元素的地址
(a[i]+j)、(*(a+i)+j)、a[i][j]	第 i 行第 j 列元素的值

【例 8-7】 使用数组名访问二维数组的元素。

源程序如下：

```c
#include<stdio.h>
#define M 3
#define N 4
int main(void)
{
    int a[M][N], i, j;
    printf("输入二维数组的%d个元素:",M*N);
    for(i=0; i<M; i++)
        for(j=0; j<N; j++)
            scanf("%d",*(a+i)+j);
    printf("输出数组元素:\n");
    for(i=0; i<M; i++)
    {
        for(j=0; j<N; j++)
            printf("%4d", *(*(a+i)+j));
        printf("\n");
    }
    return 0;
}
```

该程序运行后的输出结果如下。

```
输入二维数组的12个元素: 1 2 3 4 5 6 7 8 9 10 11 12
输出数组元素:
   1   2   3   4
   5   6   7   8
   9  10  11  12
```

与一维数组类似，在二维数组中，也可以使用一个指向类型与二维数组元素类型相同的指针变量，按照二维数组在内存中的排列次序，通过计算相对于基地址的偏移量来访问二维数组中的每个元素，如图 8-6 所示。

【例 8-8】 使用指向二维数组元素的指针变量访问二维数组。

源程序如下：

```
#include<stdio.h>
#define M 3
#define N 4
int main(void)
{
    int a[M][N], i, j ,*p＝&a[0][0];
    printf("输入二维数组的%d个元素:", M*N);
    for(i＝0; i<M; i＋＋)
        for(j＝0; j<N; j＋＋)
            scanf("%d", p＋i*N+j);
    printf("输出数组元素:\n");
    for(i＝0; i<M; i＋＋)
    {
        for(j＝0; j<N; j＋＋)
        {
            printf("%4d",*p);
            ＋＋p;
        }
        printf("\n");
    }
    return 0;
}
```

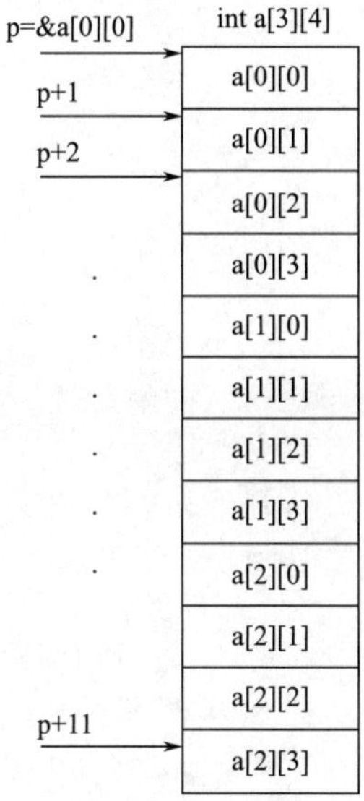

图 8-6　指向二维数组元素的指针

本程序的运行结果与【例 8-7】完全相同。

在本例中，指针变量 p 是用"int *p;"定义的，它指向整型数据（p＝&a[0][0]），而 p＋1 则指向二维数组排列表中的下一个元素。

还可以再换一种方法，使得 p 不是指向二维数组的元素，而是指向一个包含 n 个元素的一维数组，如图 8-7 所示。如果 p 先指向第 0 行 a[0]（即 p＝&a[0]），则 p＋1 指向第 1 行 a[1]，p 的增值以一维数组中 n 个元素的长度为单位。

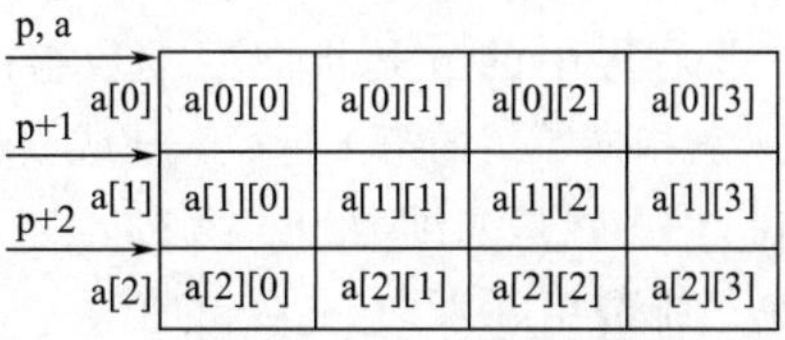

图 8-7　p 指向包含 n 个元素的一维数组

指向一维数组的指针变量简称"数组指针"，也称为"行指针"，它定义的一般形式如下。

数据类型符 (*指针变量名)[常量表达式];

其中："*"是指针类型说明符，表示这是一个指针变量；"指针变量名"应当是一个合法的标识符；"数据类型符"则用于说明指针变量所指向的一维数组中元素的数据类型，方括号中的"常量表达式"则指定了指针变量所指向的一维数组的长度。例如：

int (*p)[4];

以上定义了一个指向由 4 个元素组成的一维数组的指针 p，如图 8-8 所示。p 的值是该一维数组的起始地址，不能用 p 指向一维数组中的某个元素。

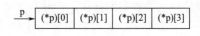

图 8-8　（*p)[4] 的示意图

【例 8-9】 使用数组指针变量访问二维数组。

源程序如下：

```
#include<stdio.h>
#define M 3
#define N 4
int main(void)
{
    int a[M][N], i, j;
    int (*p)[N];
    p＝&a[0];
    printf("输入二维数组的%d个元素:",M*N);
    for(i=0; i<M; i++)
        for(j=0; j<N; j++)
            scanf("%d",*(p+i)+j);
    printf("输出数组元素:\n");
    for(i=0; i<M; i++)
    {
        for(j=0; j<N; j++)
            printf("%4d",*(*(p+i)+j));
        printf("\n");
    }
    return 0;
}
```

本程序的运行结果与【例 8-7】相同。

该程序中的 p 是指向一维数组的指针变量，将 p 指向二维数组 a 的第 0 行后，p+1 或 p[1] 就指向数组的第 1 行，p+i 或 p[i] 就是二维数组 a 的第 i 行的起始地址，那么，*(p+i)+j 或 p[i]+j 就是二维数组 a 第 i 行第 j 列元素的地址，*(*(p+i)+j)、*(p[i]+j) 或 p[i][j] 就是二维数组元素 a[i][j] 的值。

8.2.3　指向数组的指针作为函数参数

7.4.2 节介绍了用数组名作为函数的形参和实参，例如：

```
void fun(int x[ ],int n)          int main(void)
{                                  {
    ......                             int a[10];
}                                      ......
                                       fun(a,10);
                                       ......
                                   }
```

a 为实参数组名，x 为形参数组名，此时函数间进行的是"地址传递"，即将实参数组的首地址传递给形参数组，则形参数组和实参数组指向的是同一组数据，对形参数组的操作也即是对实参数组的操作，若形参数组中各元素的值发生变化，实参数组元素的值也随之变化。

事实上，C 语言的编译系统都是将形参数组名作为指针来处理的，并非真正开辟一个新的数组空间。例如，上面的 fun() 函数中，形参为数组形式，但是在编译时，将数组名 x 按指针变量处理，相当于：

```
void fun(int *x,int n)
```

综上所述，若要通过函数调用对数组进行操作，可用数组名或指针作为函数参数，实参和形参的对应关系有以下 4 种。

① 实参和形参都用数组名。例如：

```
void fun(int x[ ],int n)                int main(void)
{                                       {
    ......                                  int a[10];
}                                           ......
                                            fun(a,10);
                                            ......
                                        }
```

形参数组名接收了实参数组的首地址，在函数调用期间，形参数组和实参数组共用一段内存单元。

② 实参用数组名，形参用指针变量。例如：

```
void fun(int *x,int n)                  int main(void)
{                                       {
    ......                                  int a[10];
}                                           ......
                                            fun(a,10);
                                            ......
                                        }
```

函数调用时，将实参数组 a 的首地址赋值给形参指针变量 x，即 x＝&a[0]。在函数 fun（）的执行过程中，通过改变 x 的值，可以指向数组 a 中任一元素。

③ 实参和形参都用指针变量。例如：

```
void fun(int *x,int n)                  int main(void)
{                                       {
    ......                                  int a[10],*p＝a;
}                                           ......
                                            fun(p,10);
                                            ......
                                        }
```

程序执行时，先使实参指针变量 p 指向数组 a；然后将 p 的值传递给形参指针变量 x，使得 x 也指向数组 a，这样通过改变 x 的值就可以使其指向数组 a 中的任一元素。

④ 实参用指针变量，形参用数组名。例如：

```
void fun(int x[],int n)                 int main(void)
{                                       {
    ......                                  int a[10],*p＝a;
}                                           ......
                                            fun(p,10);
                                            ......
                                        }
```

第 2 篇

　　实参指针变量 p 指向数组 a，形参为数组名 x，编译系统将 x 作指针变量处理。函数调用时，形参数组名 x 获取了实参数组 a 的首地址，即 x、a 指向同一段内存单元，在程序的执行过程中，形参数组 x 的元素发生变化，也会使实参数组 a 的元素值随之变化。

　　【例 8-10】 用指针变量作函数形参，改写【例 7-9】中的函数 Swap()，交换数组 a、b 的值。

　　源程序如下：

```c
#include<stdio. h>
#define N 5
void Swap(int *p, int *q, int n)    //交换指针 p 和 q 所指向的 n 个元素
{
    int temp, i;
    for(i＝0; i<n; i++)
    {
        temp＝*p;  *p＝*q;  *q＝temp;
        p++; q++;
    }
}


int main(void)
{
    int i, a[N]＝{1, 2, 3, 4, 5};
    int b[N]＝{101, 102, 103, 104, 105};
    ……
    Swap(a, b, N);                //调用函数 Swap
    ……
}
```

　　在 Swap()函数中，以指针变量 p 和 q 作为参数，交换它们所指向的数组中 n 个元素的值。主函数中，调用函数 Swap()，以数组名 a、b 作为实参，将数组的首地址传递给形参指针变量 p 和 q，交换 p 和 q 所指向的元素，即是交换数组 a、b 中对应的元素。

　　本例中，主函数与【例 7-9】完全相同，仍以数组名作为实参，此处不再列出完整代码。

　　【例 8-11】 用指针变量作为函数参数，改写【例 7-4】的冒泡排序程序。

　　源程序如下：

```c
#include<stdio. h>
#define N 10
void Sort(int *p, int n)         //对指针变量 p 所指向的 n 个元素进行冒泡排序
{
    int *q,i,temp;
    for(i＝1; i<n; i++)               //冒泡轮数,共 n－1 轮
        for(q＝p; q<p＋n－i; q++)          //实现一次冒泡操作
            if(*q> *(q+1))            //比较相邻两数,将大数放到后面
            {
                temp＝*q;
                *q＝*(q+1);
                *(q+1)＝temp;
            }
}
```

```
int main(void)
{
    int num[N], i;
    printf("请输入%d个整数:\n", N);
    for(i=0; i<N; i++)                 //输入数据
        scanf("%d", &num[i]);
    Sort(num,N);             //调用Sort()函数,实参为数组名num
    printf("按升序排序后的数据是:\n");
    for(i=0; i<N-1; i++)              //输出排序后的数据
        printf("%d,", num[i]);
    printf("%d\n", num[N-1]);
    return 0;
}
```

以上两个例子都以指向一维数组的指针变量作为函数参数,在实际使用中,还可以用指向二维数组的指针变量作为函数参数,有两种实现方式:①用指向二维数组元素的指针变量。②用行指针,即指向由 n 个元素组成的一维数组的指针变量。

【例8-12】某班级有 20 名同学,分成 4 个小组,每个小组有 5 名同学,请统计该班级同学在某次考试中的平均分,并输出第一小组同学的成绩。

源程序如下:

```
#include<stdio.h>
#define M 4
#define N 5
float Average(int *p,int n)      //求指针p所指向的数组中n个元素的平均值
{
    int *q,sum=0;
    for(q=p;q<p+n;q++)
        sum+=(*q);
    return (float)sum/n;
}

void Output(int (*p)[N],int x)      //用行指针p输出二维数组中第x行的N个元素
{
    int j;
    printf("第%d小组的成绩为:\n",x+1);
    for(j=0;j<N;j++)
        printf("%4d",*(*(p+x)+j));
    printf("\n");
}
int main(void)
{
    int a[M][N]={{100,96,67,85,90},{65,78,90,100,87},
                {45,91,89,75,100},{56,86,90,100,79}};
    printf("本班同学的平均成绩为%6.2f\n", Average(&a[0][0],M*N));
    Output(a,0);
    return 0;
}
```

程序的输出结果如下。

```
本班同学的平均成绩为 83.45。
第1小组的成绩为：
 100  96  67  85  90
```

在本程序中，将 20 名同学的成绩存入 4 行 5 列的数组中，一行即为一个小组。在 Average()
函数中，形参为指向二维数组元素的指针变量，依次遍历数组的 n 个元素，求出平均值；而
Output() 函数的参数是行指针，用于输出数组的一行。

8.3 指针与字符串

指针与字符串

8.3.1 用指针访问字符串

7.3 节介绍了使用字符数组来存放一个字符串，例如：

```
char str[]="C program";
```

在 C 语言中，还可以不用定义字符数组，而是定义一个字符指针变量，用字符指针变
量指向字符串中的字符，例如：

```
char *pstr="C program";
```

可见，可以用字符串常量来对字符数组和字符指针变量进行"初始化赋值"。但字符串常量
在两处的意义不同，用字符串常量对字符数组进行初始化，是把初值表中的字符依次赋给每个元
素；而指针变量不是数组，初始化时也不需要初值表，赋给它的是字符串常量的起始地址。

在 C 语言中，可以通过数组名来访问字符串，也可以通过字符指针变量来访问字符串。

【例 8-13】 使用字符指针变量访问所指向的字符串和其中的每个字符。

源程序如下：

```
#include<stdio.h>
int main(void)
{
    char *pstr="C program";
    puts(pstr);                //用 puts()函数输出 pstr 指向的字符串
    while(*pstr != '\0')    //用 while 语句逐个输出 pstr 所指向的字符
    {
        putchar(*pstr);
        ++pstr;
    }
    putchar('\n');
    return 0;
}
```

该程序运行后的输出结果如下。

```
C program
C program
```

程序中，首先用 puts()输出 pstr 所指向的字符串；然后用 while 语句逐个输出指针 pstr

所指向的字符，每次输出字符后，pstr+1，指向下一个字符，直至遇到结束标志'\0'.

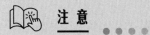 **注 意**

① 如果要通过字符指针来"存放"一个字符串，必须首先使该字符指针指向一个确定的字符数组。如下面两个程序段：

程序段一：	程序段二：
char *pstr;	char str[30],*pstr;
scanf("%s", pstr);	pstr=str;
	scanf("%s", pstr);

程序段一的做法是非常危险的，因为指针变量 pstr 未指向确定的地址，是一个"野指针"。正确的做法应当如程序段二所示，先使字符指针变量 pstr 指向字符数组 str 的起始地址，然后输入一个字符串，把它存放在以该地址开始的若干存储单元中。

② 字符数组和字符指针变量都可以用字符串常量来进行"初始化赋值"，但是，如果是"先定义后赋值"，则只能对字符数组的每个元素单独赋值，不能再使用字符串常量对其进行整体赋值。而对于字符指针变量，C 语言仍然支持用字符串常量进行赋值，将字符串的首地址赋值给字符指针变量。例如：

char str[30];	char *pstr;
str="C program"; //非法	pstr="C program"; //合法

【例 8-14】 将字符串 str 中的小写字母全部改成对应的大写字母，其他字符不变。
源程序如下：

```c
#include<stdio.h>
int main(void)
{
    char str[81],*p;
    printf("请输入一个字符串:\n");
    gets(str);                      //输入字符数组
    for(p=str;*p!='\0';p++)      //用指针 p 遍历字符串
        if(*p>='a'&&*p<='z')    //若 p 所指向的字符是小写字母,则转换成大写
            *p-=32;
    printf("%s\n",str);
    return 0;
}
```

运行结果如下。

```
请输入一个字符串:
Ab,cD
AB,CD
```

在本程序中，使用指针变量 p 遍历字符串。for 语句中，用字符数组名 str 给指针变量 p 赋初值，则 p 指向字符数组中的第一个字符，循环的条件是 p 所指向的字符不为结束标志'\0'，此时若 p 所指向的字符为小写字母，则转换成对应的大写字母，当前字符处理完成之后，p++，使 p 指向下一个字符，如此循环直至字符串结束。

8.3.2 字符串在函数间的传递方式

在 C 语言中，可以通过两种方式向函数传递字符串：

① 使用字符数组名作为函数参数。

② 使用字符指针作为函数参数。在这两种方式中，传递的都是字符串的首地址。

【例 8-15】 编写程序，实现两个字符串的连接，不使用库函数 strcat()。

源程序如下：

```
(1)以字符指针变量作为函数参数
#include<stdio.h>
//字符串连接函数,字符指针变量作函数形参
void Str_cat(char *s,char *t)
{
    for(;*s!='\0';s++); //确定连接位置
    //字符串连接
    for(;*t!='\0';t++,s++)
        *s=*t;
    *s='\0';
}
int main()
{
    char str1[80]="First String. ";
    char str2[]="Second String. ";
    Str_cat(str1,str2);   //函数调用
    printf("字符串连接后:%s\n",str1);
    return 0;
}
```

```
(2)以字符数组作为函数参数
#include<stdio.h>
//字符串连接函数,数组名作函数形参
void Str_cat(char s[],char t[])
{
    int i,j;
    //确定连接位置
    for(j=0;s[j]!='\0';j++);
    //字符串连接
    for(i=0;t[i]!='\0';i++)
        s[j+i]=t[i];
    s[j+i]='\0';
}
int main()
{
    char str1[80]="First String. ";
    char str2[]="Second String. ";
    Str_cat(str1,str2);//函数调用
    printf("字符串连接后:%s\n",str1);
    return 0;
}
```

程序的运行结果如下。

```
字符串连接后：First String.Second String.
```

8.4 返回指针值的函数

单元六中已经介绍，被调函数可以给主调函数带回一个返回值，返回值的类型可以是任何的基本数据类型或指针。如果函数的返回值类型是指针，则称其为返回指针值的函数。由于返回值的类型也称为函数的类型，因此，返回指针值的函数也被称为指针型函数。

定义返回指针值函数的一般形式为：

```
数据类型符*函数名(形参列表)
{
……     /*函数体*/
}
```

其中函数名之前加了"＊"表明这是一个指针型函数，即返回值是一个指针。"数据类

型符"则表示了返回的指针值所指向的数据类型。例如:

```
int *fun(int x, int y)
{
    ……/*函数体*/
}
```

以上程序定义了一个 int * 类型返回值的函数。

使用返回指针值的函数好处在于被调函数可以将一组数据的地址通过返回值传递给主调函数,使主调函数通过返回的地址来获取这一组数据,从而突破函数只能返回一个数值的限制。

【例 8-16】 使用返回指针值的函数传递一组数据给主调函数。

源程序如下:

```
#include<stdio.h>
#define N 10
int *Fun(void);        //声明函数 Fun
float Average(int *p, int n)   //声明函数 Average
int main(void)
{
    float ave;
    ave=Average(Fun(), N);   //调用函数 fun,获取一指针作为 Average 的参数
    printf("所有数据的平均值是:%.2f\n", ave);
    return 0;
}

int *Fun(void)
{
    static int a[N]={1, 2, 3, 4, 5, 6, 7, 8, 9, 10};//定义静态局部数组
    return a;   //返回数组 a 的首地址
}

float Average(int *p, int n) //求 p 所指向的数组中 n 个元素的平均值
{
    int sum=0, i=0;
    while(i<n)
    {
        sum +=*p;
        ++i;++p;
    }
    return ((float)sum /n);
}
```

该程序的输出结果如下。

所有数据的平均值是:5.50

本程序中,通过返回指针值的函数 fun() 将一组数据(数组 a)的起始地址返回给主调函数 Average(),从而使主调函数 Average() 可以通过指针间接访问定义在被调函数 fun() 中的局部数组,也就是说将一组数据传递给了函数 Average()。

特别要注意的是,通过函数返回的指针值通常情况下必须指向静态变量或外部变量,就

像上面的函数 fun()中的数组 a 那样，如果把数组 a 定义成动态的，则程序执行流程从函数 fun()返回后，该数组占用的存储空间就会释放，有可能在其他地方又分配给别的动态变量使用，从而造成错误。

从【例 8-16】可以看到，返回指针值的函数的声明格式与其他函数的声明格式类似，都是先复制函数定义的函数头，然后再在后面加上语句结束符 "；"，当然如果是外部函数的声明，同样必须在前面加上关键字 "extern"。另外，请注意在 "＊函数名" 的两侧没有圆括号，否则就变成了指向函数的指针变量的定义，而不是返回指针值函数的声明。

例如，将上述函数 Fun()的声明写成：

```
int (*Fun)(void);
```

则 Fun()是一个指向函数的指针变量，而不是一个返回指针值的函数。8.6 节将介绍指向函数的指针变量，此处只是提醒大家必须注意返回指针值函数的声明与指向函数的指针变量定义格式之间的区别。

8.5　指针数组与指向指针的指针

8.5.1　指针数组

如果一个数组的所有元素都是指针，则该数组就是指针数组，指针数组中的所有元素都必须是具有相同存储类型和指向相同数据类型的指针。

（1）指针数组的定义及初始化

定义一维指针数组的一般格式为：

```
数据类型符 *数组名[整型表达式]＝{初值列表};
```

例如：

```
int a[3][3],*p[3]＝{a[0], a[1], a[2]};
```

同时定义了 2 个数组：3 行 3 列的 int 型二维数组 a 以及指针数组 p，数组 p 包含 3 个元素，每个元素都是一个指向 int 类型的指针变量，将二维数组 a 中 3 行的首地址作为指针数组 p 的 3 个元素的初始值，如图 8-9 所示。

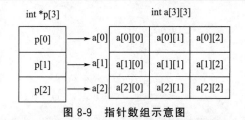

图 8-9　指针数组示意图

　注　意

"指针数组" 和 "数组指针" 是两个完全不同的概念。指针数组是一个数组，它的每个元素都是一个指针，可以与指向相同类型的普通指针一样使用；而数组指针则是一个指针，它指向的对象是一个数组，在 8.2.2 节中已有详细介绍，两者不能混淆。

（2）指针数组的应用举例

① 用指针数组处理二维数组。

指针数组中的每个元素相当于一个普通指针变量，若每个元素分别指向不同的一维数组，且这些一维数组的长度和元素的类型都相同，那这些一维数组就可以构成一个二维数组，每个一维数组可以作为二维数组中的一行，因此一维指针数组通常用于指向二维数组。例如，可以把【例 8-8】的程序修改为【例 8-17】的程序。

【例 8-17】 使用指针数组访问二维数组的元素。

源程序如下：

```
#include<stdio.h>
#define M 3
#define N 4
int main(void)
{
    int a[M][N], i, j ,*ptr[M];
    printf("输入二维数组的%d个元素:",M*N);
    for(i=0; i<M; i++)
    {
        ptr[i]=a[i];        //将指针数组 ptr 的第 i 个元素指向数组 a 的第 i 行
        for(j=0; j<N; j++)
            scanf("%d",ptr[i]+j);
    }
    for(i=0; i<M; i++)
    {
        for(j=0; j<N; j++)
            printf("%4d",*(ptr[i]+j));
        printf("\n");
    }
    return 0;
}
```

在程序中，将指针数组的元素 ptr[i] 指向二维数组 a 中 i 行的起始地址 a[i] 后，ptr[i]＋j 就指向元素 a[i][j]。

比较【例 8-8】和【例 8-17】的程序，可以发现，可以使用普通指针变量指向二维数组中的元素，通过移动指针，间接访问不同的元素，但指针需要跨行移动；也可以使用一维指针数组，使其每个元素依次指向二维数组中的每一行，通过移动指针数组的每个元素指针，间接访问二维数组中不同的元素，但每个元素指针不需要跨行移动。当然，还可以像【例 8-9】那样使用数组指针变量来指向二维数组，通过移动指针间接访问不同的元素，但指针需要跨行移动，且移动的步进单位是二维数组的一行。

由此可知，在使用指针访问数组中的元素时，使用的指针可以是多种不同类型的指针，构成访问数组元素的各种不同的表示方法，用法非常灵活。

② 指针数组可以用作函数参数。

运行在操作系统上的应用程序的主函数首部的标准写法是：

```
int main(int argc, char *argv[])
```

参数 argv 是指向字符类型的一维指针数组，用于接收通过命令行启动该应用程序时的

第 2 篇

开关参数，每个开关参数都是一个字符串。因此，指向字符类型的一维指针数组在程序中常用于函数的形参，通过这一个参数就可以让被调函数同时获取多个不同的字符串。

③ 用指针数组处理多个字符串。

本书 7.3 节已经介绍，一个字符串可以用一维数组来存放，而多个字符串可用二维数组来存放。若用指针引用多个字符串，则需要多个指针，因此也可利用字符型指针数组处理多个字符串。

【例 8-18】 编写程序，对一组人名按照字母顺序进行排序。

分析：本问题中，把所有字符串的起始地址依次保存在一个指针数组中，如图 8-10 所示，当需要交换两个字符串时，只需交换该指针数组中相应的两个元素的值，而不必交换字符串本身的物理位置，最后，该指针数组中元素的指向顺序就是排序后的字符串顺序，这样可以大大减少程序执行时间的开销，加快程序的运行速度。

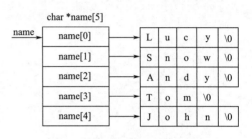

图 8-10　指向多个字符串的指针数组

源程序如下：

```c
#include<stdio.h>
#include<string.h>
#define N 5
void Sort(char *name[], int n)//用冒泡法对指针数组 name 指向的 n 个字符串进行排序
{
    char *p;
    int i, j;
    for(i=0; i<n-1; i++)
        for(j=i+1; j<n; j++)
            if(strcmp(name[i], name[j])>0)    //字符串逆序
            {        //交换指针数组中两个元素的值
                p=name[i]; name[i]=name[j]; name[j]=p;
            }
}

void Print(char *name[], int n)    //输出指针数组 name 指向的 n 个字符串
{
    int i;
    for(i=0; i<n; i++)
        printf("%s\t",name[i]);
}

int main(void)
{
    char *name[N]={"Lucy","Snow","Andy","Tom","John"};
    puts("排序前的顺序是:");
    Print(name, N);    //调用函数 Print 输出排序前的字符串
    Sort(name, N);     //调用函数 Sort 对指针数组 name 指向的 N 个字符串进行排序
```

```
        puts("\n 排序后的顺序是:");
        Print(name, N);        //调用函数 Print 输出排序后的字符串
        return 0;
}
```

程序的执行后的输出结果如下。

```
排序前的顺序是:
Lucy    Snow    Andy    Tom     John
排序后的顺序是:
Andy    John    Lucy    Snow    Tom
```

8.5.2 指向指针的指针

指针变量也是变量，也会占据一定的内存空间，当然也有地址。在 C 语言中可以用一个指针变量来存放另一个指针变量的地址，即可以用一个指针指向另一个指针，这称为"指向指针的指针"，也称为"二级指针"。因此，也可相应地将普通的指针称为"一级指针"。

（1）指向指针的指针变量的定义及引用

定义指向指针的指针变量（二级指针）的一般形式为：

```
数据类型符 * * 指针变量名;
```

例如：

```
double num= 3. 5,*ptr= &num, * *pptr= &ptr;
```

同时定义了 3 个变量，分别是：1 个 double 类型变量 num；1 个指向 double 类型的一级指针变量 ptr，初始化使其指向变量 num；1 个指向 double * 类型的二级指针变量 pptr，初始化使其指向一级指针变量 ptr，如图 8-11 所示。

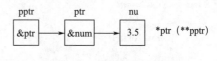

图 8-11 二级指针访问方式

【例 8-19】 分析程序，理解指向指针的指针。

```
#include<stdio. h>
int main()
{
        double num= 3. 5,*ptr= &num, * *pptr= &ptr;        //变量定义及初始化
        printf("%#p\n",ptr);        //指针变量 ptr 的值为变量 num 的地址
        printf("%#p\n",*pptr);      //*pptr 表示指针变量 ptr 的值，即变量 num 的地址
        printf("%lf\n",* *pptr);    //* *ptr 相当于*(*pptr),即*ptr,为变量 num 的值
        return 0;
}
```

程序的运行结果如下。

```
0X007CFE18
0X007CFE18
3. 500000
```

（2）指向指针的指针变量的应用举例

8.2 节详细介绍了使用一级指针来访问普通数组的方法，而二级指针与指针数组之间的

关系，就类似于一级指针与普通数组之间的关系，因此，二级指针通常用于访问指针数组。

【例 8-20】 使用二级指针作函数的参数，改写【例 8-18】。

源程序如下：

```c
#include<stdio. h>
#include<string. h>
#define N 5
void Sort(char **pptr, int n)//对二级指针 pptr 指向的指针数组指向的 n 个字符串排序
{
    char *ptr;
    int i, j;
    for(i=0; i<n-1; i++)
        for(j=i+1; j<n; j++)
            if(strcmp(pptr[i], pptr[j]) > 0)    //字符串逆序
            {//交换二级指针 pptr 指向的指针数组指向的第 i 个和第 j 个字符串
                ptr=*(pptr+i);*(pptr+i)=*(pptr+j);*(pptr+j)=ptr;
            }
}

void Print(char **pptr, int n) //输出二级指针 pptr 指向的指针数组指向的 n 个字符串
{
    int i;
    for(i=0; i<n; i++)
        printf("%s\t",*(pptr+i));
}

int main(void)
{
    char *name[N]={"Lucy","Snow","Andy","Tom","John"};
    puts("排序前的顺序是:");
    Print(name,N);    //调用函数 Print 输出排序前的字符串
    Sort(name,N);     //调用函数 Sort 进行排序
    puts("\n排序后的顺序是:");
    Print(name,N);   //调用函数 Print 输出排序后的字符串
    return 0;
}
```

该程序的执行后的输出结果与【例 8-18】完全相同。区别在于，本程序使用二级指针变量作为形参。以 Sort（）函数为例，在调用该函数时，将指针数组 name 的起始地址传递给作为形参的二级指针变量 pptr，则在函数 Sort（）中使用的 pptr[i] 和 *(pptr+i) 就代表了主函数中的 name[i]，如图 8-12 所示。

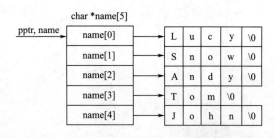

图 8-12 函数调用后指针 pptr 的指向

8.6 指向函数的指针

在程序中定义了一个函数，在编译时，系统就会把其中的每一条执行性语句依次转换成CPU的二进制指令代码，并为这个函数分配一段连续的存储空间，用于存放转换后的二进制指令代码，这段存储空间的起始地址被称为该函数的入口地址。程序执行过程中调用某个函数时，就通过该函数的入口地址依次获取并执行其中的指令。C语言规定：使用函数名来表示每个函数本身的入口地址。可以定义一个指针变量，用于存放函数的入口地址，通过该指针变量就可以找到并调用这个函数。这种指针变量就是指向函数的指针变量，简称为"函数指针"。

（1）定义指向函数的指针变量

指向函数的指针变量定义的一般形式为：

```
数据类型符 (*指针变量名) (参数列表);
```

要特别注意："＊指针变量名"两侧的括号不能省略，"指针变量名"先与＊结合，表示这是指针变量，然后再与后面的()结合，表示该指针变量指向的是一个函数，()中的"参数列表"列出函数的所有参数，可以同时给出参数的类型和名称，也可以只给出参数的类型，省略参数的名称，"数据类型符"用于说明这个函数的返回值类型。

例如，以下语句定义了一个指向有 2 个 int 类型的参数且返回值是 int 类型的函数的指针变量 ptr_f。

```
int (*ptr_f)(int, int);
```

（2）给指向函数的指针变量赋值

定义了指向函数的指针变量后，必须用函数的入口地址给其赋值，使其指向某个函数，对于被指向的函数，其参数列表和返回值类型必须与函数指针变量的定义相匹配。给指向函数的指针变量赋值，既可以初始化赋值，也可以先定义，后赋值。

把函数的入口地址赋值给指向函数的指针变量，有以下两种书写形式：

```
ptr_f＝FunctionName;
ptr_f＝&FunctionName;
```

两种形式的效果完全等同，但大部分程序员都会选择第一种写法。

📖👆 **注 意** ●●●●●●● ●

对于指向一个数组的指针变量，可以通过算术加、减运算来移动指针，使其指向不同的元素；但对于指向函数的指针变量，只能指向函数的入口地址，不能通过算术加、减运算来移动指针，使其指向函数中的某一条具体的指令。因此，除了赋值运算"＝"、间接访问运算"＊"以及强制类型转换外，其他的运算对于指向函数的指针都是没有意义的，也是非法的。

（3）使用指向函数的指针变量调用函数

当定义了一个指向函数的指针变量并把一个函数的入口地址赋值给这个指针变量后，就可以通过这个指向函数的指针变量来调用它所指向的函数。

通过指向函数的指针变量来调用函数的一般形式为：

> (*指向函数的指针变量名) (实参列表)

也可以采用如下形式：

> 指向函数的指针变量名(实参列表)

两种格式的效果完全等同，但第二种格式看上去类似于使用函数名来调用，从编程规范化的角度来看，更倾向于使用第一种格式，因为它明确指出是通过指向函数的指针变量而非函数名来调用函数的。

【例 8-21】 利用指向函数的指针变量改写【例 1-3】。

源程序如下：

```
①通过函数名调用函数 Add()
#include<stdio.h>
int Add(int x,int y);//声明函数 Add()
int main(void)
{
    int a,b,sum;
    printf("请输入两个整数:\n");
    scanf("%d,%d",&a,&b);
    sum＝Add(a,b);//用函数名调用 Add()
    printf("sum＝%d\n",sum);
    return 0;
}
int Add(int x,int y) //定义函数 Add()
{
    int z;
    z＝x＋y;
    return z;
}
```

```
②通过指向函数的指针调用函数 Add()
#include<stdio.h>
int Add(int x,int y);//声明函数 Add()
int main(void)
{
    int a,b,sum;
    //定义指向函数的指针变量 ptr_f
    int (*ptr_f)(int,int);
    //使指针变量 ptr_f 指向函数 Add()
    ptr_f＝Add;
    printf("请输入两个整数:\n");
    scanf("%d,%d",&a,&b);
    //用指针变量调用 Add()
    sum＝(*ptr_f)(a,b);
    printf("sum＝%d\n",sum);
    return 0;
}
int Add(int x,int y) //定义函数 Add()
{
    int z;
    z＝x＋y;
    return z;
}
```

从本例可以看出，通过指向函数的指针变量来间接调用函数，其应用场合与使用函数名直接调用函数的形式完全相同。

习 题

一、填空题

1. 用标识符 a 给出下面的定义。

（1）一个整型变量：_____。

（2）一个指向整型数据的指针变量：_____。

（3）一个指向指针的指针变量，它指向的指针所指向的是一个整型数据：_____。

（4）一个有 10 个整型元素的数组：_____。

（5）一个有 10 个元素的数组，每个元素是一个指向整型数据的指针变量：_____。

（6）一个指向有 10 个整型元素的数组的指针变量：_____。

（7）一个指向函数的指针变量，指向的函数有一个整型参数并返回一个整型数据：_____。

（8）一个有 10 个元素的数组，每个元素是一个指向函数的指针变量，指向的函数有一个整型参数并返回一个整型数据：_____。

2. 若有以下定义语句，且 $0 \leqslant i < 3$，$0 \leqslant j < 5$，则数组 a 中任何一个元素可用五种形式引用。它们是：_____。

```
int a[3][5], i, j;
```

（1）a[i][j]　　　　　　　　　　　　（2）*(a[i]+j)

（3）*(*_____);　　　　　　（4）(*(a+i))[j]

（5）*(_____ +5*i+j)

二、选择题

1. 变量的指针，其含义是指该变量的（　　　）。

（A）值　　　　　　（B）地址　　　　　　（C）名　　　　　　（D）一个标志

2. 若有以下语句，则均代表地址的一组选项是（　　　）。

```
int *point, a=4;
point=&a;
```

（A）a, point, *&a　　　　　　　　　（B）&*a, &a, *point

（C）*&point, *point, &a　　　　　　（D）&a, &*point, point

3. 下列程序段的输出结果是（　　　）。

```
int k=3, j=4;
int *p=&k,*q=&j;
(*p)++;    (*q)--;
printf("(%d, %d)", k, j);
```

（A）(2, 1)　　　（B）(1, 2)　　　（C）(4, 3)　　　（D）(3, 3)

4. 设 p1 和 p2 是指向同一个字符串的指针变量，c 为字符型变量，则以下不能正确执行的赋值语句是（　　　）。

（A）c=*p1+*p2;　　　　　　　　　（B）p2=c;

（C）p1=p2　　　　　　　　　　　　（D）c=*p1*(*p2);

5. 若有以下定义语句，且 $0 \leqslant i \leqslant 9$，则能正确表示数组元素地址的是（　　　）。

```
int a[]={1, 2, 3, 4, 5, 6, 7, 8, 9, 10},*p=a, i;
```

（A）&(a+1)　　　（B）a++　　　（C）&p　　　（D）&p[i]

6. 若有以下定义语句，则 p+5 表示（　　）。

```
int a[10],*p=a;
```

（A）元素 a[5] 的地址　　　　　（B）元素 a[5] 的值

（C）元素 a[6] 的地址　　　　　（D）元素 a[6] 的值

7. 有如下程序段：

```
int a[10]={1, 2, 3, 4, 5, 6, 7, 8, 9, 10};
int *p=&a[3], b;
b=p[5];
```

执行后，变量 b 的值是（　　）。

（A）5　　　　　（B）6　　　　　（C）9　　　　　（D）8

8. 下列程序段的输出结果是（　　）。

```
int c[]={1, 7, 12};
int *k=c+1;
printf("%d",*k++);
```

（A）2　　　（B）7　　　（C）8　　　（D）12

9. 以下程序的运行结果是（　　）。

```
#include<stdio. h>
int main(void)
{
    int a[]={1, 2, 3, 4, 5, 6, 7, 8, 9, 10, 11, 12};
    int *p=a+5,*q=NULL;
    q=p+5;
    printf("%d %d\n",*p,*q);
    return 0;
}
```

（A）运行后报错　　（B）6 11　　　（C）6 12　　　（D）5 5

10. 若有以下定义语句，若 $0 \leqslant i < 2$，$0 \leqslant j < 3$，则正确引用数组 a 的第 i 行第 j 列元素地址的选项为（　　）。

```
int a[2][3];
```

（A）*(a[i]+j)　　　　　　　（B）(a+i)

（C）*(a+j)　　　　　　　　（D）a[i]+j

11. 以下语句定义了一个（　　）。

```
char (*p)[10];
```

（A）指向含有 10 个元素的一维字符型数组的指针变量 p

（B）指向长度为 10 的字符串的指针变量 p

（C）有 10 个元素的指针数组 p，每个元素可以指向一个字符串

（D）有 10 个元素的指针数组 p，每个元素存放一个字符串

12. 下列定义语句中，错误的是（　　）。

（A）char str[5] ="abcde";　　　　　（B）char str[ ] ="abcde";

（C）char *str="abcde";　　　　　　（D）char str[ ] = {'a', 'b', 'c', 'd', 'e', '\0'};

13. 若有以下定义语句：

```
char a[]="It is mine";
char *p="It is mine";
```

则以下不正确的叙述是（　　）。

（A）a+1 表示的是字符 t 的地址

（B）p 指向另外的字符串时，字符串的长度不受限制

（C）p 变量中存放的地址值可以改变

（D）a 中只能存放 10 个字符

14. 以下程序的输出结果是（　　）。

```
#include<stdio. h>
#include<string. h>
int main(void)
{
    char *s1="AbDeG",*s2="AbdEg";
    s1+=2; s2+=2;
    printf("%d\n", strcmp(s1, s2));
    return 0;
}
```

（A）正数　　　　（B）负数　　　　（C）零　　　　（D）不确定的值

15. 程序中有如下声明语句：

```
int *Fun();
```

则下列说法中正确的是（　　）。

（A）Fun( )函数是整型函数

（B）Fun( )函数的返回值是整型数据

（C）Fun( )函数的返回值是指向整型数据的指针类型

（D）指针 Fun( )指向一个函数，该函数返回整型数据

三、程序填空

1. 以下程序的功能是：通过操作指针，找出三个整数中的最小值并输出。请填空。

```
#include<stdio. h>
int main(void)
{
    int *a,*b,*c, num, x, y, z;
    a=&x;   b=&y;   c=&z;
    printf("请输入 3 个整数:");
```

```
    scanf("%d%d%d", &a, &b, &c);
    printf("输入的 3 个整数是:%d,%d,%d\n",*a,*b,*c);
    num=*a;
    if(*a > *b)         【1】     ;
    if(num > *c)        【2】     ;
    printf("输出最小整数:%d\n", num);
    return 0;
}
```

2. 以下程序用来求数组中全部元素的和，请填写缺少的语句。

```
#include<stdio.h>
int main(void)
{
    int a[]={0, 1, 2, 3, 4, 5, 6, 7, 8, 9};
    int s=0 , i,*p;
    p=     【1】     ;
    for(i=0; i<10; i++)
         【2】     ;
    printf("数组 a 中全部元素的和是%d\n", s);
    return 0;
}
```

四、写出下列程序的运行结果

```
1.  #include<stdio.h>
    int main(void)
    {
        int a[5]={1, 2, 3, 4, 5};
        int *ptr=(int *)(&a+1);
        printf("%d,%d\n",*(a+1),*(ptr-1));
        return 0;
    }
```

```
2.  #include<stdio.h>
    int main(void)
    {
        int a[5][5], (*p)[4];
        p=a;
        printf("%d\n", &p[4][2]-&a[4][2]);
        return 0;
    }
```

```
3.  #include<stdio.h>
    #include<string.h>
    int main(void)
    {
        char *p="abcde", a[20]="ABC",*q=a;
        p +=3;
```

```
        printf("%s\n", strcat(q, p));
        return 0;
}
```

4.
```
#include<stdio. h>
#include<string. h>
#define MIN(x,y) (((x)<(y)) ? (x) : (y))
int main(void)
{
        char a[]="programming" , b[]="language" ;
        char *p1=a,*p2=b ;
        unsigned i;
        for(i=0; i<MIN(strlen(p1), strlen(p2)); i++)
        {
                if(*(p1+i)==*(p2+i))
                        printf("%c",*(p1+i));
        }
        printf("\n");
        return 0;
}
```

5.
```
#include<stdio. h>
int main(void)
{
        char *a[]={"study", "at", "JSIT"},* *pa=a;
        pa++;
        printf("%s\n",*pa);
        return 0;
}
```

第 2 篇

五、编程题

1. 利用指针编程，实现如下功能：输入两个整数，按先大后小的顺序输出。

2. 编写一个函数，实现如下功能：把形参 a 所指数组中的奇数按原顺序依次存放到 a[0]、a[1]、a[2]……中，把偶数从数组中删除，奇数个数通过函数值返回。

　　例如：若 a 所指数组中的数据最初排列为 9、1、4、2、3、6、5、8、7，删除偶数后 a 所指数组中的数据为 9、1、3、5、7，返回值为 5。

3. 编写一个函数，将一个字符串中的元音字母复制到另一个字符串。要求在主函数中读入一个字符串，复制后的字符串在主函数中输出。（元音字母有：a、A、e、E、i、I、o、O、u、U。）

4. 编写一个函数，实现字符串的复制，不使用库函数 strcpy( )。

参考
答案

单元八

【学习笔记】

利用指针进行程序设计

一、实验目标

(1) 学会正确地定义和使用指针变量。

(2) 掌握数组的指针以及指向数组的指针变量的应用。

(3) 掌握字符串的指针和指向字符串的指针变量的应用。

二、实验准备

(1) 复习变量地址和指针的基本概念，指针的定义、应用和运算。

(2) 复习指针访问数组元素及字符串的操作方法。

(3) 复习用行指针访问二维数组的方法。

(4) 复习指针数组和多级指针的概念和相关算法。

三、实验内容

1. 编写函数 float fun (float * a , int n)，其功能是：计算 n 门课程的平均分，结果作为函数值返回。

编程要点：

(1) fun()函数以指针变量 a 作为形参，在主函数中调用 fun()函数时，将存放学生成绩的数组作为实参，传递给形参指针变量 a。

(2) 程序将产生如下所示的输出结果。

```
输入成绩:
90.5 72 80 61.5 55
Average score  is: 71.80
```

2. 请编写函数 int fun(int a[]，int n，int *d)，其功能是：找出一维整型数组元素中最大的值及其所在的下标，并带回到主函数中。

编程要点：

（1）函数 fun() 以数组的最大值作为返回值，通过指针 d 传回最大值所在的下标。

（2）数组元素在主函数中进行赋值，通过调用函数 fun() 获得数组的最大值及其下标。

（3）程序将产生如下所示的运行结果。

```
请输入10个元素：
11  34  54  32  76  56  99  87  4  39  61
最大值=99，下标=6
```

3. 编写函数 void Fun(char * s，char t[])，其功能是：将 s 所指字符串中 ASCII 码值为奇数的字符删除，剩余字符形成的新串放在 t 所指的字符数组中。

编程要点：

（1）在函数 Fun() 中，用指向字符串的指针变量实现对字符串中各字符的访问。

（2）可将 ASCII 码值为偶数的字符赋值到 t 所指字符数组中，无需修改 s 所指字符串。

（3）字符数组 t 要以'\0'为结束标志。

（4）字符串的输入在主函数中进行，在主函数中调用函数 Fun() 实现程序的功能。

（5）程序将产生如下所示的输出结果。

```
输入一个字符串S:ABCDEFG12345
删除后的结果为：BDF24
```

4. 编写函数 int Fun(char * ss，char c)，其功能是：求 ss 所指字符串中指定字符 c 的个数，并返回此值。

编程要点：

（1）在函数 Fun() 中，用指向字符串的指针变量实现程序功能，注意指针变量的更新。

（2）字符串的输入在主函数中进行，在主函数中调用函数 Fun()，实现程序的功能。

（3）程序将产生如下所示的输出结果。

```
输入一个字符串:123412132
输入字符c:1
字符c的个数为: 3
```

5. 输入 10 个整数，将其中最小的数与第一个数对换，最大的数与最后一个数对换。

编程要点：

（1）编写以下三个函数，并用指针变量实现他们的功能。

```
void Input(int a[],int n)      //输入数组 a 中 n 个数
void Fun(int a[],int n)        //对数组 a 中元素进行交换
void Output(int a[],int n)     //输出数组 a 中 n 个数
```

（2）在主函数 main() 中调用函数 Input()、Fun() 和 Output() 来实现程序功能。

（3）程序将产生如下所示的运行结果。

```
输入数组元素:
75 81 76 96 30 24 75 41 23 45
处理之后:
23 81 76 45 30 24 75 41 75 96
```

6. 编写函数 int fun(char (* ss)[M], int k)，其功能是：从形参 ss 所指字符串数组中，删除所有串长超过 k 的字符串，函数返回剩余字符串的个数。ss 所指字符串数组中共有 N 个字符串，且串长小于 M。

编程要点：

（1）在 fun() 函数中，用数组指针 ss 作为参数，用于获取字符串数组的首地址。

（2）统计每个字符串的长度，长度不超过 k 的字符串保留在 ss 中，其余的删除，将剩余字符串的个数作为返回值，带回到主函数中。

（3）程序将产生如下所示的运行结果。

```
原有字符串为：
Beijing
Shanghai
Tianjing
Nanjing
Wuhan

长度不超过7的字符串有：
Beijing
Nanjing
Wuhan
```

四、常见问题分析

在使用指针编写程序时的常见问题如表 8-2 所示。

表 8-2　使用指针编程时的常见问题

错误实例	错误分析
int i，＊p＝i；	对指针变量进行初始化时，只能赋予变量的地址。正确的形式为：int i，＊p＝&i；
int i，＊p； ＊p＝3；	指针变量必须先指向某确定的内存地址，然后才能引用。正确的形式为：int i，＊p；p＝&i；＊p＝3；
int i，＊p； char ch； p＝&ch；	指针变量只能指向定义时规定的类型
int a[5]，＊p＝a； p++；a++；	数组名就是数组首元素的地址，p 作为指针变量可以执行＋＋运算，而数组名是常量，不能变化
char s[10] ＝ "hello"； for（；＊s；s++） 　printf（"％c"，＊s）；	字符数组名是常量，不能变化，正确的形式为： char s[10] ＝ "hello"；　int i； for（i=0；＊(s+i)；i++） printf（"%c"，＊(s+i)）；
int a[3][4]，(＊p)[3]； p＝a；	p 指向一个具有 3 元素的数组，而 a 的行指针是 4 元素数组，赋值语句左右类型不匹配
int a[3][4]，(＊p)[4]； p＝&a[0][0]；	p 是行指针，但 &a[0][0] 是一个整型变量的地址，类型不匹配
int a[3][4]，＊p[3]； p＝a；	p 为指针数组，无法将 a 数组的首地址赋给指针数组名 p

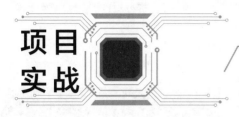

项目实战

简易学生成绩管理系统设计

一、项目描述

本项目要设计一个简易的学生成绩管理系统，能够完成一个班级不超过 50 名学生的单科成绩的输入、添加、显示、查询和修改等功能。通过本项目的学习，应理解模块化编程的概念，掌握函数、数组和指针相关知识的要点，初步具备运用 C 语言解决实际问题的编程能力。

二、系统功能分析

本项目中的简易学生成绩管理系统，只需要对一个班级学生一门功课的成绩做一些简单的处理，由于尚未学习有关文件操作的内容，因此，系统不具备保存数据到文件和从文件读取已有数据的功能。

进入系统后，显示主菜单，给出输入学生成绩、查看学生成绩、修改学生成绩、显示所有成绩、统计平均成绩和退出系统 6 个选项，并提示用户输入相应的选项，如图 1 所示。

当用户输入某一个选项时（除退出系统以外），系统进入相应的操作界面。如果用户输入的选项不在规定范围（0～5）内，则提示用户输入错误，如图 2 所示，并提示是否要返回系统主菜单，进行其他操作，若输入 Y 或 y，则再次进入如图 1 所示的系统主菜单。

图 1　系统主菜单提示信息

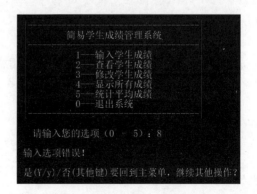

图 2　用户选项输入错误界面

当用户输入选项 1 后，进入输入学生成绩的操作界面，如图 3 所示。

用户可根据提示输入学生成绩，如果输入的成绩超出规定范围（0～100），则提示用户输入超出范围，要求重新输入，当用户输入正确的成绩后，系统提示用户是否要继续输入下一个成绩，如图 4 所示。

尚未输入学生的成绩，还可输入50个学生的成绩！
请输入第1个学生的成绩（0-100）的整数：

（a）首次输入成绩的操作界面

已输入3个学生的成绩，还可输入47个学生的成绩！
请输入第4个学生的成绩（0-100）的整数：

（b）再次输入成绩的操作界面

图 3　输入成绩的操作界面

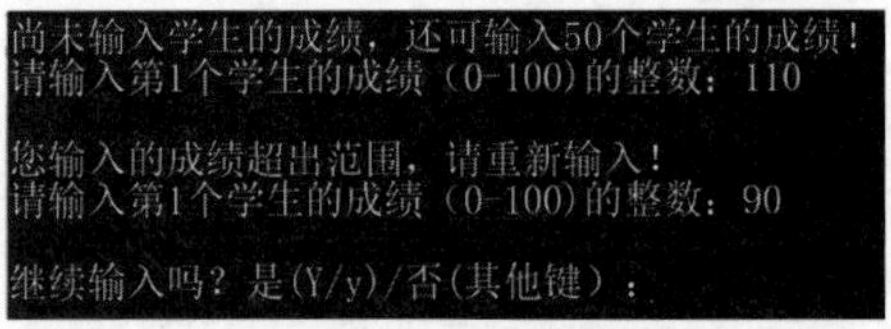

尚未输入学生的成绩，还可输入50个学生的成绩！
请输入第1个学生的成绩（0-100）的整数：110

您输入的成绩超出范围，请重新输入！
请输入第1个学生的成绩（0-100）的整数：90

继续输入吗？是(Y/y)/否(其他键)：

图 4　输入成绩提示信息

如果用户选择继续输入，则提示输入下一个学生的成绩，如图 5 所示；否则，提示用户结束输入，是否要返回主菜单，如图 6 所示。

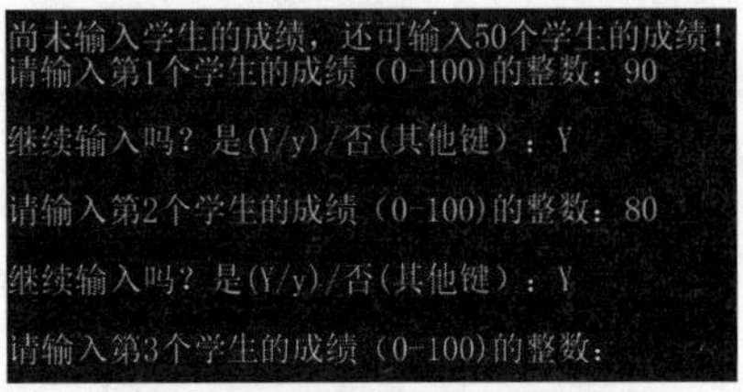

尚未输入学生的成绩，还可输入50个学生的成绩！
请输入第1个学生的成绩（0-100）的整数：90

继续输入吗？是(Y/y)/否(其他键)：Y

请输入第2个学生的成绩（0-100）的整数：80

继续输入吗？是(Y/y)/否(其他键)：Y

请输入第3个学生的成绩（0-100)的整数：

图 5　继续输入成绩的提示

是(Y/y)/否(其他键)要回到主菜单，继续其他操作？

图 6　结束输入的提示

如果用户输入了最后一名（第 50 个）学生的成绩，则显示不能再输入成绩的信息，并在用户按任意键后返回主菜单。

若用户在主菜单中选择选项 2，则进入查询学生成绩的操作界面。提示输入需要查询的学生序号，输出查询的成绩，并提示是否要继续。若输入 Y 或 y 则可继续查询学生成绩，输入其他键则提示是否需要返回主菜单，如图 7 所示。

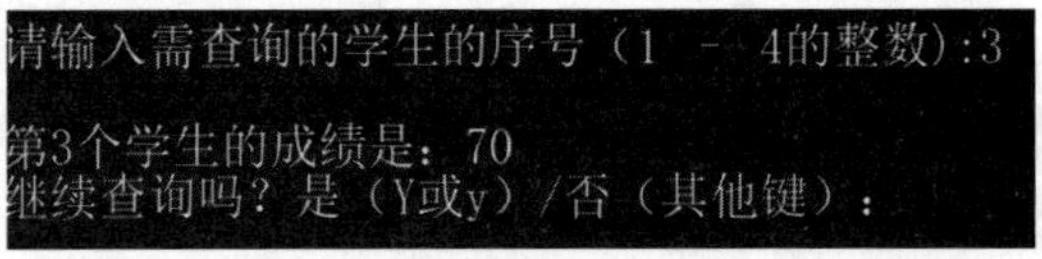

请输入需查询的学生的序号（1 - 4的整数)：3

第3个学生的成绩是：70

继续查询吗？是（Y或y）/否（其他键）：

图 7　查询学生信息界面

关于主菜单中其他选项的操作方式，与输入成绩、查询成绩的操作方式基本类似，限于篇幅，不再一一列出，读者可以通过运行本书列出的完整的系统程序，并进行相关操作来了解操作方式。

三、知识要点

该项目中所涉及的理论知识主要有模块化程序设计、函数的定义和调用、数组的定义和使用、指针的定义与使用、数组名作为函数参数以及指针作为函数参数等等。

四、具体实现

（一）简易学生成绩管理系统的整体框架设计

在编写程序代码之前，必须做好规划。首先列出程序要执行的所有具体任务，然后根据各任务的独立程度和任务之间的关联程度，横向划分出功能模块。对于较复杂的任务，还应该从上到下一层层把它分解成一些较小的、简单的子任务，从而形成横向模块化、纵向层次化的结构。

任务规划完成后，就可以搭建简易学生成绩管理系统的程序框架。该系统需实现如下的功能：

（1）采用菜单作为用户接口；

（2）添加新的成绩条目；

（3）查询已有的成绩条目；

（4）修改已有的成绩条目；

（5）显示所有已有的成绩条目；

（6）统计平均成绩的条目。

根据以上功能描述，可以把程序分为主函数 main()、菜单显示功能的函数 Menu()、输入成绩函数 InputNewScore()、查询成绩函数 CheckScore()、修改成绩函数 ModifyScore()、按序号显示所有成绩的函数 DisplayScore()以及统计平均成绩的函数 AverageScore()。

（二）简易学生成绩管理系统的功能实现

在本项目中，限定最多只能处理 50 名学生的成绩，故在程序开头用如下命令定义数组的最大容量：

```
#define MAX 50
```

下面依次分析各函数的执行过程。

1. 主函数 main()

在主函数中，定义一个一维整型数组 score[] 来存放一个班级学生的一门课程的成绩，用变量 n 存储已经输入成绩的学生人数，以便在输入、修改、查看和显示成绩数据时确定合适的序号范围。实际编程中，需要对包括用户输入不正确数据等在内的各种异常情况作容错处理。在主函数中，调用 Menu()函数显示主菜单，接着使用 switch 语句根据用户的选择调用不同的函数，完成相应的功能，用 do-while 语句作为主循环实现对菜单的循环执行设计。

源代码如下：

```
int main()
{    //score 数组存放学生成绩,selection 存放菜单的选择
    int score[MAX],selection;
    char yes_no;      //yes_no 获取是否要继续的应答
    unsigned n＝0;    //n 存放数组中当前成绩的个数
    do
    {
        Menu();
        scanf("%d",&selection);
        switch(selection)
        {
            case 1: InputNewScore(score,&n);break;    //输入新的分数
            case 2: CheckScore(score,&n);break;       //查看已有分数
            case 3: ModifyScore(score,&n);break;      //修改已有分数
            case 4: DisplayScore(score,&n);break;     //显示所有分数
            case 5: AverageScore(score,&n);break;     //统计平均成绩
```

```
           case 0: putchar('\n');exit(0);              // 退出系统
           default:printf("\n\t\t 输入选项错误!");      break;
      }
      printf("\n\n\t\t 是(Y/y)/否(其他键)要回到主菜单,继续其他操作?");
      yes_no=getche();
   }while(yes_no=='Y'||yes_no=='y');
}
```

 注 意

在主函数中调用了一个库函数 getche( ),这个函数的功能类似于已经学过的单字符输入函数 getchar( ),所不同的是函数 getchar( )是从键盘的缓冲区获取一个字符并回显在屏幕上,而函数 getche( )是从键盘的控制台获取一个字符,常用于在程序中等待用户输入,函数 getche( )的原型声明包含在头文件 conio. h 中。

2. 显示菜单函数 Menu()

函数 Menu()用于显示系统的用户界面——菜单,首先调用库函数 system(),该函数执行其参数传给它的操作系统命令,此处调用时传给它的参数 "cls" 表示 "清除屏幕" (clear screen) 命令,用于清除当前屏幕上的所有内容,然后调用库函数 printf()在屏幕上逐行显示出完整的用户菜单。函数 system()的原型声明在头文件 stdlib. h 中。

源代码如下:

```
void Menu(void)        //显示菜单
{
    system("cls");       //清除屏幕上所有显示内容
    printf("\n\n");
    printf("\t\t|--------------------------------------|\n");
    printf("\t\t|          简易学生成绩管理系统          |\n");
    printf("\t\t|--------------------------------------|\n");
    printf("\t\t|          1---输入学生成绩              |\n");
    printf("\t\t|          2---查看学生成绩              |\n");
    printf("\t\t|          3---修改学生成绩              |\n");
    printf("\t\t|          4---显示所有成绩              |\n");
    printf("\t\t|          5---统计平均成绩              |\n");
    printf("\t\t|          0---退出系统                  |\n");
    printf("\t\t|--------------------------------------|\n");
    printf("\n\t\t  请输入您的选项(0—5):");
}
```

3. 输入学生成绩函数 InputNewScore()

InputNewScore()提供了输入学生成绩的功能。该函数中,第一个参数是数组名 score,用于接收主函数中存放成绩的数组 score 的首地址,在 InputNewScore()函数中即可对主函数中的数组 score 进行访问和修改;第二个参数是指针变量 number,用于获取主函数中已输入成绩个数 n 的地址,从而在 InputNewScore()函数中修改 number 所指向的变量,即是修改了 n 的值,不需要使用全局变量。其他四个成绩处理函数也是类似。

在 InputNewScore()函数中,首先判断数组是否已满,若数组已满则退出程序;若数组未满则输出剩余位置的数量,接收键盘输入的成绩,并对不合法的成绩作一定的容错处理。一个成绩输入完成,则由用户选择是否输入下一个成绩。若用户选择不再继续输入,则询问用户是否回到主菜单进行其他操作。

源代码如下:

```c
void InputNewScore(int score[],unsigned *number) // 输入学生成绩
{
    char is_yes;
    system("cls");
    if(*number<MAX)    //数组没满
    {
        if(*number==0)
            printf("\n 尚未输入学生的成绩");
        else
            printf("\n 已输入%u 个学生的成绩",*number);
        printf("还可输入%u 个学生的成绩!", MAX- *number);   //输出数组剩余位置
        do
        {
            printf("\n 请输入第%u 个学生的成绩(0- 100)的整数:",*number+1);
            scanf("%d", &score[*number]);
            if((score[*number]<0)||(score[*number]>100))   //输入成绩非法
            {
                printf("\n 您输入的成绩超出范围,请重新输入!");
                continue;
            }
            else   //输入成绩合法
            {
                ++(*number);
                printf("\n 继续输入吗? 是(Y/y)/否(其他键):");
                is_yes=getche();
                if((is_yes != 'Y')&&(is_yes != 'y'))
                    break;
            }
        }while(*number<MAX); //数组未满
    }
    if(*number==MAX)    //数组已满
        printf("\n 已输入所有学生的成绩,不能再输入新的成绩!");
}
```

4. 查询学生成绩函数 CheckScore()

CheckScore()函数提供了查询某一序号的学生成绩的功能。首先判断数组是否为空,若为空则无法查询,退出程序;若数组不为空,则输入需要查找的学生的序号,若序号不合法则进行容错处理,若序号合法则输出相应成绩,并询问用户是否继续查询,若用户不再继续查询则询问用户是否回到主菜单进行其他操作。

源代码如下:

```c
void CheckScore(int score[],unsigned *number)     //查询学生成绩
```

```
{
    unsigned num;
    char is_yes;
    system("cls");
    if( *number==0)        //数组为空
        printf("\n 尚未输入学生的成绩,不能查询!");
    else    //数组不为空
    {
        do
        {
            printf("\n 请输入需查询的学生的序号(1-%u 的整数):",*number);
            scanf("%u", &num);
            if((num==0) || (num> *number))    //输入序号非法
            {
                printf("\n 您输入的序号超出范围,是(Y 或 y)/否(其他键)重新输入?");
                is_yes=getche();
            }
            else    //输入序号合法
            {    //输出查询的成绩
                printf("\n 第%u 个学生的成绩是:%d", num,score[num-1]);
                printf("\n 继续查询吗? 是(Y 或 y)/否(其他键):");
                is_yes=getche();
            }
        }while((is_yes=='Y') || (is_yes=='y'));
    }
}
```

5. 修改学生成绩函数 ModifyScore()

ModifyScore()函数提供了修改某一序号学生成绩的功能。首先判断数组是否为空,若为空则无法修改,退出程序;若数组不为空,则输入需要修改的学生的序号,若序号不合法则进行容错处理,若序号合法则输出目前的成绩,并提示输入新成绩,若新成绩非法则进行容错处理。成绩修改完成,提示是否需要继续修改,若不再继续则提示用户是否需要返回主菜单进行其他操作。

源代码如下:

```
void ModifyScore(int score[],unsigned *number)    //修改学生成绩
{
    unsigned num;
    char is_yes;
    system("cls");
    if( *number==0)    //数组为空
        printf("\n 尚未输入学生的成绩,不能修改!");
    else    //数组不为空
    {
        do
        {
            printf("\n 请输入需修改的学生的序号(1-%u 的整数):",*number);
            scanf("%u", &num);
            if((*number==0) || (num> *number))//输入序号非法
```

```
            {
                printf("\n 您输入的序号超出范围,是(Y 或 y)/否(其他键)重新输入?");
                is_yes=getche();
            }
            else   //输入序号合法
            {
                printf("\n 第%d 个学生目前的成绩是:%u", num,score[num-1]);
                printf("\n 请输入该学生的新成绩(0-100 的整数):");
                scanf("%d", &score[num-1]);    //输入新成绩
                while((score[num-1]<0)||(score[num-1]>100))
                {   //输入成绩非法
                    printf("\n 您输入的成绩超出范围,请重新输入!");
                    scanf("%d", &score[num-1]);
                }
                printf("\n 修改成功\n 继续修改吗? 是(Y 或 y)/否(其他键):");
                is_yes=getche();
            }
        }while((is_yes=='Y') || (is_yes=='y'));
    }
}
```

6. 显示所有成绩函数 DisplayScore()

DisplayScore()函数提供了显示所有学生成绩的功能。首先判断数组是否为空,若为空则退出程序;若数组不为空,则按每页输出 10 条记录的方式依次输出学生成绩。

源代码如下:

```
void DisplayScore(int score[],unsigned *number)    //显示所有学生成绩
{
    unsigned num;
    if(*number==0)   //数组为空
    {
        system("cls");
        printf("\n 尚未输入学生的成绩,没有记录可显示!");
    }
    else //数组不为空
    {
        num=0;
        do
        {
            if((num %10)==0)        //每页显示 10 个成绩
            {
                system("cls");
                printf("\n\t\t 序号\t\t 成绩");   //输出表头
                printf("\n\t\t====================");
            }
            printf("\n\t\t%u\t\t%d", num+1, score[num]);
            ++num;
            if(((num %10)==0)&&(num<*number))   //每页显示 10 个成绩
            {
                printf("\n\n\t\t 按任意键继续显示下一页!");
```

```
            getche();
        }
    }while(num<*number);
    }
}
```

7. 统计平均成绩函数 AverageScore( )

　　AverageScore( )函数提供了统计数组中现有学生平均成绩的功能。首先判断数组是否为空，若为空则无法统计，退出程序；若数组不为空，则依次累加学生成绩求出总分，之后输出平均成绩。

　　源代码如下：

```
void AverageScore(int score[],unsigned *number)    //统计学生成绩
{
    unsigned num;
    int sum＝0;
    if(*number＝＝0)
    {
        system("cls");
        printf("\n 尚未输入学生的成绩,无法统计平均分!");
    }
    else
    {
        for(num=0;num<*number;num＋＋)
            sum＋＝score[num];
        printf("\t\t 平均分是 %5.2f\n",(float)sum/(*number));
    }
}
```

五、要点总结

　　本项目体现了对函数、数组、指针等知识的灵活应用，具有一定的综合性。在 Input-NewScore( )、CheckScore( )、ModifyScore( )等函数中，使用数组名和指针作为函数参数，传递的是数组和变量的地址，这种方式使形参和实参指向同一个内存单元，在被调函数中对形参的修改即是对主调函数中实参的修改，从而避免了使用全局变量。

　　由于本项目实战中编写的这个简易学生成绩管理系统的功能太简单，尚不具备实用价值，读者在完成学习之后，可以自行增加一些功能作为练习，比如：可定义二维数组处理多门功课的成绩、统计每个学生的总分和平均分及其排名等。在学完本书第 3 篇后，则可以通过定义结构体类型增加学生姓名和学号等信息，并可以将数据保存到文件中实现永久存储等，将其进一步完善成一个实用的系统。

源代码

项目实战二

第 3 篇

应 用 篇

本篇将详细讲解 C 语言中的结构体、共用体、枚举类型，以及 C 语言中文件的有关操作，并在项目实战环节中实现了通讯录程序的开发。

通过本篇的学习，读者将掌握结构化程序设计的基本思想和方法，提升复杂数据结构的应用能力，能够灵活运用现有的知识储备、网络资源、文献资料等完成简单应用程序的开发。

- 单元九 用户自定义的数据类型
- 单元十 文件
- 【项目实战】通讯录程序设计

单元 九 用户自定义的数据类型

📚 知识目标

（1）掌握结构体变量的定义和使用方法。
（2）掌握共用体的定义和使用方法。
（3）掌握 typedef 定义新类型名的方法。
（4）掌握链表的新建、插入和删除方法。
（5）掌握枚举类型的定义方法。

🖼 能力目标

（1）能够使用结构体组织复杂的数据。
（2）能够使用 typedef 灵活定义新类型名。
（3）能够完成链表的新建、插入和删除。

👥 素质目标

（1）通过自定义数据类型的学习，不断提升创新思维能力，树立为建立科技强国建功立业的远大理想。
（2）通过复杂程序的编写，培养探究能力，提升团队沟通协作能力。

 单元导读

　　本书第 2 篇介绍了可以利用数组将多个同类型的数据组合在一起，在实际问题中，一组数据却往往有不同的类型，比如，在学生成绩表中，学生的学号（整型）、姓名（字符型）、成绩（浮点型）数据类型都不相同，显然不能用数组将某个学生的这些数据组合在一起。在 C 语言中，允许用户自己定义由不同数据类型组成的组合型数据，这就是结构体；也可以将多个不同类型的变量存放到同一段内存单元，以节省内存开销，这就是共用体；当有些变量的取值仅限于几种可能的列举值，可使用枚举类型。

9.1 结构体

9.1.1 结构体类型

结构体是一种构造数据类型，它是由若干成员组成的。每一个成员可以是一个基本数据类型或一个构造类型。声明一个结构体类型的一般形式为：

```
struct 结构体名
{
    成员表列
};
```

其中，struct 是声明结构体类型时所必须使用的关键字，不能省略。结构体名是结构体类型的标志，用于区分此结构体而非其他结构体，需要遵循标识符的命名规则。对结构体的每个成员也必须作类型说明，其形式为：

```
类型名    成员名;
```

类型名必须是一种已经定义的数据类型，可以是 int、char、float、指针类型甚至是结构体类型，成员的数量根据实际的需要而定。

结构体给程序员提供了极大的便利，程序员根据需要来定义一种实用的类型，简化了数据的处理，也提高了程序的可读性。

比如，可以使用下面的结构描述手机通讯录中的一条记录（即一个联系人）。

```
struct member
{
    char Name[21];//联系人姓名
    char PhoneNum[13];    //联系人电话
};
```

当声明了一个结构体类型之后，就告知编译系统，用户已设计了一个自定义的数据类型，编译系统将会把 struct member 作为一个新的数据类型理解，但并不为 struct member 分配存储空间，就像编译系统不会给 int 数据类型分配存储空间一样。要使用已声明的结构体类型，必须要定义此结构体类型的变量。

9.1.2 结构体变量

结构体变量的定义有如下三种形式：

① 先定义结构体类型，再定义该类型的变量。例如，上节中已声明了结构体类型 struct member，可以用它定义该类型的变量：

```
struct member mem1, mem2;
```

② 声明结构体类型与定义变量同时进行。其一般形式为：

```
struct 结构体名
{
```

```
    成员表列
}变量名表列;
```

例如：

```
struct member
{
    char Name[21];
    char PhoneNum[13];
}mem1, mem2;
```

在定义 struct member 类型的同时定义两个 struct member 类型的变量 mem1、mem2。如图 9-1 所示，图中手机号为虚构。

③ 不指定结构体类型名而直接定义结构体类型变量。一般形式为：

	Name	PhoneNum
mem1	Andy	13813813888
mem2	Lucy	13913913999

图 9-1　结构体变量示意图

```
struct
{
    成员表列
}变量名表列;
```

例如：

```
struct
{
    char Name[21];
    char PhoneNum[13];
}mem1, mem2;
```

定义了一个无名的结构体类型，显然不能再以此结构体类型去定义其他变量。

在定义了结构体类型的变量之后，系统就会给该变量分配存储空间，结构体变量所占的内存空间是其所有成员所占内存空间之和，例如上述 mem1、mem2 各占 21＋13＝34 字节。

9.1.3　结构体变量的引用

微课

结构体指针的应用
（模拟社会关系）

在定义了结构体变量后，就可以引用该变量。引用结构体变量其实是对结构体变量中的成员进行引用，引用的一般形式为：

结构体变量.成员名

其中的圆点符号（.）称为成员运算符，优先级为 1 级，按从左往右结合。对结构体变量中的成员可以像普通变量一样进行各种操作。

【例 9-1】 结构体变量的引用。

```
#include<stdio.h>
#include<string.h>
struct member
{
    char Name[21];
    char PhoneNum[13];
};
```

```
int main(void)
{
    struct member mem1, mem2;
    strcpy(mem1. Name, "Andy");
    strcpy(mem1. PhoneNum, "13813813888");
    strcpy(mem2. Name, "Lucy");
    strcpy(mem2. PhoneNum, "13913913999");
    printf("%-21s", mem1. Name);
    printf("%-13s\n", mem1. PhoneNum);
    printf("%-21s", mem2. Name);
    printf("%-13s\n", mem2. PhoneNum);
    return 0;
}
```

运行结果如下。

```
Andy                 13813813888
Lucy                 13913913999
```

说 明

①　不能试图用结构体变量名来输出结构体变量所有成员的值,只能对结构体变量中各个成员分别进行输入和输出。以下做法是不正确的:

```
printf("%s\n",mem1);
```

②　对结构体变量的成员可以像普通变量一样进行各种运算。

③　同类型的结构体变量可以相互赋值，如:

```
mem2＝mem1;
```

也可通过指向结构体变量的指针变量来引用结构体成员，引用方式如下:

结构体指针-> 成员名

其中，"-> "称为"指针运算符"。

【例9-2】结构体变量、指向结构体的指针变量访问结构体成员的方式。

```
#include<stdio. h>
#include<string. h>
struct member
{
    char Name[21];
    char PhoneNum[13];
};
int main(void)
{
    struct member m;
    struct member *p＝&m;
```

第3篇

```
    strcpy(m.Name,"Andy");
    strcpy(m.PhoneNum,"13913913999");
    printf("p->Name:%-20s%-12s\n", p->Name,p->PhoneNum);
    printf("m.Name:%-20s%-12s\n", m.Name,m.PhoneNum);
    printf("(*p)->Name:%-20s%-12s\n", (*p).Name,(*p).PhoneNum);
    return 0;
}
```

程序的运行结果如下图所示。

```
p->Name:Andy                        13913913999
m.Name:Andy                         13913913999
(*p)->Name:Andy                     13913913999
```

可见，程序中 3 个 printf()函数中访问成员的方式是等价的，分别为：

① 结构体变量.成员名；

② 指向结构体的指针->成员名；

③ (＊指向结构体的指针).成员名。

9.1.4 结构体变量的初始化

结构体变量初始化赋值有以下两种方式。

① 先定义结构体类型，再定义结构体变量并赋初值。一般形式为：

```
struct 结构体类型名
{
    … …
};
struct 结构体类型名 变量名＝{成员 1 的值，…，成员 n 的值};
```

例如：9.1.1 节中已声明的结构体类型 struct member，可以用它定义该类型的变量并赋初值。

```
struct member mem1＝{ "Andy","13813813888" }, mem2＝{"Lucy","13913913999"};
```

② 定义结构体类型的同时，定义结构体变量并赋初值。一般形式为：

```
struct [结构体类型名]
{
    … …
} 变量名＝{成员 1 的值,成员 2 的值, …, 成员 n 的值};
```

例如：

```
struct member
{
    char Name[21];
    char PhoneNum[13];
}mem1＝{ "Andy","13813813888" }, mem2＝{"Lucy","13913913999"};
```

注 意

　赋初值时，{ } 中的数据顺序必须与结构体成员的定义顺序一致，否则就会出现混乱。

【例 9-3】 结构体变量的初始化。

```c
#include<stdio. h>
struct member
{
    char Name[21];
    char PhoneNum[13];
}mem1={ "Andy","13813813888" }, mem2={"Lucy","13913913999"};
int main(void)
{
    printf("%-21s", mem1. Name);
    printf("%-13s\n", mem1. PhoneNum);
    printf("%-21s", mem2. Name);
    printf("%-13s\n", mem2. PhoneNum);
    return 0;
}
```

程序的运行结果同【例 9-1】。

微课

结构体数组的应用
（用"结构"统
计学生成绩）

9.1.5　结构体数组

　　一个结构体变量中可以存放一组有关联的数据，若要表示批量结构体数据，就需要定义一个结构体数组。结构体数组中的每个元素都是具有相同结构体类型的变量。在实际应用中，经常用结构体数组来表示具有相同数据结构的一个集合，例如手机通讯录中的联系人信息，一个学校的学生情况登记表等等。

（1）定义结构体数组

　　定义结构体数组可以有如下两种方式。

　　① 先定义一个结构体类型，再定义该类型的结构体数组。例如：9.1.1 节中已声明了结构体类型 struct member，可以用它定义该类型的数组。

```c
struct member mem[100];
```

　　② 定义一个结构体类型的同时定义结构体数组。例如：

```c
struct member
{
    char Name[21];
    char PhoneNum[13];
}mem[100];
```

　　③ 不指定结构体类型名而直接定义结构体类型的数组。例如：

```c
struct
{
```

第
3
篇

```
    char Name[21];
    char PhoneNum[13];
}mem[100];
```

第 2 种和第 3 种方式的差别在于一个有结构体类型名而另外一个没有，如果使用第 2 种方式，可以再使用 struct member 类型定义该类型的变量或数组。而第 3 种方式无结构体类型名，不能再用它定义别的变量和数组。

（2）结构体数组的初始化

与其他类型的数组一样，对结构体数组可以进行初始化，如图 9-2 所示，例如：

```
struct member
{
    char Name[21];
    char PhoneNum[13];
}mem[3]= {{"Andy", "13813813888"}, {"Lucy", "13913913999"},
{"John","13513513555"}};
```

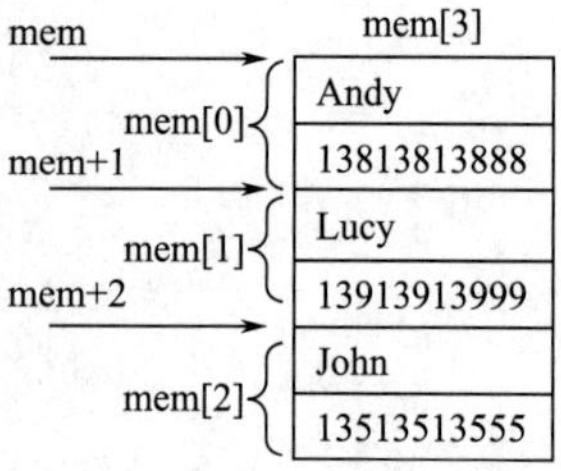

图 9-2　结构体数组的存储方式

定义数组时，可以不指定元素个数，在这种情况下，编译时，系统会根据初值的个数来确定结构体数组元素的个数。

【例 9-4】　利用 struct member 类型，录入 5 个联系人信息，然后将 5 个人的信息输出。

源程序如下：

```
#include<stdio.h>
#include<string.h>
#define NUM 5
struct member
{
    char Name[21];
    char PhoneNum[13];
};

int main(void)
{
    struct member mem[NUM];
    short i;
    for (i=0; i<NUM; i++)        //输入 5 个联系人的信息
    {
        printf("\n 请输入联系人的姓名:");
        gets(mem[i].Name);
        printf("请输入联系人的电话号码:");
        gets(mem[i].PhoneNum);
    }
    printf("\n 以下为已输入联系人信息:\n");   //输出 5 个联系人的信息
    for (i=0; i<NUM; i++)
    {
        printf("姓名:%-20s", mem[i].Name);
        printf("电话号码:%-12s\n", mem[i].PhoneNum);
```

```
    }
    return 0;
}
```

程序将产生如下图所示的运行结果。

```
请输入联系人的姓名:Andy
请输入联系人的电话号码:13813813888

请输入联系人的姓名:Lucy
请输入联系人的电话号码:13913913999

请输入联系人的姓名:Yom
请输入联系人的电话号码:13713713777

请输入联系人的姓名:Snow
请输入联系人的电话号码:13613613666

请输入联系人的姓名:John
请输入联系人的电话号码:13513513555

以下为已输入联系人信息:
姓名:Andy          电话号码:13813813888
姓名:Lucy          电话号码:13913913999
姓名:Yom           电话号码:13713713777
姓名:Snow          电话号码:13613613666
姓名:John          电话号码:13513513555
```

本例中，在主函数中定义了结构体数组 mem[NUM]，用于存放联系人信息。每次循环输入一个联系人信息，之后输出联系人信息。

（3）指向结构体数组的指针

一个指针变量可以指向普通数组，也可以指向结构体数组，即将结构体数组的起始地址赋值给该指针变量。

微课

结构体综合应用
（打鱼还是晒网）

第3篇

【**例9-5**】 用指向结构体数组的指针变量实现【例9-4】。

分析：本程序要用指向结构体数组的指针变量实现，首先要定义一个 struct member 类型的结构体数组，以及一个指向 struct member 类型的指针变量 p；之后使 p 指向结构体数组的首元素，输入它的相关信息；再让 p 指向下一个元素，继续进行输入，重复5次；输出也是类似的过程。

源程序如下：

```
#include<stdio.h>
#define NUM 5
struct member
{
    char Name[21];
    char PhoneNum[13];
};

int main(void)
{
    struct member mem[NUM];
    struct member *p ;
    p＝mem;
    for (; p<mem＋ NUM; p＋＋)          //输入 5 个联系人的信息
    {
        printf("\n请输入联系人的姓名:\n");
```

```
        gets (p->Name);
        printf("请输入联系人的电话号码:\n");
        gets (p->PhoneNum);
    }
    printf("\n 以下为已输入联系人信息:\n");    //输出 5 个联系人的信息
    for (p=mem; p<mem+NUM; p++)
    {
        printf("姓名:%-20s", p->Name);
        printf("电话号码:%-12s\n", p->PhoneNum);
    }
    return 0;
}
```

程序的运行结果同【例 9-4】。

在该程序中，p 是指向 struct member 结构体类型的指针变量，p 的初始值为 mem，也就是数组 mem 的第一个元素的起始地址。在第一次循环中，输入 mem[0] 的各个成员值，然后执行 p++，使 p 自增 1，指向结构体数组 mem 中的下一个元素。此时 p 增加的值为结构体数组 mem 中一个元素所占的字节数（21+13=34 字节）。在第二次循环中输入 mem[1] 的值，再执行 p++ 之后，p 指向 mem[2]，依次类推。输出的过程也是类似的。

9.1.6　结构体类型的数据在函数间的传递

微课

结构体变量作为
函数参数（通讯录
的输入输出）

要将一个结构体变量的值传递给另一个函数，有以下 3 种方法。

① 用结构体变量的成员作参数。这种做法和普通变量作实参是一样的，属于"值传递"方式。

② 用结构体变量作参数。用结构体变量作实参时，采取的也是"值传递"方式，将结构体变量所占的内存单元的内容全部按顺序传递给形参，形参也必须是同类型的结构体变量。由于采用的是"值传递"的方式，如果在执行被调函数期间改变了形参的值，该值不能返回给主调函数，会造成使用上的不便。

③ 用指向结构体变量（或结构体数组）的指针作实参，将结构体变量（或数组）的地址传递给形参，属于"传址"方式。这种方式下，实参和形参具有相同的地址，对形参的操作即是对实参的操作。这是一种最常使用的方法。

【例 9-6】 用结构体指针作为函数的参数，实现【例 9-4】。

分析：本程序中，定义函数 Input() 用于输入联系人信息，定义函数 Output() 用于输出联系人信息，这两个函数均以指针变量作为形式参数。在主函数中，定义结构体数组用于存放联系人信息，调用函数 Input() 和 Output() 时，实参也是指向结构体类型的指针，采用的是"传址"方式。

具体程序如下：

```
#include<stdio. h>
#define NUM 5
struct member
{
    char Name[21];
    char PhoneNum[13];
};
```

```
void Input(struct member *mb)
{
    printf("\n 请输入联系人的姓名:\n");
    gets(mb->Name);
    printf("请输入联系人的电话号码:\n");
    gets(mb->PhoneNum);
}
void Output(struct member *mb)
{
    printf("姓名:%-20s", mb->Name);
    printf("电话号码:%-12s\n", mb->PhoneNum);
}
int main(void)
{
    struct member mem[NUM];
    struct member *p;
    p＝mem;
    for (; p<mem＋NUM; p＋＋)/*输入 5 个联系人的信息 */
        Input(p);
    printf("\n 以下为已输入联系人信息:\n");
    for (p＝mem; p<mem＋NUM; p＋＋)
        Output(p);
    return 0;
}
```

程序的运行结果同【例 9-4】相同。

结构体——创新是第一动力

　　在 C 语言中，系统自带的基本数据类型虽然较为丰富，但有时无法直接解决复杂的数据处理问题。通过将不同类型的数据整合到一个自定义类型中，不仅让程序的结构更加清晰，也提高了程序的执行效率。自定义类型的设计，是创新思维在程序设计中的具体体现。

　　创新是一个国家、一个民族发展进步的不竭动力，是推动人类社会进步的重要力量。习近平总书记在庆祝改革开放 40 周年大会上指出：我们要坚持创新是第一动力、人才是第一资源的理念，实施创新驱动发展战略，完善国家创新体系，加快关键核心技术自主创新，为经济社会发展打造新引擎。《国家创新指数报告 2022—2023》显示， 2023 年，我国国家创新指数综合排名居世界第 10 位，较上期报告提升 3 位，是唯一进入前 15 位的发展中国家。"奋斗者"号完成国际首次环大洋洲载人深潜科考航次任务；国产大型邮轮制造实现"零的突破"；人工智能、大数据、区块链等数字化技术加快应用……天舟七号货运飞船成功发射，首次采用 3 小时快速交会对接模式，实现太空"闪送"。这些新科技、新产业、新突破，彰显出我国创新实力不断跃升，也为未来经济发展注入澎湃动力。

　　青年学生要努力学习科学文化知识，构建良好的知识结构，在实践中培养创新思维，不断提升创新能力，争取早日成长为科技创新的主力军，在建设科技强国的舞台上建功立业！

第 3 篇

微课
共用体和枚举
类型基础知识

9.2　共用体

当多个数据需要共享内存或者多个数据每次只取其一时，可以利用共用体（union）。

9.2.1　共用体的定义

定义共用体类型变量的一般形式为：

```
union 共用体名
{
    成员表列
}变量表列;
```

例如：

```
union Data
{
    short i;
    char ch;
    float f;
}a,b,c;          //在声明类型的同时定义变量
```

也可以将类型声明和变量定义分开：

```
union Data    //声明共用体类型
{
    short i;
    char ch;
    float f;
};
union Data a,b,c;   //用共用体类型定义变量
```

即先声明一个 union Data 类型，再将 a、b、c 定义为 union Data 类型的变量，当然也可以直接定义共用体变量，例如：

```
union          //没有定义共用体类型名
{
    short i;
    char ch;
    float f;
}a,b,c;
```

可以看到，"共用体"和"结构体"的定义形式相似。但它们的含义是不同的。结构体变量所占的内存长度是各成员所占内存长度之和。每个成员分别占用独立的内存单元。而共用体变量所占的内存长度等于最长的成员的长度。例如上面定义的共用体变量 a、b、c 各占 4 个字节（因为一个 float 型变量占 4 个字节），而不是各占 2＋1＋4＝7 个字节。共用体类型示意图如图 9-3 所示。

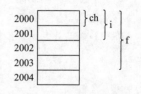

图 9-3　共用体类型示意图

第
3
篇

　　由于共用体中所有成员是共享一段内存的，因此每个成员的首地址相对于共用体变量的基地址偏移量均为 0，即所有成员的首地址都是一样的。为了使得所有成员能够共享一段内存，因此该空间必须足够容纳这些成员中最宽的成员。

9.2.2　共用体变量的引用方法

　　在定义共用体变量以后，便可以引用该变量，对共用体变量的输入、输出及各种运算一般都是通过共用体变量的成员来实现的。

　　引用共用体变量成员的一般形式有以下三种：

　　① 共用体变量名.成员名；

　　② 共用体指针名->成员名；

　　③（*共用体指针名).成员名。

　　例如：

```
union data a,*p, d[3];
```

　　则 a.i、p->ch、（*p).f 、d[0].i 等都是对共用体变量成员正确的引用方式。

9.2.3　共用体变量的赋值

（1）共用体变量的初始化赋值

　　定义共用体变量时，可以对变量赋初值，但只能对变量的一个成员赋初值，而不能像结构体变量那样对变量的所有成员赋初值。例如：

```
union Data a={12};          // 12 赋给变量 a 的第一个成员 i
union Data a={12, 'A',3.14}; // 错误,{ }中只能有一个值
union Data a=12;            //错误,初值必须用{ }括起来
```

（2）共用体变量在程序中赋值

　　定义了共用体变量以后，如果要对其赋值，则只能对其成员赋值，不可对其整体赋值。同类型的共用体变量可以相互赋值。例如：

```
union Data a,b,d[3];  //定义共用体变量和数组
a={12, 'A',3.14};     //错误,不能对变量整体赋值
a.i=12;              //正确,将 12 赋给 a 的成员 i
b=a;                 //正确,同类型的共用体变量可以相互赋值
d[0].ch='A';         //正确,将'A'赋给 c[0]的成员 ch
```

（3）共用体成员的存放方式

　　由于共用体变量的各成员共享同一地址的内存单元，所以在对其成员赋值的某一时刻，存放的和起作用的将是最后一次存入的成员值。

```
union Data data;
data.i=12;  data.ch='A';  data.f=12.5;    //data.f 的值才是有效的成员的值
```

9.2.4　共用体的应用

　　使用共用体来节省空间是一种很普遍的做法。若要设计一个教师和学生通用的表格，教

师数据有姓名、电话号码、职业、部门 4 项，学生有姓名、电话号码、职业、班级号 4 项。可将 9.1 节中的结构体 struct member 修改为如下形式。

```
struct NewMember
{
    char Name[21];     //姓名
    char PhoneNum[13];        //电话号码
    char Job;                 //职业,t 代表教师,s 代表学生
    union Class_Office          //定义共用体变量
    {
        int Class;              //学生班级号
        char Office[20];        //教师所在部门
    }depart;
};
```

【例 9-7】 利用上述 struct NewMember 类型，输入某校人员信息，并打印输出。源程序如下：

```
int main(void)
{
    struct NewMember mem[2];          //定义结构体数组
    int i;
    for(i=0;i<2;i++)              //输入人员信息
    {
        printf("请输入姓名、电话号码和职业(用空格分隔):");
        scanf("%s%s%c",mem[i].Name,mem[i].PhoneNum,&mem[i].Job);
        if(mem[i].Job=='t')          //如果是教师,输入所在部门
        {
            printf("请输入教师所在部门:");
            scanf("%s",mem[i].depart.Office);
        }
        else if(mem[i].Job=='s')    //如果是学生,输入所在班级号
        {
            printf("请输入学生所在班级号:");
            scanf("%d",&mem[i].depart.Class);
        }
        else  printf("输入有误!\n");
    }
    printf("姓名\t 电话号码\t 职业\t 部门/班级 \n");
    for(i=0;i<2;i++)
        if(mem[i].Job=='t')                    //输出教师信息
            printf("%s\t%s\t%c\t%s\n",mem[i].Name,mem[i].PhoneNum,mem[i].Job,
                mem[i].depart.Office);
        else if(mem[i].Job=='s')               //输出学生信息
            printf("%s\t%s\t%c\t%d\n",mem[i].Name,mem[i].PhoneNum,mem[i].Job,
                mem[i].depart.Class);
    return 0;
}
```

程序的运行结果如下图所示。

```
请输入姓名、电话号码和职业（用空格分隔）:Andy 13813813888 s
请输入学生所在班级号:20220305
请输入姓名、电话号码和职业（用空格分隔）:Lucy 13913913999 t
请输入教师所在部门:微电子学院
姓名        电话号码          职业      部门/班级
Andy       13813813888       s         20220305
Lucy       13913913999       t         微电子学院
```

微课

枚举类型的应用
（扑克牌的结构表示）

9.3　枚举类型

如果一个变量只有几种可能的值，则可以定义为枚举（enumeration）类型，所谓"枚举"，就是指把所有可能的值一一列举出来，变量的值只限于列举出来的值的范围内。

声明枚举类型用 enum 开头。其一般形式为：**enum [枚举类型名]｛枚举元素列表｝;**

例如：

```
enum DAY
{
    MON＝1, TUE, WED, THU, FRI, SAT, SUN
};
```

以上声明了一个枚举类型 enum DAY。

 说明

① 枚举类型是一个集合，集合中的元素（枚举成员）是一些命名的整型常量，元素之间用逗号隔开。类型定义以分号";"结束。

② DAY 是一个标识符，可以看成这个集合的名字，是一个可选项。

③ 第一个枚举成员的默认值为整型值 0，后续枚举成员的值在前一个成员的基础上加 1，也可以人为设定枚举成员的值，从而自定义某个范围内的整数。

声明枚举类型后，就可以用此类型定义枚举变量，枚举变量的定义有以下几种方法：

（1）先定义枚举类型，再定义变量

例如，对上述枚举类型 enum DAY，可以用它定义该类型的变量。

```
enum DAY yesterday, tomorrow;   //定义 enum DAY 类型的变量 yesterday、tomorrow
```

（2）类型定义与变量声明同时进行

```
enum      //省略枚举类型名 DAY
{
    MON＝1, TUE, WED, THU, FRI, SAT, SUN
}today; //today 为枚举类型变量
```

第 3 篇

（3）用 typedef 将枚举类型定义成别名，并利用该别名进行变量声明

```
typedef enum DAY
{
    MON=1, TUE, WED, THU, FRI, SAT, SUN
}Workday;              // Workday 为枚举型 enum DAY 的别名
Workday today, tomorrow;      //变量 today 和 tomorrow 的类型为枚举型 Workday
```

【例 9-8】 枚举类型的使用。

```
enum DAY { MON=1, TUE, WED, THU, FRI, SAT, SUN };
int main(void)
{
    enum DAY yesterday, today, tomorrow;
    yesterday=MON;  today=TUE;  tomorrow=WED;
    printf("%d%d%d\n", yesterday, today, tomorrow);//输出:1 2 3
    return 0;
}
```

微课

枚举类型的应用
（水果拼盘问题）

9.4　使用 typedef 定义新类型名

在 C 语言中，可以用 typedef 为已有的数据类型定义一个别名。这里的数据类型包括 C 提供的标准类型名（int、char 等）和自定义的数据类型（结构体类型等）。在编程中使用 typedef 的目的一般有两个：一是给变量一个易记且意义明确的新名字；二是简化一些比较复杂的类型声明。

（1）用 typedef 定义别名替代已有的基本类型名

例如：

```
typedef  unsigned char  BYTE;      //用 BYTE 来代替 unsigned char
```

随后，便可以使用 BYTE 来定义变量：

```
BYTE x, y[10], *z;      // 定义 BYTE 类型的变量、数组和指针
```

（2）用 typedef 定义别名替代结构体类型

例如：

```
typedef struct member
{
        char name[21];
        char phoneNum[13];
}Mem, *Mem_Ptr;
```

以上声明 Mem 为结构体类型名，同时声明 Mem_Ptr 为指向该结构体的指针类型名。可以用它们来定义变量，例如：

```
Mem student, *pstu;
Mem_Ptr  p1, p2;
```

（3）用 typedef 定义别名替代数组类型

```
typedef int Arr[10];          //声明 Arr 为整型数组类型
Arr a;                        //定义 a 为整型数组名,它包含 10 个元素
```

（4）用 typedef 定义别名替代指针类型

```
typedef int *Pointer;         //声明 Pointer 为指向字符的指针类型
Pointer p,s[10];              //定义 p 为字符指针变量,s 为字符指针数组
```

（5）用 typedef 定义别名替代指向函数的指针类型

```
typedef int (*Func)(void)     //声明 Func 为指向函数的指针类型,其返回值为整型
Func pf1,pf2;                 //定义指向函数的指针变量 pf1、pf2
```

说明

① 用 typedef 只是对已经存在的类型指定一个类型别名，而没有创造新的类型。

② 当在不同的源文件中使用同一类型的数据（特别是数组、指针、结构体等类型）时，常用 typedef 声明一些数据类型别名。可以把所有的 typedef 声明单独放在一个头文件中，然后在需要用到它们的文件中用 #inlcude 命令包含进来，以提高编程效率。

9.5　链表

微课
链表基础知识

9.5.1　链表概述

通过前面的各单元已经知道，在使用数组存储批量数据时，系统会为数组分配一片连续的存储空间，因此，对数组元素的访问可使用下标法或指针法实现随机访问，但使用数组也存在一些缺点：

① 用数组存放数据时，必须事先确定数组的长度，以便系统预先分配空间（静态分配），当待处理的数据个数不确定时，很难确定合适的数组长度，空间过大会造成内存浪费，空间过小会造成不够用。

② 向数组中插入元素或从数组中删除元素时，插入或删除位置之后的所有元素都要向前或向后移动，导致操作不方便，效率低。

链表是一种物理存储单元上非连续、非顺序的存储结构，数据元素的逻辑顺序是通过链表中的指针链接次序实现的。链表由一系列结点（链表中每一个元素称为结点）组成，结点可以在运行时动态生成。链表有一个头指针 head，指向链表在内存中的首地址。链表的每个结点由数据域和指针域（存放下一个结点的地址）两部分组成。对各结点的访问都需要从链表的头指针开始，顺序向后查找，后续结点的地址由当前结点给出。链表的尾结点无后续结点，其指针域为空，记作 NULL。

图 9-4 为一单向链表的示意图，链表中各结点在内存中的存储空间是不连续的，各结点的存储空间在需要时向系统申请分配，系统根据内存的当前情况，既可以连续分配地址，也可以跳跃式分配地址。

图 9-4　单向链表示意图

在单向链表中，人们其实并不关心每个结点实际的存储地址，而只注重各结点的逻辑关系，于是可以用更简单直观的图来表示单向链表，如图 9-5 所示，其中尾结点指针域中的符号"^"表示空地址 NULL。

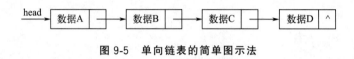

图 9-5　单向链表的简单图示法

为了便于链表的操作，有时会在链表中增加一个头结点，头结点的数据域中不存放数据，指针域存放第一个数据结点的地址，如图 9-6 所示。

图 9-6　带头结点的单向链表

使用链式存储结构无需预先知道元素个数，可以充分利用计算机内存空间，实现灵活的内存动态管理，链表允许插入和移除表中任意位置上的结点。但是链表失去了数组随机读取的优点，同时由于链表增加了结点的指针域，会增加空间开销。

可设计一个结构体类型来描述结点的数据结构，例如：

```
typedef struct node
{
    int num;
    struct node *next;
}Node;
```

在上述链表结点的定义中，一个整型的成员用于存放用户实际需要的数据，成员 next 是指向后续结点（也为 struct node 类型）的指针。

对于实际问题，这里的数据域可以具体化，例如为了用单向链表来存储通讯录中的联系人信息，要对联系人结点结构进行定义。利用 typedef 将 9.1.1 节中联系人结构体 struct member 定义为 data_type。

```
typedef struct member
{
    char Name[21];//联系人姓名
```

```
    char PhoneNum[13];    //联系人电话号码
}data_type;
```

之后，将联系人结构体看作链表结点的一个数据成员，加上指向下一个结点的指针，定义链表结点结构如下：

```
typedef struct node
{
    data_type person;
    struct node *next;
}Node, *node_p;
```

由该结点类型构成了如图 9-7 所示的链表。

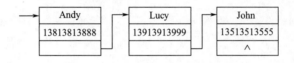

图 9-7　由 3 个联系人信息构成的链表

9.5.2　内存动态分配函数

C 语言允许使用内存动态分配函数，建立内存动态分配区域，用来存放一些临时用的数据，这些数据不必在程序中的声明部分定义，也不必等函数结束时才释放，而是需要时随时申请开辟，不需要时随时释放。在内存中动态分配的数据，通过指针来引用。

对内存的动态分配是通过系统提供的库函数来实现的，在此主要介绍 malloc()、calloc()、realloc() 和 free() 这 4 个函数，这 4 个函数的声明在 stdlib.h 头文件中，因此使用这些函数时，需用预处理指令"#include<stdlib.h>"将 stdlib.h 头文件包含到程序文件中。

（1）　malloc() 函数

函数原型为：**void *malloc(unsigned size)；**

其作用是在内存的动态存储区中分配一个长度为 size 字节的连续空间。如果分配成功，则返回指向被分配内存的指针，如果不成功则返回 NULL。若要返回指向类型的指针而不是 void，则需要对返回值进行强制类型转换。

（2）　calloc() 函数

函数原型为：**void *calloc(unsigned n，unsigned size)；**

其作用是在内存的动态存储区中申请分配 n 个长度为 size 的连续空间。如果分配成功，函数返回一个指向所分配内存首字节地址的指针，否则返回空指针 NULL。

（3）　realloc() 函数

函数原型为：**void *realloc(void *p，unsigned newsize)；**

其作用是把由指针变量 p 所指向的已分配的内存空间大小变为 newsize 字节。如果分配成功，则返回指针变量 p，否则返回空指针 NULL。

（4）　free() 函数

函数原型为：**void *free(void * p)；**

第 3 篇

其作用是释放 p 指向的存储空间，使此空间成为再分配的可用空间。指针 p 应是调用 malloc()、calloc() 以及 realloc() 函数分配得到的内存空间的指针。

【例 9-9】 使用 malloc() 函数分配 100 个字节的内存空间，如果分配成功则输出该内存空间的地址，如果分配不成功则给出提示。

```c
#include<stdio.h>
#include<stdlib.h>
int main(void)
{
    char *p;
    p=(char *)malloc(100);              //分配 100 字节的存储空间
    if (p)
        printf("Memory Allocated at: %x\n", p);      //分配成功输出内存空间的地址
    else
        printf("Not Enough Memory!\n");              //分配失败
    free(p);
    return 0;
}
```

9.5.3　链表的建立

所谓建立链表，是指在程序的运行过程中从无到有地建立一个链表，即一个一个地开辟结点并输入数据，之后建立起链接关系，如图 9-8 所示。

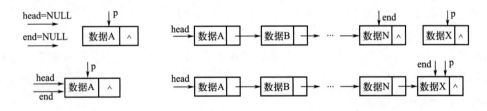

　(a) 若为空表，则 head=p;end=p;　　　　　　　(b) 若非空表，则 end -> next=p;end=p;

图 9-8　链表的创建示意图

链表的创建步骤：

① 建立结点数据结构。

② 创建一个空表。

③ 用 malloc() 函数向系统申请分配一个结点，输入新结点的数据，并将其指针域置为空。

④ 若链表为空，将新结点链接到表头；若是非空表，将新结点链接到表尾。

⑤ 判断是否有后续结点需要接入链表，若有转到③，否则结束。

【例 9-10】 以 9.5.1 节中声明的通讯录联系人结点为例，建立联系人链表。

```c
Node *Creat(Node *head)        //返回与结点相同类型的指针
{
    Node *p,*end＝head;        //初始状态,链表为空,end＝head
```

```
    int n,i=0;
    printf("需要输入的人数:\n");
    scanf("%d",&n);
    while(i<n)
    {
        p=(Node *)malloc(sizeof(struct node));   //申请新结点
        printf("输入姓名及电话号码:\n");          //输入新结点的数据
        scanf("%s%s",p->person. Name,p->person. PhoneNum);
        p->next=NULL;        //将新结点的指针置为空
        if (head==NULL)      //空表,接入表头,并使得 end 指向表尾结点
        {
            head=p; end=p;
        }
        else                 //非空表,接入表尾,并使 end 指向新插入的结点
        {
            end->next=p; end=p;
        }
        i=i+1;
    }
    printf("链表输入结束!\n");
    return head;            //返回链表的头指针
}
```

在链表的创建过程中，链表的头指针是非常重要的参数。因为链表的输出和查找都要从链表的头指针开始，所以链表创建成功后，要返回链表第一个结点的地址，即头指针。

【例 9-10】虽然创建了单向链表，但它的功能只是简单地将一个个联系人信息按照输入的先后顺序链接到链表中。而事实上，在手机通讯录中，联系人记录通常是按姓名排序的一个有序链表，所以上述的【例 9-10】还不能够解决通讯录问题。创建链表的过程其实就是向链表中新增结点的过程，所以将在链表的插入部分详细讲解如何建立一个有序链表。

9.5.4　链表的输出

建立链表后，可将链表中各结点的数据依次输出，链表的输出实际上是对链表信息的一次遍历。

链表的输出步骤：

① 找到表头。

② 若是非空表，输出结点的值成员，是空表则退出。

③ 跟踪链表的增长，即找到下一个结点的地址。

④ 转到②。

【例 9-11】 对【例 9-10】中创建的联系人链表，输出表中的联系人信息。

源程序如下：

```
void Print(Node *head)          //输出以 head 为头的链表各结点的值
{
    Node *s=head;               //取得链表的头指针
    printf("\n\n\n 链表中的联系人信息为:\n");
    while (s!=NULL)             //是非空表
```

```
    {
        printf("%s\t%s\n", s->person. Name,s->person. PhoneNum);
        s=s->next;              //跟踪链表增长
    }
    printf("链表打印结束!!\n");
}
```

9.5.5　链表的查找

链表的查找也是对链表的一种遍历，从链表的第一个结点开始，逐个结点进行查找，直到找到相关信息或链表结束。

链表的查找步骤：

① 找到表头。

② 若是非空表，则转③，否则转④。

③ 判断当前结点是否为所查找结点，若是，则输出结点信息并停止查找，转⑤；若不是，则跟踪链表增长，找到下一结点，转②。

④ 提示未找到相关信息，转⑤。

⑤ 退出。

【例 9-12】 对【例 9-10】中创建的联系人链表，根据姓名查找联系人信息。

源程序如下：

```
    void Search(Node *head, char name[])    //在 head 为头的链表中查找姓名 name 对应信息
    {
        Node *s=head;             //取得链表的头指针
        while(s!=NULL)            //是非空表
        {
            if(strcmp(s->person. Name,name)==0)   //找到姓名 name 对应的信息
            {
                printf("您查找的信息为:%s\t%s\n",s->person. Name,s->person. PhoneNum);
                break;            //无需继续查找,结束循环
            }
            s=s->next;            //跟踪链表增长
        }
        if(s==NULL)               //链表结束,未找到对应信息
            printf("未找到%s!\n",name);
    }
```

在通讯录程序中，也可以根据电话号码查找联系人姓名，代码基本类似，此处不再赘述。另外，在通讯录程序中，"删除联系人""修改联系人"两个功能都需要找到对应的联系人，才能进行删除或修改操作，其中都包含了查找功能，需要用到 Search()函数。

9.5.6　链表的插入

在对单向链表进行插入操作时，必须确定插入的位置和所要插入结点的数据。根据插入位置不同，分如下三种情况：

微课
单向链表的应用
（有序链表的合并）

① 新增结点为链表的第一个结点。如图 9-9 所示，则插入过程表示为：

```
p->next=head; head=p;
```

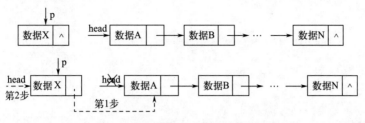

图 9-9　新增结点为链表第一个结点

② 新增结点在链表尾部，则应找到链表尾结点的指针。例如指针 s 指向链表的最后一个结点，要在 s 后面插入新结点 p，如图 9-10 所示，可用一条语句实现：

```
s->next=p;
```

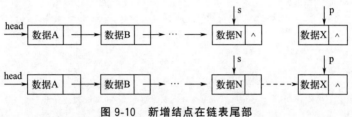

图 9-10　新增结点在链表尾部

③ 新增结点在链表中间，则应找到插入位置的前驱结点。例如要在指针 s 所指向结点的后面插入新结点 p，如图 9-11 所示，则插入过程可表示为：

```
p->next=s->next; s->next=p;
```

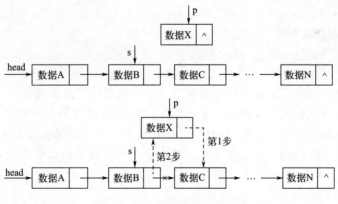

图 9-11　新增结点在链表中间

创建链表，也可以看成是向已有的链表中不断增加结点的过程。因此，若要创建一个按联系人姓名有序排列的链表，可以看成是向一个空链表中依次增加结点，并确保每次增加的结点有序排列，因此在已有链表中寻找合适的插入位置是非常重要的，可以通过比较新结点的姓名与链表中已有结点的姓名来实现。

【例 9-13】 修改【例 9-10】中的 Creat()函数，使建立的联系人链表按结点姓名有序排列。

源程序如下：

```
Node *Add(Node *head)        //返回与结点相同类型的指针
{
    Node *p,*q,*s;          // p 为新增结点
    int n,i=0;
    printf("需要输入的人数:\n");
    scanf("%d",&n);
    while(i<n)
    {
        q=head;
        p=(Node *)malloc(sizeof(struct node));  //申请新结点
        printf("输入姓名及电话号码:\n");       //输入新结点的数据
        scanf("%s%s",p->person. Name,p->person. PhoneNum);
        p->next=NULL;                        //将新结点的指针置为空
        if(head==NULL||strcmp(p->person. Name,q->person. Name)<0)
        {                            //新增结点为第一个结点
            p->next=head;head=p;
        }
        else             //新增结点不是第一个结点,寻找插入位置
        {   while(q!=NULL&&strcmp(p->person. Name,q->person. Name)>0)
            {                            //新增结点的姓名与 q 结点的姓名比较
                s=q; q=q->next;
            }
            if(q==NULL)   s->next=p;              //新增结点在链表尾
            else          //新增结点在链表中间,在 s 结点之后插入新结点 p
            {    p->next=s->next; s->next=p; }
        }
        i=i+1;
    }
    printf("链表输入结束!\n");
    return head;          //返回链表的头指针
}
```

以上程序通过在一个空链表中依次增加结点，每次增加结点都确保链表有序，从而创建了一个按姓名升序排列的联系人链表。本程序也可用于向现有的非空有序链表中增加节点，在本篇的项目实战环节设计的通讯录程序中，"新增联系人"功能需要向现有的有序排列链表中增加若干个联系人结点，用【例 9-13】建立的 Add()函数也可实现此功能。

9.5.7　链表的删除

从单向链表中删除一个结点，必须确定删除的位置，将指定结点从链表中"脱离"，并释放该结点的存储空间。根据删除结点所在位置不同，分如下三种情况：

① 删除结点为链表的第一个结点。如图 9-12 所示，删除过程可表示为：

```
head=s->next; free(s);
```

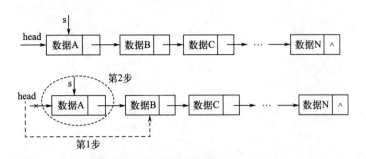

图9-12 删除结点为链表第一个结点

② 删除结点不是链表的第一个结点，若要删除结点 s，必须找到其前驱结点 p，如图 9-13 所示，删除过程可表示为：

```
p->next＝s->next; free(s);
```

③ 若删除结点 s 是尾结点，它的指针域为空，"p->next＝s->next;" 相当于"p->next＝NULL;"，即让其前驱结点 p 成为最后一个结点，也可实现删除 s 结点，故将两种情况合并。

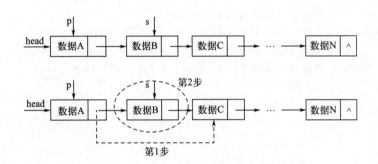

图9-13 删除结点不是链表的第一个结点

【例 9-14】 编写 Delete()函数，删除联系人链表中指定的结点。

分析：单向链表的结点删除过程和结点的插入类似，关键是找到删除的位置，之后，根据删除结点所在的位置不同分别进行处理。

源程序如下：

```
Node *Delete(Node *head, char name[])//删除联系人链表中指定姓名的结点
{
    Node *p,*s＝head;               //取得链表的头指针
    if(strcmp(s->person. Name,name)==0)   //删除结点为第一个结点
    {
        head＝s->next;  free(s);    //删除结点 s
        printf("删除成功");
    }
    else     //删除结点不是第一个结点
    {   p＝s;s＝s->next;
        while (s!=NULL)            //是非空表
```

```
        {
            if(strcmp(s->person. Name,name)==0)    //找到姓名 name 对应的信息
            {
                p->next=s->next;    free(s);      //删除结点 s
                printf("删除成功");      break;        //无需继续查找,结束循环
            }
            p=s;s=s->next;                    //跟踪链表增长
        }
        if(s==NULL)                    //链表结束,未找到对应信息
        printf("查无此人!\n",name);
    }
    return head;        //因删除操作也可能修改头指针,故将其作为返回值带回
}
```

习 题

一、填空题

1. 以下叙述中，正确的是（　　　）。

（A）结构体类型中各个成员的类型必须是一致的

（B）结构体类型中的成员只能是C语言中预先定义的基本数据类型

（C）在定义结构体类型时，编译程序就为它分配了内存空间

（D）一个结构体类型可以由多个称为成员（或域）的成分组成

2. 若有以下的定义语句：

```
typedef struct S
{
    int g;
    char h;
}T;
```

以下叙述中正确的是（　　　）。

（A）可以用S定义结构体变量　　　　（B）可以用T定义结构体变量

（C）S是 struct 类型的变量　　　　（D）T是 struct S 类型的变量

3. 根据以下定义，能输出字母 M 的语句是（　　　）。

```
struct person
{
    char name[9];    int age;
};
struct person class[10]={ "John", 17,"Paul", 19, "Mary", 18, "Adam", 16 };
```

（A）　printf("%c\n", class[3]. name);

（B）　printf("%c\n", class[3]. name[1]);

（C）　printf("%c\n", class[2]. name[1]);

（D）　printf("%c\n", class[2]. name[0]);

4. 有以下说明和定义语句：

```
struct student
{
```

```
    int age; char num[8];
};
struct student stu[3]={ { 20,"200401" },{ 21,"200402" },{ 10,"200403" } };
struct student *p=stu;
```

以下选项中引用结构体变量成员的表达式错误的是（　　　）。

（A）　(p++)->num　　　　　　　　（B）　p->num

（C）　(*p).num　　　　　　　　　（D）　stu[3].age

5. 若有以下说明和语句，则值为 6 的表达式是（　　　）。

```
struct st
{
    int n;
    struct st *next;
};
struct st a[3],*p;
a[0].n=5; a[0].next=&a[1];
a[1].n=7; a[1].next=&a[2];
a[2].n=9; a[2].next=NULL;
p=&a[0];
```

（A）　p++->n　　　（B）　p->n++　　　（C）　(*p).n++　　　（D）　++p->n

6. 设有如下定义：

```
struct sk
{   int a;
    float b;
} data,*p;
```

若有 p=&data; 则对 data 中的 a 域的正确引用是（　　　）。

（A）　(*p).data.a　（B）　(*p).a　　　（C）　p->data.a　　　（D）　p.data.a

7. 以下程序输出结果是（　　　）。

```
#include<stdio.h>
struct stu
{
    int num;
    char name[10];
    int age;
};
void fun(struct stu *p)
{
    print("%s\n", (*p).name);
}
int main(void)
{
    struct stu students[3]={ { 101,"Zhang",20 },{ 102,"Wang",19 },{ 103,"Zhao",18 } };
    fun(students+2);
    return 0;
}
```

（A）　Zhang　　　　（B）　Zhao　　　　（C）　Wang　　　　（D）　18

8. 下面程序的输出结果为（　　）。

```
#include<stdio.h>
struct st
{
        int x;
        int *y;
}*p;
int dt[4]={ 10,20,30,40 };
struct st aa[4]={ 50,&dt[0],60,&dt[1],70,&dt[2], 80,&dt[3] };
int main(void)
{
        p=aa;
        printf("%d\n",++p->x);
        printf("%d\n", (++p) ->x);
        printf("%d\n",++( *p->y));
        return 0;
}
```

（A）　10　　　　　（B）　50　　　　　（C）　51　　　　　（D）　60

　　　　20　　　　　　　　60　　　　　　　　60　　　　　　　　70

　　　　20　　　　　　　　21　　　　　　　　21　　　　　　　　31

9. 以下程序的运行结果是（　　）。

```
#include<stdio.h>
struct st
{
    int x,y;
}data[2]={ 1,10,2,20 };
int main(void)
{
    struct st *p=data;
    printf("%d,", p->y);
    printf("%d\n", (++p) ->x);
    return 0;
}
```

（A）　10, 1　　　　（B）　20, 1　　　　（C）　10, 2　　　　（D）　20, 2

10. 下面结构体的定义语句中，错误的是（　　）。

```
(A)struct ord              (B)struct ord
   {                          {
       int x;                     int x;
       int y;                     int y;
       int z;                     int z;
   };                         }
   struct ord a;              struct ord a;
(C)struct ord              (D)struct
   {                          {
       int x;                     int x;
       int y;                     int y;
       int z;                     int z;
   } a;                       }a;
```

11. 设有如下说明语句：

```
struct ex
{ int x; float y; char z; } example;
```

则下面的叙述中不正确的是（ ）。

（A）struct 是结构体类型的关键字　　　　（B）example 是结构体类型名

（C）x、y、z 都是结构体成员名　　　　（D）struct ex 是结构体类型

12. 若有如下定义：

```
union   data
{
    int   i;
    char   ch;
    double f;
} b;
```

则共用体变量 b 占用内存的字节数是（ ）。

（A）1　　　　　　（B）2　　　　　　（C）8　　　　　　（D）11

13. 有以下程序段：

```
int *p;
p=_____malloc(sizeof(int));
```

若要求使 p 指向一个 int 型动态存储单元，在横线处应当填入的是（ ）。

（A）（int *）　　　（B）int　　　（C）int *　　　（D）（*int）

14. 若有定义：

```
typedef int *T;
T *a[20];
```

则以下定义中与 a 类型完全相同的是（ ）。

（A）int * *a[20];　　　　　　（B）int （*a)[20];

（C）int *(*a)[20];　　　　　　（D）int *a[20];

15. 为了建立如右图所示的存储结构（即每个结点包含两个域，data 是数据域，next 是指向下一个结点的指针域），则在横线处应填入的是（ ）。

data	next

```
struct link{char data;_____}node;
```

（A）struct link *next;　　　　　（B）link next;

（C）link *next;　　　　　　　　（D）struct link next;

二、写出下列程序的运行结果

```
1.  int main(void)
    {
        struct cmp
        {
            int x;
            int y;
```

```
    } cnum[2] = { 1,3,2,7 };
    printf("%d\n", cnum[0].x/cnum[1].y*cnum[1].x);
    return 0;
}
```

```
2.  struct s
    {
        int x, y;
    }data[2] = { 10,100,20,200 };
    int main(void)
    {
        struct s *p = data;
        printf("%d\n", ++(p->x));
        return 0;
    }
```

三、编程题

1. 创建一个学籍管理结构体，包含学号、姓名、性别、住址、电话等信息，从键盘输入 5 个学生的学籍信息并输出。

2. 建立一个链表，每个结点包含：学号、姓名、性别、年龄。从键盘上输入一个学号，如果链表中某结点所包含的学号等于此学号，则将此结点删除。

3. 定义一个平面上点的结构体，再定义一个求解平面上两点间距离的函数。通过调用该函数，计算任意两点之间的距离。

参考答案
单元九

【学习笔记】

实验九

结构体的应用

一、实验目标

(1) 掌握结构体类型的概念、定义和使用。

(2) 掌握结构体数组、结构体指针的定义和使用。

(3) 理解链表的概念，能够熟练地建立链表，并进行链表结点的插入与删除等相关操作。

二、实验准备

(1) 复习结构体类型的定义。

(2) 复习结构体变量、数组和指针的定义和引用。

(3) 复习结构体类型数据作为函数参数的应用。

(4) 复习链表的基本操作。

三、实验内容

1. 编写程序，要求如下：

(1) 定义一个结构体类型 struct student 用于描述学生信息，其中包含学号、姓名、高数成绩、大学英语成绩、C++成绩、总成绩、平均成绩七个成员。

(2) 在主函数中，定义一个 struct student 类型的变量，用于存放某个同学的信息，从键盘上输入该名同学的学号、姓名、高数成绩、大学英语成绩、C++成绩，计算该同学的平均成绩和总成绩，并在屏幕上输出显示。

编程要点：

(1) 定义结构体类型 struct student 时，注意其成员的类型。

(2) 注意输出格式，要对齐显示。

(3) 程序将产生类似下图所示的运行结果。

(4) 完成之后，在本题的基础上作修改，定义一个 struct student 类型的指针变量，用指针变量来实现程序的功能。

2. 编写程序，要求如下：

（1）定义一个结构体类型 struct student 用于描述学生信息，其中包含学号、姓名、高数成绩、大学英语成绩、C＋＋成绩、总成绩、平均成绩七个成员。

（2）在主函数中定义一个 struct student 类型的结构体数组，该数组中包含 5 个学生的信息。

（3）从键盘上输入这五个同学的学号、姓名、高数成绩、大学英语成绩、C＋＋成绩，计算他们的总成绩和平均成绩，并在屏幕上输出显示。

编程要点：

（1）可在上一题基础上修改以完成本程序。

（2）需要注意输出格式，同一列信息要对齐显示。

（3）在输入五个同学的信息后，程序将产生下图所示的运行结果。

（4）完成之后，在本题的基础上作修改，定义一个 struct student 类型的指针变量，指向结构体数组，用指针变量来实现程序的功能。

学号	姓名	数学	英语	c++	总成绩	平均成绩
001	张三	96.00	56.00	87.00	239.00	79.67
002	李四	98.00	87.00	99.00	284.00	94.67
003	王五	56.00	76.00	84.00	216.00	72.00
004	赵六	65.00	75.00	85.00	225.00	75.00
005	刘七	96.00	58.00	56.00	210.00	70.00

3. 在第 2 题的基础上编写程序，要求将 5 位同学的信息按总分从高到低排序。

编程要点：

（1）使用冒泡排序法将 5 位同学的成绩按总分排序。

（2）两个相同类型的结构体变量可以进行相互赋值，而不必对其各个成员单独赋值。

（3）程序将产生如下图所示的运行结果。

学号	姓名	数学	英语	c++	总成绩	平均成绩
002	李四	98.00	87.00	99.00	284.00	94.67
001	张三	96.00	56.00	87.00	239.00	79.67
004	赵六	65.00	75.00	85.00	225.00	75.00
003	王五	56.00	76.00	84.00	216.00	72.00
005	刘七	96.00	58.00	56.00	210.00	70.00

4. 编写程序，创建一个单向链表，存入 N 名学生的成绩，求出这 N 名同学的平均分并输出。

例如，若学生的成绩是 85、76、69、85、91、72、64、87，则平均分应当是 78.625。

编程要点：

（1）注意单向链表结点类型的定义。

（2）编写函数 creat() 用于创建单向链表，在 creat() 函数中调用 malloc() 为新结点分配内存空间，将该结点连接到链表中。

（3）在主函数中调用 creat() 创建单向链表，并从头指针开始对链表进行遍历，求出 N 名同学的平均成绩。

（4）程序将产生如下图所示的运行结果。

5. 定义一个结构体类型，包括年、月、日三个成员。编写一个函数 day()，计算某日期在本年中是第几天。在主函数中输入年、月、日，存入结构体变量中，并传递给 day() 函数，由 day() 函数计算之后，将结果传回到主函数输出。

编程要点：

（1）在 day() 函数中，计算第几天时要注意闰年的问题。

（2）程序将产生如下图所示的运行结果。

6. 有 a、b 两个链表，链表中的结点包含学号与成绩信息，a、b 链表均按学号的升序排列，要求把两个链表合并，且使得合并后的链表仍然有序。

编程要点：

（1）注意结点类型的定义。

（2）编写 creat() 函数，用于创建一个有序的单向链表，链表中的结点按学号升序有序排列。在创建单向链表的过程中，可自行设置结束条件，例如，输入学号为负数则结束。

（3）编写函数 print()，用于输出链表中的信息。

（4）编写函数 connect()，用于合并链表，且使得合并以后的链表仍然有序。

（5）在主函数中调用函数 creat()、print()、connect()用于实现程序功能，程序将产生如下所示的运行结果。

四、常见问题分析

在使用结构体编写程序时的常见问题如表 9-1 所示。

表 9-1　用结构体编写程序时的常见问题

错误实例	错误分析
struct stu {　int num; 　　char name[10]; }	定义结构体类型时，必须以分号结束
struct stu {　int num; 　　char name[10]; }s; scanf("%d",&s);	不能对结构体变量进行整体输入输出，只能对其成员进行输入/输出操作。正确的形式为： scanf（"%d%s"，&x. num，x. name）;

struct stu
{　int num;
　　char name[10];
}s, *p;
p->num=1009;
	结构体指针必须有明确的指向，之后才能使用。正确的形式为：
	　p=&s;
	　p->num=1009;

struct stu {　int num; 　　char name[10]; }s, *p=s; p. num=1009;	在使用结构体指针访问结构体成员时，不能使用成员运算符"."。正确的形式为： p->num=1009; 或（*p). num=1009;
char * p; p=(char)malloc(sizeof(char) * 4);	malloc 函数的返回值是指针。正确的形式为： p＝（char * ）malloc(sizeof(char) * 4);

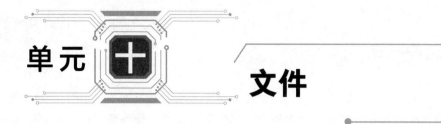

单元 十 文件

知识目标

（1）了解文件的概念和分类。
（2）掌握文件的打开、关闭和读写方法。
（3）掌握文件的检测和错误处理方法。

能力目标

（1）能够进行文件的打开和关闭操作。
（2）能够完成文件的顺序读写和随机读写。
（3）能够解决文件操作中的错误和异常。

素质目标

（1）重视相关的安全标准和规范，增强信息安全意识。
（2）通过文件操作，培养重视细节、一丝不苟、精益求精的工匠精神。
（3）通过复杂程序的编写与调试，培养对所学知识的综合运用能力、独立思考能力和
创新精神。

单元导读

　　单元九中，通过建立链表对联系人信息进行处理，但是，此链表存储于内存中，每
次运行程序时，只能由用户重新输入数据建立联系人链表，才能进行后续的各种操作，
这样的重复工作给用户带来了不便。为了实现数据的持久化存储，可将联系人信息存储
到文件中。这样，每次启动程序时，将文件中永久保存的数据读取到内存，减少用户的
重复性工作。在C语言中，对文件的操作都是由库函数完成的。

微课

文件基础知识

10.1　文件概述

文件是程序设计中一个重要的概念。所谓"文件"是指存储在外部介质上的数据集合。数据是以文件的形式存放在外部介质（如磁盘、光盘等）上的。操作系统以文件为单位对数据进行管理，也就是说，如果想找到存储在外部介质上的数据，必须先按文件名找到指定的文件，然后再从该文件中读取数据。要向外部介质上存储数据也必须先建立文件，才能向它输出数据。

为了更好地理解文件的概念，本节将先介绍数据流、缓冲区、文件类型等内容。

10.1.1　数据流

在 C 语言中，术语"流"（stream）表示任意输入的源或任意输出的目的地。程序与数据的交互是以流的形式进行的，称为数据流。进行 C 语言文件的存取时，都会先进行"打开文件"操作，这个操作就是打开数据流，而"关闭文件"操作就是关闭数据流。

C 程序通过文件指针对流进行操作，该指针的类型为 FILE ＊，FILE 类型在文件stdio.h 中声明（结构体 FILE 的定义请参考 10.2 节）。stdio.h 中包含 3 个标准流供程序员直接使用，不需要进行任何的声明操作，表 10-1 给出了标准流的具体信息。

表 10-1　stdio.h 的 3 个标准流

文件指针	流	默认设备
stdin	标准输入	键盘
stdout	标准输出	显示器
stderr	标准错误	显示器

10.1.2　缓冲区

缓冲区是指在程序执行时，所提供的额外内存，可用来暂时存放准备执行的数据。它的设置是为了提高存取效率，因为内存的存取速度比磁盘驱动器快得多。

C 语言的文件处理功能依据系统是否设置"缓冲区"分为两种：一种设置缓冲区，另一种不设置缓冲区。由于不设置缓冲区的文件处理方式，必须使用较低级的 I/O 函数（包含在头文件 io.h 和 fcntl.h 中）直接对磁盘进行存取，这种方式存取速度慢，并且由于不是 C 的标准函数，跨平台操作时容易出问题。下面只介绍第一种处理方式，即设置缓冲区的文件处理方式。

使用标准 I/O 函数（包含在头文件 stdio.h 中）时，系统会自动设置缓冲区，并通过数据流来读写文件。进行文件读取时，不会直接对磁盘进行读取，而是先打开数据流，将磁盘上的文件信息拷贝到缓冲区中，然后程序再从缓冲区中读取所需数据，如图 10-1 所示。

写入文件时，不会直接写入磁盘中，而是先写入缓冲区，只有在缓冲区已满或"关闭文件"时，才会将数据写入磁盘，如图 10-2 所示。

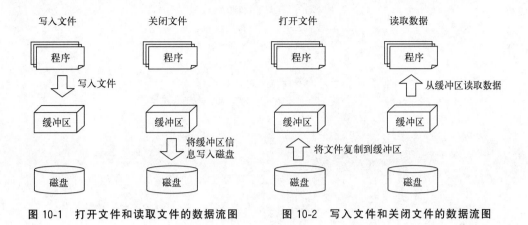

图 10-1 打开文件和读取文件的数据流图　　图 10-2 写入文件和关闭文件的数据流图

10.1.3 文件类型

stdio.h 支持两种类型的文件，即文本文件和二进制文件。

① 文本文件是以字符编码的方式保存的，即文件的内容在外存中存放时存放每个字符对应的编码。

② 二进制文件将内存中的数据（二进制形式）原样放入文件中，对二进制文件的访问速度比对文本文件的访问速度快。

例如，将十进制数 12345，按文本文件的形式存储到文件中，占 5 个字节，分别为 1、2、3、4、5 对应的 ASCII 码，而在二进制文件中占用 2 个字节，如图 10-3 所示。

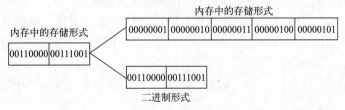

图 10-3 文本文件和二进制文件不同的存储形式

10.2 文件的打开与关闭

10.2.1 FILE 结构体

每个被使用的文件都在内存中开辟一个区域，用来存放文件的有关信息。这些信息保存在一个结构体类型的变量中。该结构体类型是由系统定义的，取名为 FILE。

C 语言的 stdio.h 头文件中，定义了结构体类型 FILE 为"文件类型指针"，具体定义如下：

```
struct _iobuf
{
```

第3篇

```
        char *_ptr;          //文件输入的下一个位置
        int _cnt;            //当前缓冲区的相对位置
        char *_base;         //指基础位置(即是文件的起始位置)
        int _flag;           //文件标志
        int _file;           //文件的有效性验证
        int _charbuf;        //检查缓冲区状况,如果无缓冲区则不读取
        int _bufsize;        //缓冲区大小
        char *_tmpfname;     //临时文件名
    }FILE;
```

有了结构体类型 FILE 后,可以用它来定义 FILE 类型的变量,以存放文件信息。例如:

```
FILE file[5];     //定义了一个结构体数组 file,包含 5 个元素,可存放 5 个文件的信息
FILE *fp;         //定义 FILE 类型的指针变量
```

以上定义的 fp 是一个指向 FILE 类型数据的指针变量。可以使 fp 指向某一个文件的文件信息区 (是一个结构体变量),从而通过该结构体变量中的文件信息访问该文件。也就是说,通过文件指针变量能够找到与它相关联的文件。

10.2.2　fopen( )和 fclose( )函数

对文件进行读写之前应该"打开"文件,在使用结束之后应"关闭"文件。打开文件用 fopen()函数,关闭文件用 fclose()函数。

(1) 用 fopen( )函数打开文件

fopen()函数的调用方式为:**fopen(文件名,文件使用方式);**

它的功能是按指定的使用方式打开文件,建立指针变量与文件之间的联系。若文件打开成功,则函数返回指向该文件的指针变量;若文件打开失败,则返回 NULL。例如:

```
FILE *fp;
fp=fopen("f1.txt","r");//以只读方式打开当前文件夹下名为 f1 的文件,将该文件指针赋给 fp
```

文件的使用方式如表 10-2 所示。

表 10-2　文件访问方式

文件类型	使用方式	意义
文本文件	"r"	文件只允许读,不允许写
	"w"	文件只允许写,不允许读
	"a"	只允许在文件尾部追加数据
	"r+"	文件既允许读,也允许写
	"w+"	文件既允许读,也允许写,但必须先写后读
	"a+"	文件允许读也允许在文件尾追加

续表

文件类型	使用方式	意义
二进制文件	"rb"	文件只允许读，不允许写
	"wb"	文件只允许写，不允许读
	"ab"	只允许在文件尾部追加数据
	"rb+"	文件既允许读，也允许写
	"wb+"	文件既允许，读也允许写，但必须先写后读
	"ab+"	文件允许读也允许在文件尾追加

 说 明 ● ● ● ● ● ● ● ●

① 使用"r"方式打开的文件只能读不能写，而且该文件应当已经存在，并存有数据，这样程序才能从文件中读数据。不能用"r"方式打开一个不存在的文件，否则会出错。

② 用"w"方式打开的文件只能写不能读，如果不存在该文件，则在打开时新建一个。如果存在该文件，则文件中原有数据被擦除。

③ 若要向文件末尾添加新的数据（不删除原有数据），则应该用"a"方式打开。但此时应保证该文件已存在，否则将得到出错信息，打开文件时，文件位置指针标记到文件末尾。

④ 用"r+""w+""a+"方式打开的文件可以用来写入和读出数据。用"r+"方式时该文件应该已经存在，以便计算机从中读数据。用"w+"方式则新建立一个文件，先向此文件写数据，然后可以读该文件中的数据。用"a+"方式打开的文件，原有数据不被删去，文件的读写位置指针移到文件末尾，可以添加，也可以读。

⑤ 若打开文件时出现错误，fopen()函数返回 NULL。建议使用以下的程序段，当打开文件发生错误时，使程序停止运行。

```
if((fp=fopen("f1.txt","r"))==NULL)
{
    printf("文件打开失败!\n");
    exit(0);
}
```

（2）用 fclose()函数关闭文件

文件使用完后应当关闭它，以防止它再被误用。"关闭"文件就是指撤销文件信息区和文件缓冲区，使文件指针不再指向文件，此后就无法再对该文件进行读写。

fclose()函数的调用方式为：**fclose(文件指针)；**

它的功能是关闭文件指针所指向的文件，使文件指针不再指向文件。如果文件成功关闭，返回 0，否则返回 EOF。

【例 10-1】 打开 C 盘根目录下的 myfile.c 文件，验证文件能否正确打开，程序最后关闭文件。

程序如下：

```c
#include<stdio. h>
#include<stdlib. h>
int main(void)
{
    FILE *fa;
    if((fa=fopen("c:\\myfile. c","r"))==NULL)
    {
        printf("\n 文件打开失败!");
        exit(0);    /*退出*/
    }
    else
        printf("\n 文件打开成功!");
    fclose(fa);
    return 0;
}
```

10. 3　文件的顺序读写

微课

文件读写函数
（统计文件中
的字符数）

　　文件打开后，需要对文件进行操作，最常用的便是对文件的读和写。在通讯录程序中，需要将联系人记录存入文件中，以便永久保存，这是对文件进行写入操作，当查询联系人信息时，又需要对文件进行读操作。

10. 3. 1　fputc( )和 fgetc( )函数

（1）读字符函数 fgetc( )

fgetc()函数的调用格式为：**fgetc(文件指针)；**

　　它的功能是从文件指针所指向的文件中读取一个字符。若执行成功，返回读取的字符；失败则返回文件结束标志 EOF（即-1）。例如：

```
ch=fgetc(fp);        //从打开的文件 fp 中读取一个字符并送入字符变量 ch 中
```

> **说　明**
>
> ① 在调用 fgetc( ) 函数时，文件必须是以读或读写方式打开的。
>
> ② 读取的字符也可以不向字符变量赋值，如："fgetc(fp)；" 此时读出的字符不能保存。
>
> ③ 在文件内部有一个位置指针，用来指向文件当前的读写位置。文件打开时，该指针总是指向文件的第一个字节，使用 fgetc( ) 函数后，该位置指针将向后移动一个字节。因此可连续多次使用 fgetc( ) 函数，读取多个字符。

第3篇

【例10-2】 将磁盘文件 "filea.txt" 的信息读出并显示到屏幕上。

源程序如下：

```
#include<stdio.h>
#include<stdlib.h>
int main(void)
{
    FILE *fp;
    char c;
    if((fp=fopen("filea.txt","r"))==NULL) //以只读方式打开文件
    {
        printf("\n File not exist!");
        exit(0);
    }
    while((c=fgetc(fp))!=EOF)                   //逐个读出字符
        putchar(c);                            //将读出的字符显示到屏幕上
    fclose(fp);
    return 0;
}
```

在本程序中，用 fopen() 函数打开文件时没有指定路径，只给出了文件名 filea.txt，系统默认其路径为当前用户所使用的子目录（即源文件所在的目录）。程序中以 while 语句逐个读取字符，用（c=fgetc(fp)）!=EOF 判断是否读取成功。

（2）写字符函数 fputc( )

fputc() 函数的调用方式为：**fputc(字符，文件指针)；**

它的功能是向文件指针所指向的文件中写入一个字符。如写入成功，则返回写入的字符，否则返回 EOF(-1)。例如：

```
fputc(ch,fp);   //把字符 ch 写入文件指针 fp 所指向的文件中
```

 说 明

① 文件可以以写、读写、追加方式打开，用写或读写方式打开一个已存在的文件时将清除原有的文件内容，写入字符从文件首开始。被写入的文件若不存在，则创建该文件。如需保留原有文件内容，希望写入的字符从文件尾开始存放，必须以追加方式打开文件。

② 每写入一个字符，文件内部的位置指针向后移动一个字节。

【例10-3】 从键盘输入一些字符存到磁盘文件 data.txt 中，以'#'结束。

源程序如下：

```
#include<stdio.h>
#include<stdlib.h>
int main(void)
{
    FILE *fp;
```

```
    char c;
    if((fp=fopen("data.txt","w"))==NULL)        //以只写方式打开文件
    {
        printf("\n File cannot open!");
        exit(0);
    }
    while((c=getchar())!='#')         //从键盘上逐个读入字符,以'#'结束
    {
        fputc(c,fp);                          //将读入的字符写入到文件 fp 中
        putchar(c);                           //将读入的字符显示到屏幕上
    }
    fclose(fp);
    return 0;
}
```

【例 10-4】 将文件 filea. txt 的内容复制到文件 fileb. txt 中。
源程序如下：

```
#include<stdio.h>
#include<stdlib.h>
int main(void)
{
    FILE *f1,*f2;
    char c;
    if((f1=fopen("filea.txt","r"))==NULL)   //以只读方式打开文件 filea
    {
        printf("\n File cannot open!");
        exit(0);
    }
    if((f2=fopen("fileb.txt","w"))==NULL)   //以只写方式打开文件 fileb
    {
        printf("\n File cannot creat!");
        exit(0);
    }
    while((c=fgetc(f1))!=EOF)            //从 f1 指向的文件中逐个读出字符
        fputc (c,f2);                       //将读出的字符写入到 f2 指向的文件中
    fclose(f1);
    fclose(f2);
    return 0;
}
```

程序运行时，屏幕上并没有输出信息，只是将 filea. txt 中的内容全部复制到 fileb. txt 中。

10. 3. 2　fgets( )和 fputs( )函数

10.3.1 节介绍了向磁盘文件读写一个字符的方法，但是，如果字符个数较多，一个一个读写太麻烦，此时可以使用字符串读写函数。

（1）读字符串函数 fgets( )
fgets()函数的调用方式为：**fgets(字符数组,n,文件指针)；**

它的功能是从指定的文件中读一个长度为 n−1 的字符串存入字符数组中，并且在字符串的末尾加上结束标志'\0'。若读取成功，返回值为字符数组的首地址，失败则返回空指针 NULL 在读完 n−1 个字符之前，如果遇到换行符'\n'或文件结束符 EOF，则读操作结束。

【例 10-5】 利用函数 fgets()，将文本文件 filea.txt 中的内容全部读出并显示到屏幕上。

源程序如下：

```c
#include<stdio.h>
#include<stdlib.h>
int main(void)
{
    FILE *fp;
    char str[81];                       //定义长度为 81 的字符数组
    if((fp=fopen("filea.txt","r"))==NULL) //只读方式打开文件
    {
        printf("Cannot open file!");
        exit(0);
    }
    while(fgets(str,81,fp)!=NULL)      //每次从文件中读出 80 个字符放入数组 str 中
        puts(str);                    //输出 str 中的字符串
    fclose(fp);                       //关闭文件
    return(0);
}
```

在本程序中，调用 fgets()函数每次读出 80 个字符，若在读完 80 个字符之前遇到换行符'\n'或文件结束符 EOF，立即结束读入操作。无论读入的字符个数等于或小于 80 个，函数为读入的字符串之后加上'\0'。

（2）写字符串函数 fputs()

fputs()函数的调用方式为：**fputs(字符串,文件指针);**

它的功能是向文件指针所指向的文件中写入一个字符串。若成功返回 0，否则返回 EOF。例如：

```c
fputs("China",fp);     //把字符串"China"输出到 fp 所指向的文件中
```

 说　明

①　fputs()函数的第一个参数可以是字符串，也可以是字符数组名或是字符型指针。

②　用 fputs()函数向文件中输出一个字符串时，字符串末尾的'\0'不输出。

③　fgets()函数和 fputs()函数的功能类似于 gets()和 puts()函数，只是 gets()和 puts()函数以终端为读写对象，而 fgets()函数和 fputs()函数以指定的文件作为读写对象。

【例 10-6】 从键盘输入若干行字符，将它们追加到磁盘文件 data.txt 中。

源程序如下：

```
#include<stdio. h>
#include<stdlib. h>
#define N 5
int main(void)
{
    FILE *fp;
    char buf[81];
    int i＝0;
    if((fp＝fopen("data. txt", "a"))＝＝NULL)      //以"a"方式打开文件 data. txt
    {
        printf("File cannot open! \n");
        exit(0);
    }
    while(i<N)
    {
        gets(buf);             //从键盘上读入字符串
        fputs(buf,fp);         //将字符串追加写入到 data. txt 文件末尾
        i＋＋;
    }
    fclose(fp);
    return(0);
}
```

10. 3. 3　fprintf( )和 fscanf( )函数

10.3.1 和 10.3.2 节介绍了字符和字符串的读写，而实际上 C 语言中的数据类型是非常丰富的。大家已经非常熟悉用格式化输入/输出函数 printf()和 scanf()向终端进行格式化的输入/输出。事实上，也可以对文件进行格式化的输入和输出，这时就要用到 fprintf()函数和 fscanf()函数。它们的作用与 printf()和 scanf()函数相仿，只不过它们读写的对象不是终端而是文件，下面详细讲解 fprintf()和 fscanf()函数。

（1）　fprintf( )函数

fprintf()函数的调用方式为：**fprintf(文件指针，格式控制字符串，输出表列)；**

它的功能是将输出表列中相应变量的值，经过格式控制字符串的格式转换后，写入到文件指针所指向的文件中。写入成功则返回写入文件的字节数，失败则返回 EOF。例如：

```
fprintf(fp,"%d,%s,%d",num,name,score);
```

该语句将整型变量 num、字符数组 name 和整型变量 score 的值按%d、%s 和%d 的格式写入到 fp 所指向的文件中。如果 num 为 5，name 中存储的是字符串"wang"，score 为 85，则输出到磁盘文件中的数据是：5,wang,85。

【例 10-7】 按指定的格式，将手机通讯录的联系人信息写入到磁盘文件 data. txt 中。源程序如下：

```
#include<stdio. h>
#include<stdlib. h>
struct member
{
```

```
        char Name[21];
        char PhoneNum[13];
};

int main(void)
{
    FILE *fp;
    int i;
    //对存放联系人信息的结构体数组 mem 进行初始化赋值
    struct member mem[2]={{"Andy","13813813888"},{"Lucy","13913913999"}};
    if((fp=fopen("data.txt", "w"))==NULL)          //以只写方式打开文件 data.txt
    {
        printf("File cannot open!\n");
        exit(0);
    }
    for(i=0;i<2;i++)
        fprintf(fp,"%s%s\n",mem[i].Name,mem[i].PhoneNum);  //将联系人信息写入文件
    fclose(fp);
    return(0);
}
```

（2） fscanf( )函数

fscanf( )函数调用方式为：**fscanf(文件指针,格式控制字符串,地址表列);**

它的功能是从文件指针所指向的文件中读入一字符流，经过格式控制字符串的格式转换后，存入地址表列对应的变量中。读入成功则返回读入的参数的个数，失败则返回 EOF（−1）。例如：

```
fscanf(fp,"%d,%s,%f",&num,name,&score);
```

该语句的作用是将 fp 所指向的文件中的数据按％d、％s 和％f 的格式读入到整型变量 num、字符数组 name 和实型变量 score 中。如果 fp 所指向的文件中的数据是"5,wang,85.5"，则读取整数 5 给 num，读取字符串"wang" 给 name，读取 85.5 给 score。

【例 10-8】 用 fscanf( )函数读出【例 10-7】的磁盘文件 data.txt 中的信息，并显示到计算机屏幕上。

源程序如下：

```
#include<stdio.h>
#include<stdlib.h>
//联系人结构体类型 struct member 的定义同【例 10-5】,此处省略
int main(void)
{
    FILE *fp;
    int i;
    struct member mem[2];
    if((fp=fopen("data.txt", "r"))==NULL)          //只读方式打开文件 data.txt
    {
        printf("File cannot open!\n");
        exit(0);
    }
    for(i=0;i<2;i++)
```

```
    {
        fscanf(fp,"%s %s",mem[i].Name,mem[i].PhoneNum); //读出文件中的联系人信息
        printf("%s %s\n",mem[i].Name,mem[i].PhoneNum); //将联系人信息输出到屏幕上
    }
    fclose(fp);
    return(0);
}
```

运行程序，显示器屏幕上显示如下信息。

```
Andy 13813813888
Lucy 13913913999
```

　　用 fprintf()和 fscanf()函数对磁盘文件进行读写，使用方便，容易理解，但由于读文件时要将文件中的 ASCII 码转换为二进制形式再保存到内存变量中，在写文件时又要将内存中的二进制形式转换成字符，要花费较多时间。因此，在内存与磁盘频繁交换数据的情况下，最好不用 fprintf()和 fscanf()函数，而用 10.3.4 节介绍的 fread()和 fwrite()函数。

10.3.4　fwrite( )和 fread( )函数

　　在实际编程中，不仅允许一次输入或输出一个数据，而且常常需要一次输入或输出一组数据（如数组或结构体变量的值）。C 语言允许用 fread()函数从文件中读一个数据块，用 fwrite()函数向文件写一个数据块。在使用 fwrite()函数向磁盘文件写数据时，直接将内存中的数据原样复制到磁盘文件中，在使用 fread()函数读数据时，将文件中的内容原样读到内存中。

　　（1）读数据块函数 fread( )

　　fread()函数的调用方式为：**fread(buffer,size,count,fp)；**

　　它的功能是从文件指针 fp 指向的文件中连续读出 count * size 个字节的内容（即 count 个数据块，每个数据块为 size 字节），并存入首地址为 buffer 的内存区域中。如调用成功，则返回值是读出数据块的个数，即 count 的值；否则，返回值为 0。例如：

```
fread(f,4,2,fp)
```

　　其中 f 是一个 float 型数组名（代表数组的首地址），一个实型变量占 4 个字节。这条语句从 fp 所指向的文件中读入 2 个数据（每个数据 4 个字节），存储到数组 f 中。

　　（2）写数据块函数 fwrite( )

　　fwrite()函数的调用方式为：**fwrite(buffer,size,count,fp)；**

　　它的功能是将首地址为 buffer 的连续 count * size 个字节的内容（即 count 个数据块，每个数据块 size 字节）写入由指针 fp 所指向的文件中。如调用成功，则返回值是写入数据块的个数，即 count 的值；否则，返回值为 0。

 说　明

　　① 在对数据块的读写函数中，　buffer 虽都是一个指针，但代表了不同的意义，在

fread( )函数中，它是用来存放从文件中读取的数据的首地址；在 fwrite( )函数中，是要把此地址开始的存储区中的数据写入到文件中。 size 表示要读写的每个数据块的字节数，count表示要读写的数据块的个数，fp 表示文件指针。

② 如果文件以二进制形式打开，用 fread( )函数和 fwrite( )函数就可以读写任何类型的信息。

③ 若要判断文件是否已经读到结尾，可以根据所读的字符是否为 EOF（－1）来确定。

【例 10-9】 从键盘输入 5 个联系人信息，然后把它们转存到磁盘文件 member. dat 中。源程序为：

```
#include<stdio. h>
#include<stdlib. h>
#define N 5
//联系人结构体类型 struct member 的定义同【例 10-5】,此处省略
int main(void)
{
    FILE *fp;
    int i;
    struct member mem[N];
    if((fp=fopen("member.dat", "wb"))==NULL)    //以"wb"方式打开二进制文件
    {
        printf("File cannot open! \n");
        exit(0);
    }
    for(i=0;i<N;i++)                            //从键盘上依次读入 N 个联系人信息
        scanf("%s%s",mem[i]. Name,mem[i]. PhoneNum);
    fwrite(mem, sizeof(struct member), N, fp);    //将 N 个联系人信息数据块写入文件中
    fclose(fp);
    return 0;
}
```

运行该程序，随机输入 5 个联系人信息，屏幕上并无输出信息显示，只是将这些信息保存到文件 member. dat 中，将在【例 10-10】中用 fread()函数读出这些信息。

在本程序中，fopen()函数中指定的读写方式为"wb"，即二进制写方式，用 fwrite()函数将数组 mem 的内存单元中的内容原样复制到磁盘文件 member. dat 中，每个联系人信息块长度为 sizeof(struct member)＝34 字节。程序所建立的 member. dat 文件是个二进制文件，这个文件可以为其他程序所用。

【例 10-10】 用 fread()函数，从【例 10-9】所建立的磁盘文件 member. dat 中读出 5个联系人信息，并输出到计算机屏幕上。

具体程序如下：

```
#include<stdio. h>
#include<stdlib. h>
#define N 5
//联系人结构体类型 struct member 的定义同【例 10-5】,此处省略
int main(void)
```

```
{
    FILE *fp;
    int i;
    struct member mem[N];
    if((fp=fopen("member.dat", "rb"))==NULL)
    {
        printf("File cannot open!\n");
        exit(0);
    }
    fread(mem,sizeof(struct member),N,fp);
    for(i=0;i<N;i++)
        printf("%s %s\n",mem[i].Name,mem[i].PhoneNum);
    fclose(fp);
    return 0;
}
```

无需从键盘上输入数据，屏幕上显示如下信息。

```
Andy 13813813888
Lucy 13913913999
Tom 13713713777
Snow 13613613666
John 13513513555
```

在【例10-9】中，从键盘输入的5个联系人数据是ASCII码，在送到计算机内存时，转换成二进制形式，再以"wb"方式（二进制写方式）输出到member.dat中，此时不发生字符转换，按内存中的存储形式原样输出到磁盘文件中。【例10-10】中，用fread()函数从member.dat文件中读出数据到内存中，注意此时用的是"rb"方式（即二进制读形式），数据按原样读出，也不发生字符转换，即此时内存中的数据恢复为【例10-9】中的情况。【例10-10】中，最后用printf()函数将联系人信息输出到屏幕，printf()函数是格式输出函数，输出ASCII码，在屏幕上显示字符。

在实际编程中要注意：fread()函数和fwrite()函数一般用于二进制文件的输入/输出，因为它们是按数据块的长度来处理输入/输出的，不出现字符转换。

10.4　文件的随机读写

文件有一个位置指针，指向当前读写的位置。当对文件进行顺序读写时，每读完一个字符，该位置指针就自动移到下一个字符位置。而在实际问题中，常要求读写文件中某些指定的部分。为了避免不必要的读或写的操作，可先移动文件的位置指针到需要读写的位置，再进行读写，这种读写操作方式称为随机读写。移动文件位置指针的操作称为文件的定位。实现随机读写的关键是要按指定的条件进行文件的定位操作，文件定位操作是通过库函数的调用来完成的。本节将详细介绍rewind()函数、fseek()函数和ftell()函数。

10.4.1　rewind()函数

rewind()函数的调用方式为：**rewind(文件指针);**

它的功能是将文件内部位置指针指向文件开头。

【例 10-11】 将磁盘文件 filea. txt 中的内容显示到屏幕上，再把它复制到文件 fileb. txt 中。

分析：本单元的【例 10-2】和【例 10-4】分别实现了这两个任务，显然这两个任务分开实现不难。但是简单地把两个程序合并就会出问题，因为第一个任务中将文件 filea. txt 中的内容全部读出后，文件位置指针已指向文件末尾，如果再接着读数据，就遇文件结束标志，无法再继续，因此必须在第一个任务执行完之后用 rewind( )函数使文件位置指针返回文件的开头。

源程序如下：

```
#include<stdio.h>
#include<stdlib.h>
int main(void)
{
    FILE *f1,*f2;
    if((f1=fopen("filea.txt","r"))==NULL)    //以只读方式打开文件 filea
    {
        printf("\n File cannot open!");
        exit(0);
    }
    if((f2=fopen("fileb.txt","w"))==NULL)        //以只写方式打开文件 fileb
    {
        printf("\n File cannot creat!");
        exit(0);
    }
    while(!feof(f1))
        putchar(fgetc(f1));         //逐个读入字符并输出到屏幕
    rewind(f1);                     //文件位置指针重新指向文件开头
    while(!feof(f1))
        fputc(fgetc(f1),f2);        //逐个读入字符并输出到文件 fileb 中
    fclose(f1);
    fclose(f2);
    return 0;
}
```

10. 4. 2　fseek( )函数

fseek( )函数的调用方式为：**fseek(文件指针,位移量,起始点)；**

它的功能是将文件位置指针移到指定位置。若操作成功，返回 0，否则返回其他值。

📝 **说　明**
● ● ● ● ● ●

① "位移量"可正可负，表示向前或向后移动的字节数（若位移量为负数，表示向文件首方向移动，否则是向文件末尾方向移动）。要求位移量是 long 型数据，以便在文件长度大于 64KB 时不会出错。当用常量表示位移量时，要求加后缀"L"，来表示 long 型数据。

第
3
篇

②　"起始点"表示从何处开始计算位移量，规定的起始点有三种：文件首、当前位置和文件尾，如表 10-3 所示。

表 10-3　"起始点"的三种形式

起始点	表示符号	数字表示
文件开头位置	SEEK_SET	0
文件当前位置	SEEK_CUR	1
文件末尾位置	SEEK_END	2

例如：

```
fseek(fp,100L,0);   //位置指针从文件开始处向文件尾方向移动 100 个字节
fseek(fp,60L,1);     //位置指针从当前位置向文件尾方向移动 60 个字节
fseek(fp,－10L,2);   //位置指针从文件末尾处向文件首方向移动 10 个字节
```

【例 10-12】　从【例 10-9】建立的磁盘文件 member.dat 中读出第 1、3、5 个联系人信息，并在屏幕上显示出来。

分析：

① 文件打开时，文件位置指针指向文件开头，因此可以直接从磁盘文件中读出第 1 个联系人信息，并显示在屏幕上。

② 使用 fseek()函数将位置指针从当前位置后移 sizeof(struct member) 字节（即跳过第 2 个联系人的信息），读取第 3 个联系人的信息并输出显示，同样方法读取第 5 个联系人信息。

具体程序如下：

```
#include<stdio.h>
#include<stdlib.h>
#define N 5
//联系人结构体类型 struct member 的定义同【例10-5】,此处省略
int main(void)
{
    FILE *fp;
    int i;
    struct member mem[N];
    if((fp＝fopen("member.dat", "rb"))＝＝NULL)        //以二进制只读方式打开文件
    {
        printf("File cannot open!\n");
        exit(0);
    }
    for(i＝0;i<N;i＋＝2)
    {
        fread(&mem[i],sizeof(struct member),1,fp);      //读取当前联系人信息
        printf("%s%s\n",mem[i].Name,mem[i].PhoneNum);   //输出显示
        fseek(fp,sizeof(struct member),1);   //文件指针从当前位置后移 34 个字节
    }
```

```
    fclose(fp);
    return 0;
}
```

运行程序，产生如下的输出结果。

```
Andy 13813813888
Tom 13713713777
John 13513513555
```

10. 4. 3　ftell( )函数

ftell()函数的调用方式为：**ftell(文件指针)；**

它的功能是获得文件位置指针的当前位置相对于文件首的偏移量。若调用成功，则返回文件位置指针的当前位置相对于文件首的偏移字节数，否则返回−1L。

说明

①ftell()函数的返回值为 long 型整数，若返回值为−1L，表示出错。例如：

```
if((ftell(fp))==−1L)
  printf("error\n");  //调用 ftell()函数出错(例如不存在此文件),则在终端输出"error"
```

②可将 ftell() 函数的返回值提供给 fseek() 函数使用。例如：

```
long file_pos;
……
file_pos=ftell(fp);                    //保存当前位置
……
fseek(fp,file_pos,SEEK_SET);           //将位置指针返回至之前的某个读写位置
```

10. 5　文件的检测函数

（1）feof( )函数

feof()函数的调用方式为：**feof(文件指针)；**

它的功能是判断文件当前位置指针是否位于文件结尾。若文件结束，则返回非零值，否则返回 0。

如【例 10-11】中有如下语句：

```
while(!feof(f1))
    putchar(fgetc(f1));
```

它的作用是如果 f1 所指向的文件未到文件尾，则用 fgetc()函数从文件中读取当前字符并用 putchar()函数显示到计算机屏幕上。

第
3
篇

（2）ferror()函数

在调用各种输入输出函数［如 fputs()、fgets()、fread() 和 fwrite() 等］时，如果出现错误，除了函数的返回值有所反映外，还可以用 ferror() 函数做检查。

ferror() 函数的调用方式为：**ferror(文件指针)；**

它的功能是检查文件指针所指向的文件读写操作是否出错。若读写操作未出错，则返回值为 0，若出错则返回一个非零值。

说 明

① 对同一文件每一次调用输入输出函数，均产生一个新的 ferror() 函数返回值，因此，对文件每执行一次读、写操作，都应及时检查 ferror() 函数的返回值，以免信息丢失。

② 在执行 fopen() 函数时，ferror() 函数返回值自动置为 0。

（3）clearerr()函数

当输入输出函数对文件进行读写出错时，就会自动产生错误标志，这样会影响程序对文件的后续操作。clearerr() 函数就是要复位这些错误标志，使得文件的错误标志和文件结束标志置 0，以便进行后续操作。

clearerr() 函数的调用方式为：**clearerr(文件指针)；**

它的功能是复位错误标志，使文件错误标志和文件结束标志置为 0。

说 明

① 调用 clearerr() 函数后，ferror() 函数返回值变为 0。

② 在对文件读写时，只要出现错误标志，就一直保留，直到对同一文件调用 clearerr() 函数或 rewind() 函数，或任何其他的输入/输出函数。

③ 在调用一个输入/输出函数时出现错误，应立即调用 clearerr() 函数，使 ferror() 函数的返回值变为 0，以便再进行下一次的检测。

信息安全：守护数字时代的生命线

在 C 语言中，文件的读写操作看似简单，但如果不加以重视，可能会带来许多安全隐患。例如，程序员在处理文件时，若不检查文件是否成功打开就试图进行读写，就可能导致数据丢失或程序崩溃。

在学习文件处理时，我们应当养成良好的编程习惯，注重每一个细节。例如：文件打开后立即检查是否成功，确保文件可以正常操作；设置合适的文件权限，防止未经授权的访问；及时关闭文件，防止资源泄露。

在实际生活中，我们每天都在处理各种形式的数据，无论是个人隐私信息还是企业的商业机密，数据的安全性都关系重大。一旦信息泄露，可能会给个人和社会带来无法估量的损失。信息安全意识的核心在于识别和防范潜在的信息安全风险。这包括对网络环境保持警惕，及时发现和解决可能存在的安全隐患；遵循相关的安全标准和规范，如不随意下载未知来源的文件和软件、不访问未经认证的网站；重视个人信息的安全保护，不轻易透露个人敏感信息，比如在公共场合不随意泄露个人信息、银行卡信息等敏感数据使用强密码和多重验证、定期备份重要数据等。安全意识体现在每一个细节上，只有从小事做起，提高信息安全防范能力，才能有效保护我们的信息安全！

习 题

一、填空题

1. 文件是指 _____。

2. 根据数据的组织形式，C 语言将文件分为 _____ 和 _____ 两种类型。

3. 现要求以读写方式，打开一个文本文件 stu1，写出语句：_____。

4. 现要求将上题中打开的文件关闭，写出语句：_____。

5. 使得文件位置指针重新返回文件首位置的函数是 _____ 函数。

二、选择题

1. 若执行 fopen( ) 函数时发生错误，则函数的返回值是（   ）。

（A）地址值　　　　（B）NULL　　　　（C）1　　　　（D）EOF

2. 若要用 fopen( ) 函数打开一个新的二进制文件，该文件要既能读也能写，则文件的使用方式应是（   ）。

（A）"ab+"　　　（B）"wb+"　　　（C）"rb+"　　　（D）"ab"

3. 执行下列程序段以后，size 的值为（   ）。

```
int size;
typedef struct member
{
    char name[21];        /*联系人姓名*/
    char phoneNum[13];    /*联系人电话号码*/
}data_type;
size＝fread(&data, sizeof(data_type), 1, fp);
```

（A）1

（B）24

（C）不确定，需要根据实际的 name 和 phoneNum 的输入情况

（D）0

4. fgetc( ) 函数的作用是从指定文件读取一个字符，该文件的打开方式必须是（   ）。

（A）只写　　　　　　　　　　（B）追加

（C）读或读写　　　　　　　　（D）选项（B）和（C）都正确

5. 函数调用语句"fseek(fp, －20L, 2)；"的含义是（   ）。

（A）将文件位置指针移到距离文件头 20 个字节处

（B）将文件位置指针从当前位置向后移动 20 个字节

（C）将文件位置指针从文件末尾处向前移动 20 个字节

（D）将文件位置指针移到离当前位置 20 个字节处

6. 调用 fseek( ) 函数的一般形式为（　　　）。

（A）　fseek(文件指针,起始点,位移量);

（B）　fseek(文件指针,位移量,起始点);

（C）　fseek(位移量,起始点,文件指针);

（D）　fseek(起始点,位移量,文件类型指针);

7. 若 fp 是指向某文件的指针，且已读到文件末尾，则函数 feof(fp) 的返回值是（　　　）。

（A）　EOF　　　　　　（B）　－1　　　　　　（C）非零值　　　（D）　NULL

8. fwrite( ) 函数的一般调用形式是（　　　）。

（A）　fwrite(buffer, count, size, fp);　　　（B）　fwrite(fp, size, count, buffer);

（C）　fwrite(fp, count, size, buffer);　　　（D）　fwrite(buffer, size, count, fp);

9. C 语言文件操作函数 fread(buffer, size, n, fp) 的功能是（　　　）。

（A）从文件 fp 中读 n 个字节存入 buffer

（B）从文件 fp 中读 n 个大小为 size 字节的数据项存入 buffer 中

（C）从文件 fp 中读入 n 个字节放入大小为 size 字节的缓冲区 buffer 中

（D）从文件 fp 中读入 n 个字符数据放入 buffer 中

10. 以下程序的功能是（　　　）。

```
int main(void)
{
    FILE *fp;
    char str[]="Beijing 2008";
    fp=fopen("file2","w");
    fputs(str,fp);
    fclose(fp);
    return 0;
}
```

（A）在屏幕上显示 "Beijing 2008"

（B）把 "Beijing 2008" 存入 file2 文件中

（C）在打印机上打印出 "Beijing 2008"

（D）以上都不对

三、程序填空

1. 以下程序段打开文件后，先利用 fseek( ) 函数将文件位置指针定位在文件末尾，然后调用 ftell( ) 函数返回当前文件位置指针的具体位置，从而确定文件长度，请填空。

```
FILE *myf;
long f1;
myf=____【1】____ ("test.t","rb");
fseek(myf,0,SEEK_END); f1=ftell(myf);
fclose(myf);
printf("%ld\n",f1);
```

2. 下面程序把从终端读入的 10 个整数以二进制方式写到一个名为 bi. dat 的新文件中,请填空。

```
#include<stdio. h>
#include<stdlib. h>
int main(void)
{
    FILE *fp;
    int i,j;
    if((fp=fopen(____【1】____, "wb"))==NULL)
        exit(0);
    for(i=0;i<10; i++)
    {
        scanf("%d",&j);
        fwrite(&j,sizeof(int),1,____【2】____);
    }
    fclose(fp);
    return 0;
}
```

3. 以下程序用来统计文件中字符个数。请填空。

```
#include<stdio. h>
#include<stdlib. h>
int main(void)
{
    FILE *fp;
    long num=0L;
    if((fp=fopen("fname. dat","r"))==NULL)
    {
        printf("open error\n");
        exit(0);
    }
    while(____【1】____)
    {
        fgetc(fp);
        ____【2】____;
    }
    printf("num=%ld\n",num-1);
    fclose(fp);
    return 0;
}
```

4. 下面程序的功能是由键盘输入字符, 存放到文件中, 用'!'结束输入, 请填空。

```
#include<stdio. h>
#include<stdlib. h>
int main(void)
{
```

第
3
篇

```
    FILE *fp;
    char ch;
    char fname[10];
    printf("Input name of file\n");
    gets(fname);
    if((fp＝fopen(fname, "w"))＝＝NULL)
    {
        printf ("can not open file\n");
        exit(0);
    }
    printf("Enter  data:\n");
    while(____【1】____ ! ＝'!')      //提示：从键盘输入一个字符,如不是!
        fputc(____【2】____) ;         //将从键盘输入的字符存入打开的文件中
    fclose(fp);
    return 0;
}
```

5. 下面程序用变量 count 统计文件中字符的个数。请填空。

```
#include<stdio. h>
#include<stdlib. h>
int main(void)
{
    FILE *fp;
    long count＝0;
    if((fp＝fopen("letter. txt", ____【1】____))＝＝NULL)
    {
        printf ("can not open file\n");
        exit(0) ;
    }
    while(!feof(fp))                    //!feof (fp)  未到文件尾,为真
    {____【2】____ ;                      //提示：从文件中读取一个字符
        ____【3】____ ;
    }
    printf( "count＝%ld\n",count);
        ____【4】____ ;
    return 0;
}
```

四、写出程序的运行结果

1. 下面的程序执行后，写出文件 test 中的内容。

```
#include<stdio. h>
#include<string. h>
void fun(char *fname,char st[])
{
    FILE *myf;
    int i;
```

```
    myf=fopen(fname,"w");
    for(i=0;i<strlen(st);i++)
        fputc(st[i],myf);
    fclose(myf);
}
int main(void)
{
    fun("test","new world");
    fun("test","hello");
    return 0;
}
```

2. 写出以下程序的运行结果。

```
#include<stdio.h>
int main(void)
{
    FILE *fp;
    int i=20,j=30,k,n;
    fp=fopen("d1.dat","w");
    fprintf(fp,"%d %d",i,j);
    fclose(fp);
    fp=fopen("d1.dat","r");
    fscanf(fp,"%d %d",&k,&n);
    printf("%d %d\n",k,n);
    fclose(fp);
}
```

五、编程题

1. 从键盘上输入一个字符串，以'#'结束，删除其中的非英文字符后，写入一个文件中。

2. 有一磁盘文件"employee"，文件中存放了职工的数据。每个职工的数据包括职工姓名、职工号、性别、年龄、住址、工资、健康状况、文化程度。现要求将职工姓名、工资的信息单独抽出来另建一个简明的职工工资文件。

参考答案
单元十

【学习笔记】

文件处理基础

一、实验目标

（1）理解 C 语言中文件和文件指针的概念。

（2）掌握各种文件操作函数的使用方法。

二、实验准备

（1）复习文件操作的主要步骤。

（2）复习文件的打开和关闭操作。

（3）复习文件读写函数的调用方法。

三、实验内容

1. 从键盘输入一串字符，以 '#' 结束，将其中的英文小写字母改为大写字母后，将新的字符串写入文件中。

编程要点：

（1）用 fopen()函数打开一个"只写"文件（"w"方式）。

（2）用 getchar()函数从键盘逐个读入字符，若读入的字符为英文小写字母，则转换成大写。

（3）然后用 fputc()函数将字符写入到磁盘文件中，为了直观地观察程序结果，也可再用 putchar()函数把字符显示到计算机屏幕上。

2. 定义一个描述学生信息的结构体类型 struct student，包括学号、姓名、数学成绩、语文成绩、英语成绩、总成绩和平均成绩。编写程序，输入 10 个学生的学号、姓名以及三门课的成绩，并计算总成绩和平均成绩，存入文件 students.dat 中。

编程要点：

（1）结构体类型的定义，及结构体数组中元素的输入可参考实验九，唯一的不同在于本例中需要把内存中的学生信息写入到磁盘文件中。

（2）fopen()函数中指定文件的读写方式应为"wb"，即二进制写方式。

（3）从键盘输入 10 个学生的信息，然后调用 fwrite()函数将内存中 10 个学生的信息 ［每个学生信息块长度为 sizeof(struct student)］原样写入到磁盘文件 students. dat 中。

3. 将第 2 题建立的文件 students. dat 中的数据，按总分高低排序后存入文件 sort. dat 中。

编程要点：

（1）调用 fopen()函数以"rb"方式打开文件 students. dat，以"wb"方式打开文件 sort. dat。

（2）调用 fread()函数将 10 个学生的信息从 students. dat 文件中，读入到结构体数组中。

（3）采用冒泡排序法对结构体数组中的学生信息按总分从高到低排序。

（4）调用 fwrite()函数，将排序后的学生信息写入到 sort. dat 文件中。

4. 将第 3 题建立的文件 sort. dat 中总分排在第 2、4、6、8、10 位的学生信息，输出 到显示器上。

编程要点：

（1）调用 fopen()函数以"rb"方式打开文件 sort. dat。

（2）文件打开时，文件指针指向文件开头，因此需要使用 fseek()函数将文件指针从 当前位置后移 sizeof（struct student）字节（即跳过第 1 名的学生信息），然后调用 fread ()函数从磁盘文件 sort. dat 中读取第 2 名的学生信息，并显示在屏幕上。同样方法读取 第 4、6、8、10 名的学生信息。

四、常见问题分析

文件基本操作中的常见问题如表 10-4 所示。

表 10-4　文件基本操作中的常见问题

错误实例	错误分析
if((fp＝fopen("c:\\file. txt", "w"))＝NULL)	判断是否为 NULL，应该用关系运算符＝＝
if(fp＝fopen("c:\\file. txt", "w")＝＝NULL)	少了一对圆括号
if((fp＝fopen("c:\\file. txt", 'w'))＝＝NULL)	打开方式应该是字符串，用双引号括起来
if((fp＝fopen("c:file. txt", "w"))＝＝NULL)	文件路径应该用 \\
FILE fp; if((fp＝fopen("c:\\file. txt", "w"))＝＝NULL)	应当将 fp 定义为 FILE 类型的指针。正确的形 式为：FILE * fp;

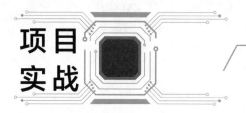

项目实战

通讯录
程序设计

一、任务描述

本项目设计的通讯录，类似于手机通讯录，可以对联系人进行查询、添加、删除、修改等操作，并通过文件来保存联系人信息。通过本项目的学习，使读者理解和掌握项目所涉及的知识要点，具备灵活应用知识的能力、具备获取所需信息的能力，能够用模块化的方法设计较为复杂的程序，并能独立解决程序实现过程中遇到的问题。

二、系统功能分析

本项目中的通讯录作了简化处理，联系人记录中只包含联系人姓名及电话号码，可以对联系人进行查询、添加、删除、修改、显示这 5 种操作。

与手机通讯录的不同之处在于本项目所涉及的通讯录没法以触屏的方式实现，需要设计一个系统主菜单，给出以上5 种操作选项，如图 1 所示。

图 1　系统主菜单

若用户输入 1，系统则会进入"新增联系人"操作，提示输入需要新增的联系人个数，并输入联系人的信息（包含联系人的姓名及电话号码），并提示操作是否成功，无论成功与否，系统会询问是否回到主菜单，如输入"Y/y"则回到主菜单，可对通讯录进行其他操作，如输入"N/n"，则结束程序。如图 2 所示。

此处一共输入了 3 个联系人信息，可以通过功能 5"显示全部联系人信息"查看已输入的联系人信息。如图 3 所示。

图 2　新增联系人

图 3　显示全部联系人信息

本项目的通讯录以姓名为主键，联系人的查询、删除、修改 3 种操作，都只需要输入联系人的姓名，这就需要每个联系人的姓名都不相同，如有姓名相同的联系人，对于用户来说，需要添加一个标识加以区别（如姓名均为 Andy，则一个记为 Andy，另外一个记为 Andy2 即可，根据用户的习惯进行处理）。

以删除联系人为例，输入联系人的姓名，系统提示删除操作是否成功执行，如图 4 所示。为检验联系人是否成功删除，可通过再次操作"显示全部联系人信息"选项进行查看，如图 5 所示。

图 4　删除联系人　　　　　　　　　图 5　删除联系人信息之后

用户在主菜单中选择 3，可进入"修改联系人信息"子菜单，输入需要修改的联系人姓名，此时系统显示该联系人信息，并提示输入其新的电话号码，系统提示是否操作成功。如图 6 所示。为检验联系人是否修改成功，可通过再次操作"显示全部联系人信息"选项进行查看。

在主菜单中选择 4，则进入"查询联系人信息"子菜单，系统提示输入所要查询的联系人姓名，依此查询某个联系人的信息，如图 7 所示。

图 6　修改联系人信息　　　　　　　图 7　查询联系人信息

另外，为了使用方便，系统主菜单中给出了"退出"选项，从主菜单中选择这一选项能够结束程序的执行。

三、知识要点

该项目中所涉及的理论知识有 C 语言的结构体类型、typedef 定义等；为了实现对通讯录的动态管理，使用链表来存储联系人信息，涉及的知识点有链表中结点的添加、删除、查询等操作；为了实现信息的永久存储，需要用到文件相关知识。

四、具体实现

1. 通讯录程序的功能实现

该通讯录程序需要提供以下几个功能模块：新增联系人、删除联系人、修改联系人信息、查询联系人信息、显示所有联系人信息、退出。因此需要建立一个主菜单，让用户可以完成相应的选择。

无论何种功能，均以联系人姓名为主键。此通讯录程序中不允许出现联系人姓名相同的情况。对于相同姓名的联系人，可以按用户习惯添加标识将其区分。

通讯录程序以功能模块为单位编写相关函数。

通讯录的主要功能包括：

新增联系人：向通讯录中添加联系人，确保新增之后的联系人链表始终按姓名有序排列。

删除联系人：当用户不再需要某个联系人信息时，可以进行删除。用户输入需要删除的联系人姓名，如果存在此联系人，则删除；如果不存在该联系人，则提示相关信息。

修改联系人信息：当联系人的联系方式发生变化时，需要修改联系人信息。用户输入需要修改的联系人姓名，若存在此联系人，则输出联系人信息，用户输入新的联系方式并进行修改；当此联系人不存在时，提示相关信息。

查询联系人信息：用户可以通过输入联系人的姓名，来查询此联系人的电话号码。

显示全部联系人信息：当用户忘记联系人姓名时，查询功能就无法为用户提供相关信息，此时，显示所有联系人的信息就能帮助用户。

退出：结束程序。

程序结构图如图 8 所示。

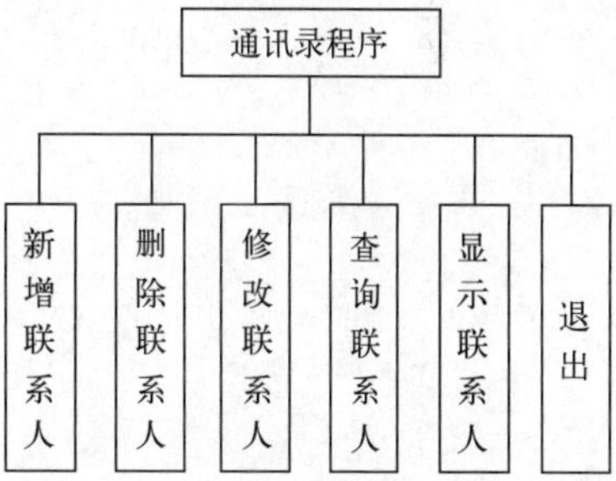

图 8　通讯录程序结构图

如 9.5.1 节所述，本项目中定义了如下的结点结构用于存储联系人信息：

```
typedef struct member
{
    char Name[21];         //联系人姓名
    char PhoneNum[13];     //联系人电话号码
}data_type;

typedef struct node
{
    data_type person;
    struct node *next;
}Node,*node_p;
```

为了实现程序功能，定义了如下函数：

```
void menu();                      // 显示项目主菜单
```

```
Node *Add(Node *head);          //向通讯录中添加联系人信息
void Print(Node *head);          // 显示通讯录中全部联系人信息
void Search(Node *head,char name[]);    //查找指定联系人信息
Node *Delete(Node *head, char name[]);     //删除指定联系人信息
void Modify(Node *head,char name[]);      // 修改指定联系人信息
```

在主函数中调用 menu() 函数显示主菜单，通过 switch 语句实现对菜单的选择，从而执行相应的模块。在 9.5 节中已给出了 Add() 函数、Print() 函数、Delete() 函数和 Search() 函数的源代码，而 Modify() 也是比较简单的，只需要在 Search() 函数中稍作修改，对查找的联系人结点用 strcpy() 函数修改其联系方式即可。Modify() 函数的源代码如下：

```
void Modify(Node *head,char name[])     // 修改指定联系人信息
{
    Node *s＝head;          //取得链表的头指针
    char phone[13];
    while (s !＝NULL)         //是非空表
    {
        if(strcmp(s->person. Name,name)＝＝0)   //找到姓名 name 对应的信息
        {
            printf("您查找的信息为:%s\t%s\n",s->person. Name,s->person. PhoneNum);
            printf("请输入该联系人的新电话号码:\n");
            gets(phone);
            strcpy(s->person. PhoneNum,phone);
            printf("修改成功!");
            break;            //修改完成,无需继续查找,结束循环
        }
        s＝s->next;           //跟踪链表增长
    }
    if(s＝＝NULL)             //链表结束,未找到对应信息
        printf("未找到%s!\n",name);
}
```

2. 通讯录信息的保存与读取

要实现通讯录信息的永久保存，一是每次运行通讯录程序时要将磁盘上的联系人文件信息读取到链表中；二是通讯录程序运行结束时，要将修改过的联系人信息重新写入文件中，以便下次使用。

（1）从文件中读取联系人信息的函数如下：

```
Node *CreateLinkList()      //从文件中读取联系人信息,并建立联系人链表
{
    FILE *fp;
    Node *head＝NULL,*p,*q;
    if((fp＝fopen("tel. txt","r"))＝＝NULL)       //以只读方式打开文件
    {
        printf("无法打开文件! \n");
        exit(0);
    }
    while(!feof(fp))              //未读到文件末尾
```

```
    {
        p=(Node *)malloc(sizeof(Node));        //新建联系人结点
        fscanf(fp,"%s %s\n",p->person.Name,p->person.PhoneNum);  //逐条读出信息
        p->next=NULL;
        if(head==NULL)        //新建结点为第一个结点
        {
            head=p;    q=p;
        }
        Else                  //新建结点不是第一个结点,插入链表尾部
        {
            q->next=p;    q=p;
        }
    }
    fclose(fp);
    return head;              //返回联系人链表头指针
}
```

（2）将联系人信息写入文件的函数如下：

```
void Save(Node *head)        //将联系人链表中的信息逐个写入文件
{
    FILE *fp;
    Node *p=head;            //取头指针
    if((fp=fopen("tel.txt","w"))==NULL)        //以只写方式打开文件
    {
        printf("无法打开文件!\n");
        exit(0);
    }
    while(p!=NULL)            //当前结点不为空
    {
        fprintf(fp,"%s %s\n",p->person.Name,p->person.PhoneNum);  //逐条写入信息
        p=p->next;           //跟踪链表增长,p指向下一个结点
    }
    fclose(fp);
}
```

以上定义了函数 CreateLinkList()和 Save()，在主函数开始时调用 CreateLinkList()从联系人文件中读取联系人信息，相当于对联系人链表进行"初始化"，之后就可以进行新增、删除、修改等一系列操作。在主函数结束时调用函数 Save()将联系人链表中的信息写入到文件中。主函数的源代码如下：

```
int main(void)
{
    Node *head=CreateLinkList();  //从文件中读取联系人信息,并建立联系人链表
    int choose;      //用户选择
    char name[21],yes_no;
    do
    {
        menu();          //显示主菜单
```

```
        printf("输入你的选择(1-6):");
        scanf("%d",&choose);
        switch(choose)
        {
            case 1:  head=Add(head);break;      //新增联系人
            case 2:  getchar();
                     printf("请输入要删除的联系人姓名:\n");
                     gets(name);
                     head=Delete(head,name);break;       //删除联系人
            case 3:  getchar();
                     printf("请输入要修改的联系人姓名:\n");
                     gets(name);
                     Modify(head,name);break;       //修改联系人
            case 4:  getchar();
                     printf("请输入要查找的联系人姓名:\n");
                     gets(name);
                     Search(head,name);break;        //查找联系人
            case 5:  Print(head);break;       //显示全部联系人
            case 6:  exit(0);
        }
        getchar();
        printf("是否继续,是(Y/y),否(N/n)? \n");
        scanf("%c",&yes_no);
    }while(yes_no=='y'||yes_no=='Y');
    Save(head);        //将联系人链表中的信息逐个写入文件
    return 0;
}
```

五、要点总结

本项目体现了对结构体、动态空间分配、typedef 类型定义、链表等相关知识的灵活应用，具有一定的难度。

通讯录程序中，新增联系人时，需要使用 malloc() 函数为联系人结点动态分配相应的空间；删除联系人时，需要使用 free() 函数收回这部分空间。

本项目中，函数 CreateLinkList() 以只读方式"r" 打开文件 tel. txt，若文件不存在会显示出错，建议读者首次运行通讯录程序时，在当前文件夹下新建一个空的文本文件 tel，以避免这个问题，也可在文件 tel 中预置部分联系人信息，作为初始数据，当然，即使文件中没有初始数据，程序也是可以正常运行的。

在函数 Save() 中，以只写方式"w" 打开文件 tel. txt，这种方式会擦除文件中原有信息，也就是说，在通讯录程序运行结束后，因联系人信息发生了变动，不再需要原始数据，应将变动后的联系人信息重新写入文件中。

源代码

项目实战三

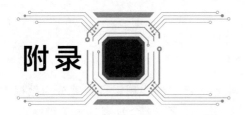

附录

附录 1 常用字符与 ASCII 码对照表

ASCII 值	字符	ASCII 值	字符	ASCII 值	字符	ASCII 值	字符
0	NUT	32	（space)	64	@	96	、
1	SOH	33	!	65	A	97	a
2	STX	34	"	66	B	98	b
3	ETX	35	#	67	C	99	c
4	EOT	36	$	68	D	100	d
5	ENQ	37	%	69	E	101	e
6	ACK	38	&	70	F	102	f
7	BEL	39	,	71	G	103	g
8	BS	40	(	72	H	104	h
9	HT	41	)	73	I	105	i
10	LF	42	*	74	J	106	j
11	VT	43	+	75	K	107	k
12	FF	44	,	76	L	108	l
13	CR	45	-	77	M	109	m
14	SO	46	.	78	N	110	n
15	SI	47	/	79	O	111	o
16	DLE	48	0	80	P	112	p
17	DCI	49	1	81	Q	113	q
18	DC2	50	2	82	R	114	r
19	DC3	51	3	83	S	115	s
20	DC4	52	4	84	T	116	t
21	NAK	53	5	85	U	117	u
22	SYN	54	6	86	V	118	v
23	TB	55	7	87	W	119	w
24	CAN	56	8	88	X	120	x
25	EM	57	9	89	Y	121	y
26	SUB	58	:	90	Z	122	z
27	ESC	59	;	91	[	123	{
28	FS	60	<	92	\	124		
29	GS	61	=	93	]	125	}
30	RS	62	>	94	ˆ	126	~
31	US	63	?	95	—	127	DEL

附录 2　C 语言的关键字

ANSI C 标准给出了 C 语言的 32 个关键字，根据关键字的作用，可将其分为数据类型关键字（12 个）、控制语句关键字（12 个）、存储类型关键字（4 个）和其他关键字（4 个）四类。32 个关键字如下：

auto	double	int	struct	break	else	long	switch
case	enum	register	typedef	char	extern	return	union
const	float	short	unsigned	continue	for	signed	void
default	goto	sizeof	volatile	do	if	while	static

1999 年 12 月 16 日，ISO 推出了 C99 标准，该标准新增了 5 个 C 语言关键字：

inline	restrict	_Bool	_Complex	_Imaginary

2011 年 12 月 8 日，ISO 发布 C 语言的新标准 C11，该标准新增了 7 个 C 语言关键字：

_Alignas	_Alignof	_Atomic	_Static_assert
_Noreturn	_Thread_local	_Generic	

附录 3　C 语言运算符的优先级与结合方向

优先级	运算符	名称或含义	结合方向	操作数个数
1	[ ]	数组下标	自左向右	
	( )	圆括号		
	.	指向结构体成员运算符		
	->	结构体成员运算符		
2	—	负号运算符	自右向左	单目运算符
	(类型)	强制类型转换运算符		
	++	自增运算符		
	——	自减运算符		
	*	指针运算符		
	&	取地址运算符		
	!	逻辑非运算符		
	~	按位取反运算符		
	sizeof	长度运算符		

优先级	运算符	名称或含义	结合方向	操作数个数
3	/	除法运算符	自左向右	双目运算符
	*	乘法运算符		
	%	求余运算符		
4	+	加法运算符	自左向右	双目运算符
	−	减法运算符		
5	<<	左移位运算符	自左向右	双目运算符
	>>	右移位运算符		
6	> >= < <=	关系运算符	自左向右	双目运算符
7	==	等于运算符		
	!=	不等于运算符		
8	&	按位与运算符	自左向右	双目运算符
9	^	按位异或运算符		
10	|	按位或运算符		
11	&&	逻辑与运算符	自左向右	双目运算符
12	||	逻辑或运算符		
13	? :	条件运算符	自右向左	三目运算符
14	= += −= *= /= >>= <<= &= ^=	赋值运算符	自右向左	双目运算符
15	,	逗号运算符（顺序求值运算符）	自左向右	

说明：

① 在 C 语言中，不同的运算符要求不同的运算对象个数，如＋（加）和−（减）为双目运算符，要求在运算符两侧各有一个运算对象（如：3＋5，8−3 等）。而＋＋、−（负号）等运算符是单目运算符，只能在运算符的一侧出现一个运算对象，如：−−a，i＋＋，−−i，(float)i，sizeof(int)，*p 等。条件运算符是 C 语言中唯一的一个三目运算符，如：x? a：b。

② 运算符的优先级：C 语言中，运算符的优先级共分为 15 级。1 级最高，15 级最低。在表达式中，优先级较高的先于优先级较低的进行运算。而在一个运算量两侧的运算符优先级相同时，则按运算符的结合性所规定的结合方向处理。

③ 运算符的结合性：C 语言中各运算符的结合性分为两种，即左结合性（自左至右）和右结合性（自右至左）。例如算术运算符的结合性是自左至右。如有表达式 x−y＋z，则应先执行 x−y 运算，然后再执行＋z 的运算。这种自左至右的结合方向就称为"左结合性"。而自右至左的结合方向称为"右结合性"。最典型的右结合性运算符是赋值运算符。如 x＝y＝z，由于"＝"的右结合性，应先执行 y＝z 再执行 x＝(y＝z) 运算。C 语言的运算符中只有单目运算符、赋值运算符和条件运算符是右结合的，其他都是左结合的。

附录4　C 语言的库函数

　　库函数并不是 C 语言的一部分，它是由编译程序根据一般用户的需要编制并提供给用户使用的。每一种 C 编译系统都提供了一批库函数，不同的编译系统所提供的库函数的数目和函数名以及函数功能是不完全相同的。ANSI C 标准提出了一批建议提供的标准库函数，它包括了目前多数 C 编译系统所提供的库函数，但也有一些是某些 C 编译系统未曾实现的。考虑到通用性，本书列出 ANSI C 标准建议提供的、常用的部分库函数。对多数 C 编译系统，可以使用这些函数。由于 C 库函数的种类和数目很多（例如，还有屏幕和图形函数、时间日期函数、与系统有关的函数等），限于篇幅，本附录不能全部介绍，只从教学需要的角度列出最基本的库函数。读者在编制 C 程序时可能要用到更多的函数，可以查阅所用系统的手册。

一、数学函数

调用数学函数时，要求在源文件中使用以下命令行：

```
#include<math.h>  或  #include "math.h"
```

函数原型说明	功能	返回值	说明
int abs(int x)	求整数 x 的绝对值	计算结果	
double acos(double x)	计算 $\cos^{-1}(x)$ 的值	计算结果	x 在 -1~1 范围内
double asin(double x)	计算 $\sin^{-1}(x)$ 的值	计算结果	x 在 -1~1 范围内
double atan(double x)	计算 $\tan^{-1}(x)$ 的值	计算结果	
double atan2(double x,double y)	计算 $\tan^{-1}(x/y)$ 的值	计算结果	
double cos(double x)	计算 $\cos(x)$ 的值	计算结果	x 的单位为弧度
double cosh(double x)	计算双曲余弦 $\cosh(x)$ 的值	计算结果	
double exp(double x)	求 e^x 的值	计算结果	
double fabs(double x)	求双精度实数 x 的绝对值	计算结果	
double floor(double x)	求不大于双精度实数 x 的最大整数		
double fmod(double x,double y)	求 x/y 整除后的双精度余数		
double frexp(double val,int * exp)	把双精度 val 分解尾数和以 2 为底的指数 n，即 $val=x*2^n$，n 存放在 exp 所指的变量中	返回位数 x $0.5 \leqslant x < 1$	
double log(double x)	求 lnx	计算结果	x>0
double log10(double x)	求 $\log_{10} x$	计算结果	x>0
double modf(double val,double * ip)	把双精度 val 分解成整数部分和小数部分，整数部分存放在 ip 所指的变量中	返回小数部分	
double pow(double x,double y)	计算 x^y 的值	计算结果	
double sin(double x)	计算 $\sin(x)$ 的值	计算结果	x 的单位为弧度
double sinh(double x)	计算 x 的双曲正弦函数 $\sinh(x)$ 的值	计算结果	
double sqrt(double x)	计算 x 的开方	计算结果	x≥0
double tan(double x)	计算 $\tan(x)$	计算结果	
double tanh(double x)	计算 x 的双曲正切函数 $\tanh(x)$ 的值	计算结果	

二、字符函数

调用字符函数时，要求在源文件中包含以下命令行：

#include<ctype. h>　或 #include "ctype. h"

函数原型说明	功能	返回值
int isalnum(int ch)	检查 ch 是否为字母或数字	是，返回 1；否则返回 0
int isalpha(int ch)	检查 ch 是否为字母	是，返回 1；否则返回 0
int iscntrl(int ch)	检查 ch 是否为 ASCII 码在 0 和 0x1F 之间的控制字符	是，返回 1；否则返回 0
int isdigit(int ch)	检查 ch 是否为数字（0~9）	是，返回 1；否则返回 0
int isgraph(int ch)	检查 ch 是否为 ASCII 码值在 0x21 到 0x7e 的可打印字符（不包含空格字符）	是，返回 1；否则返回 0
int islower(int ch)	检查 ch 是否为小写字母（a~z）	是，返回 1；否则返回 0
int isprint(int ch)	检查 ch 是否为包含空格符在内的可打印字符	是，返回 1；否则返回 0
int ispunct(int ch)	检查 ch 是否为除了空格、字母、数字之外的可打印字符	是，返回 1；否则返回 0
int isspace(int ch)	检查 ch 是否为空格、制表或换行符	是，返回 1；否则返回 0
int isupper(int ch)	检查 ch 是否为大写字母（A~Z）	是，返回 1；否则返回 0
int isxdigit(int ch)	检查 ch 是否为 16 进制数字字符（即 0~9、或 A~F 或 a~f）	是，返回 1；否则返回 0
int tolower(int ch)	把 ch 中的字母转换成小写字母	返回对应的小写字母
int toupper(int ch)	把 ch 中的字母转换成大写字母	返回对应的大写字母

三、字符串函数

调用字符串处理函数时，要求在源文件中包含以下命令行：

#include<string. h>　或 #include "string. h"

函数原型说明	功能	返回值
char * strcat(char * s1,char * s2)	把字符串 s2 接到 s1 后面	s1 所指地址
char * strchr(char * s,int ch)	在 s 所指字符串中，找出第一次出现字符 ch 的位置	返回找到的字符的地址，找不到返回 NULL
int strcmp(char * s1,char * s2)	对 s1 和 s2 所指字符串进行比较	$s1<s2$，返回负数；$s1==s2$，返回 0；$s1>s2$，返回正数
char * strcpy(char * s1,char * s2)	把 s2 指向的串复制到 s1 指向的空间	s1 所指地址
unsigned int strlen(char * s)	求字符串 s 的长度	返回串中字符（不计最后的 '\0'）个数

续表

函数原型说明	功能	返回值
char * strstr(char * s1,char * s2)	在 s1 所指字符串中，找出字符串 s2 第一次出现的位置	返回找到的字符串的地址，找不到返回 NULL

四、输入/输出函数

调用输入/输出函数时，要求在源文件中包含以下命令行：

`#include<stdio.h>` 或者 `#include "stdio.h"`

函数原型说明	功能	返回值
void clearer (FILE * fp)	清除与文件指针 fp 有关的所有出错信息	无
int fclose (FILE * fp)	关闭 fp 所指的文件，释放文件缓冲区	出错返回非 0，否则返回 0
int feof (FILE * fp)	检查文件是否结束	遇文件结束返回非 0，否则返回 0
int fgetc (FILE * fp)	从 fp 所指的文件中取得下一个字符	出错返回 EOF，否则返回所读字符
char * fgets (char * buf, int n, FILE * fp)	从 fp 所指的文件中读取一个长度为 n−1 的字符串，将其存入 buf 所指存储区	返回 buf 所指地址，若遇文件结束或出错返回 NULL
int fprintf (FILE * fp, char * format, args, …)	把 args，… 的值以 format 指定的格式输出到 fp 指定的文件中	实际输出的字符数
FILE * fopen (char * filename, char * mode)	以 mode 指定的方式打开名为 filename 的文件	成功，返回文件指针（文件信息区的起始地址），否则返回 NULL
int fputc (char ch, FILE * fp)	把 ch 中字符输出到 fp 指定的文件中	成功返回该字符，否则返回 EOF
int fputs (char * str, FILE * fp)	把 str 所指字符串输出到 fp 所指文件	成功返回非负整数，否则返回 −1（EOF）
int fread (char * pt, unsigned size, unsigned n, FILE * fp)	从 fp 所指文件中读取长度 size 为 n 个数据项存到 pt 所指文件	读取的数据项个数
int fscanf (FILE * fp, char * format, args，…)	从 fp 所指的文件中按 format 指定的格式把输入数据存入到 args，… 所指的内存中	已输入的数据个数，遇文件结束或出错返回 0
int fseek (FILE * fp, long offer, int base)	移动 fp 所指文件的位置指针	成功返回当前位置，否则返回非 0
long ftell (FILE * fp)	求出 fp 所指文件当前的读写位置	读写位置，出错返回 −1L
int fwrite (char * pt, unsigned size, unsigned n, FILE * fp)	把 pt 所指向的 n * size 个字节输入到 fp 所指文件	输出的数据项个数
int getc (FILE * fp)	从 fp 所指文件中读取一个字符	返回所读字符，若出错或文件结束返回 EOF

函数原型说明	功能	返回值
int getchar(void)	从标准输入设备读取下一个字符	返回所读字符，若出错或文件结束返回－1
char * gets(char * s)	从标准设备读取一行字符串放入 s 所指存储区，用 '\0' 替换读入的换行符	返回 s，出错返回 NULL
int printf(char * format, args，…)	把 args，…的值以 format 指定的格式输出到标准输出设备	输出字符的个数
int putc(int ch，FILE * fp)	同 fputc	同 fputc( )
int putchar(char ch)	把 ch 输出到标准输出设备	返回输出的字符，若出错则返回 EOF
int puts(char * str)	把 str 所指字符串输出到标准设备，将 '\0' 转成回车换行符	返回换行符，若出错，返回 EOF
int rename(char * oldname，char * newname)	把 oldname 所指文件名改为 newname 所指文件名	成功返回 0，出错返回－1
void rewind(FILE * fp)	将文件位置指针置于文件开头	无
int scanf(char * format，args，…)	从标准输入设备按 format 指定的格式把输入数据存入到 args，…所指的内存中	已输入的数据的个数

五、动态分配函数和随机函数

调用动态分配函数或随机函数时，要求在源文件中包含以下命令行：

```
#include<stdlib.h> 或者#include "stdlib.h"
```

函数原型说明	功能	返回值
void *calloc (unsigned n，unsigned size)	分配 n 个数据项的内存空间，每个数据项的大小为 size 个字节	分配内存单元的起始地址；如不成功，返回 0
void *free (void *p)	释放 p 所指的内存区	无
void *malloc (unsigned size)	分配 size 个字节的存储空间	分配内存空间的地址；如不成功，返回 0
void *realloc (void *p，unsigned size)	把 p 所指内存区的大小改为 size 个字节	新分配内存空间的地址；如不成功，返回 0
int rand (void)	产生 0～32767 的随机整数	返回一个随机整数
void exit (int state)	程序终止执行，返回调用过程，state 为 0 正常终止，非 0 非正常终止	无

参考文献

[1] Stephen Prata. C Prime Plus（中文版）［M］. 6 版. 姜佑，译. 北京：人民邮电出版社，2021.

[2] Brian W. Kernighan，Dennis M. Ritchie. C 语言程序设计［M］. 徐宝文，李志，译. 北京：机械工业出版社，2019.

[3] 郭运宏，李玉梅. C 语言程序设计项目教程［M］. 北京：清华大学出版社，2012.

[4] K. N. King. C 语言程序设计现代方法［M］. 2 版. 吕秀锋、黄倩，译. 北京：人民邮电出版社，2021.

[5] Kenneth A. Reek. C 和指针［M］. 徐波，译. 北京：人民邮电出版社，2008.

[6] 谭浩强. C 程序设计［M］. 5 版. 北京：清华大学出版社，2017.

[7] 索明何，王正勇，邵瑛，等. C 语言程序设计任务驱动式教程［M］. 3 版. 北京：机械工业出版社，2023.

[8] 策未来. 全国计算机等级考试上机考试题库（二级 C 语言）［M］. 北京：人民邮电出版社，2022.

[9] 李红，陆建友. C 语言程序设计实例教程［M］. 3 版. 北京：机械工业出版社，2023.